数字经济专业系列教材

自然语言处理理论与应用

谢美萍 陈 媛 主编

电子工业出版社
Publishing House of Electronics Industry
北京·BEIJING

内 容 简 介

本书全面介绍了自然语言处理（NLP）的核心概念与技术，内容覆盖文本预处理、文本的多种表示方法，深入探讨了文本分类、聚类技术，以及信息抽取和命名实体识别，还涉及了机器翻译、文本摘要、智能问答与对话系统，以及情感分析和舆情监测等高级应用。此外，对知识图谱的构建和应用，以及损失函数与模型瘦身也进行了详细阐述，为读者提供了自然语言处理领域的系统性知识。

本书适合 AI、机器学习、深度学习及自然语言处理的爱好者阅读，也可以作为高等院校的教材使用。

未经许可，不得以任何方式复制或抄袭本书之部分或全部内容。
版权所有，侵权必究。

图书在版编目（CIP）数据

自然语言处理理论与应用 / 谢美萍，陈媛主编.
北京 : 电子工业出版社, 2025. 6. -- （数字经济专业系列教材）. -- ISBN 978-7-121-50416-7
Ⅰ. TP391
中国国家版本馆 CIP 数据核字第 20257L2B86 号

责任编辑：刘小琳　　特约编辑：张启龙
印　　刷：天津嘉恒印务有限公司
装　　订：天津嘉恒印务有限公司
出版发行：电子工业出版社
　　　　　北京市海淀区万寿路 173 信箱　邮编：100036
开　　本：787×1 092　1/16　印张：16　字数：350 千字
版　　次：2025 年 6 月第 1 版
印　　次：2025 年 6 月第 1 次印刷
定　　价：68.00 元

凡所购买电子工业出版社图书有缺损问题，请向购买书店调换。若书店售缺，请与本社发行部联系，联系及邮购电话：（010）88254888，88258888。
质量投诉请发邮件至 zlts@phei.com.cn，盗版侵权举报请发邮件至 dbqq@phei.com.cn。
本书咨询联系方式：（010）88254538；liuxl@phei.com.cn。

数字经济专业系列教材
专家委员会

（按姓氏笔画排名）

刘兰娟　安筱鹏　肖升生　汪寿阳　赵　琳

洪永淼　袁　媛　高红冰　蒋昌俊

前言

在人工智能的诸多领域中,自然语言处理扮演着至关重要的角色。它不仅涉及让计算机理解、解释并生成人类语言的复杂任务,还拓展了智能信息处理的多个层面。随着技术的发展,自然语言处理已经成为连接人与信息、服务与应用的关键纽带,其应用遍布搜索引擎、推荐系统、智能助手、自动翻译等多个领域。

本书旨在深入探讨自然语言处理的理论和实践,从基础概念到前沿技术,从理论模型到实际应用,帮助读者进行全面而深入的认识。在第 1 章中,给出了自然语言处理的定义,回顾了其发展历程,概述了自然语言处理的研究内容、方法以及应用前景和开发环境。接下来的章节将深入自然语言处理的各个核心领域。

第 2 章讨论了文本预处理的重要性,包括文本清洗、词法分析、句法分析和语义分析等关键步骤。这些步骤为后续的文本表示和深入分析打下了基础。

第 3 章介绍了文本表示方法,涵盖了 One-Hot 编码、词袋模型、TF-IDF 方法、Word2Vec 方法和分布式表示方法。这些方法为理解语言的统计特性和语义信息提供了重要工具。

第 4 章探讨了文本分类和聚类技术,这些技术是文本挖掘和信息检索领域的基石,并介绍了多种文本分类算法和文本聚类算法,以及它们在处理大规模文本数据中的应用。

第 5 章和第 6 章分别介绍了信息抽取和命名实体识别技术。信息抽取是理解文本内容和抽取结构化信息的重要手段,而命名实体识别则是许多自然语言处理应用的基础。

第 7 章聚焦于机器翻译和文本摘要,这两个领域是自然语言处理中最具挑战性的任务。讨论了不同翻译方法和摘要技术,以及如何评价它们的性能。

第 8 章和第 9 章分别介绍了智能问答系统、对话系统、情感分析和舆情监测。这些系统和技术分析了人机交互的前沿技术,以及如何从文本中抽取情感倾向和公众意见。

第 10 章专注于知识图谱,从基本概念到知识表示、存储、构建和应用等多个方面进行了全面介绍,并通过构建词云图的案例展示了知识图谱的应用。

最后,第 11 章讨论了损失函数与模型瘦身,包括多种损失函数和模型优化技术,为读者提供了提高模型性能和效率的策略。

在编写过程中,作者力求做到以下四点。

(1)注重理论与实践相结合,既介绍基本概念和原理,又结合实际案例进行分析。

(2)内容全面,涵盖了自然语言处理的主要研究领域和技术手段。

(3)结构清晰,条理分明,便于读者学习和掌握。

(4)强调前沿性,反映自然语言处理领域的最新研究成果和发展趋势。

本书不仅适合作为计算机科学与技术、软件工程等专业的教材，也可供从事自然语言处理研究的科研人员和工程师参考。希望通过本书的学习，读者能够对自然语言处理有更深入的了解，为未来的研究和工作打下坚实的基础。

上海财经大学信息管理与工程学院　谢美萍
上海财经大学数字经济系　陈　媛

目 录

第1章 绪 论 ··· 1
1.1 自然语言处理的定义和发展历程 ·· 1
    1.1.1 自然语言处理的定义 ·· 2
    1.1.2 自然语言处理的发展历程 ·· 2
1.2 自然语言处理的研究内容和研究方法 ·· 5
    1.2.1 自然语言处理的研究内容 ·· 5
    1.2.2 自然语言处理的研究方法 ·· 8
1.3 自然语言处理的应用和前景 ·· 8
1.4 自然语言处理的开发环境 ··· 9
本章小结 ·· 12

第2章 文本预处理 ··· 14
2.1 文本清洗和去噪 ·· 14
2.2 词法分析 ··· 16
    2.2.1 中文分词 ·· 16
    2.2.2 词性标注 ·· 28
2.3 句法分析 ··· 31
    2.3.1 句法分析的概念 ·· 32
    2.3.2 句法分析树库及其评测方法 ·· 33
    2.3.3 依存句法分析 ··· 36
    2.3.4 依存句法分析工具 ··· 38
2.4 语义分析 ··· 39
    2.4.1 词义消歧 ·· 39
    2.4.2 语义角色标注 ··· 42
    2.4.3 语义分析面临的挑战 ·· 45
本章小结 ·· 46

第 3 章 文本表示方法 · · · · · · 47
3.1 One-Hot 编码 · · · · · · 47
3.2 词袋模型 · · · · · · 49
3.3 TF-IDF 方法 · · · · · · 50
3.4 Word2Vec 方法 · · · · · · 53
3.4.1 连续词袋模型 · · · · · · 54
3.4.2 Skip-gram 模型 · · · · · · 56
3.4.3 Word2Vec 的应用 · · · · · · 57
3.5 分布式表示方法 · · · · · · 60
3.5.1 分布式语义假设 · · · · · · 60
3.5.2 奇异值分解 · · · · · · 61
3.6 词嵌入 · · · · · · 63
本章小结 · · · · · · 64

第 4 章 文本分类和聚类 · · · · · · 65
4.1 文本分类的概念和任务 · · · · · · 66
4.1.1 文本分类的概念 · · · · · · 66
4.1.2 文本分类的任务 · · · · · · 67
4.2 文本分类算法 · · · · · · 68
4.2.1 朴素贝叶斯算法 · · · · · · 68
4.2.2 支持向量机 · · · · · · 72
4.3 文本聚类的概念和任务 · · · · · · 76
4.3.1 文本聚类的概念 · · · · · · 76
4.3.2 文本聚类的过程 · · · · · · 77
4.4 文本聚类算法 · · · · · · 78
4.4.1 文本聚类中的数据类型及规范化 · · · · · · 78
4.4.2 文本聚类中的聚类算法 · · · · · · 81
本章小结 · · · · · · 86

第 5 章 信息抽取 · · · · · · 87
5.1 信息抽取的概念和任务 · · · · · · 87
5.1.1 信息抽取的相关概念 · · · · · · 88
5.1.2 信息抽取的任务 · · · · · · 90
5.2 信息抽取的方法和技术 · · · · · · 93
5.2.1 基于规则的方法 · · · · · · 93
5.2.2 有监督学习方法 · · · · · · 101

  5.2.3 无监督学习方法 ······ 106

  5.2.4 半监督学习方法 ······ 109

本章小结 ······ 114

第 6 章　命名实体识别 ······ 115

6.1 命名实体识别技术的发展现状 ······ 116

6.2 命名实体识别的概念 ······ 116

6.3 实体识别模型 ······ 118

  6.3.1 循环神经网络 ······ 118

  6.3.2 BI-LSTM-CRF 模型 ······ 124

  6.3.3 Seq2Seq 模型 ······ 128

  6.3.4 注意力机制 ······ 130

6.4 实体识别案例 ······ 132

本章小结 ······ 133

第 7 章　机器翻译和文本摘要 ······ 134

7.1 机器翻译 ······ 134

  7.1.1 机器翻译概述 ······ 135

  7.1.2 基于规则的机器翻译方法 ······ 137

  7.1.3 基于统计的机器翻译方法 ······ 138

  7.1.4 基于神经网络的机器翻译方法 ······ 141

  7.1.5 机器翻译的质量评价 ······ 147

7.2 文本摘要 ······ 149

  7.2.1 抽取式摘要 ······ 149

  7.2.2 抽象式摘要 ······ 151

  7.2.3 文本摘要的评估 ······ 153

本章小结 ······ 154

第 8 章　智能问答系统和对话系统 ······ 155

8.1 智能问答系统 ······ 155

  8.1.1 智能问答系统概述 ······ 155

  8.1.2 智能问答系统的主要组成部分 ······ 156

  8.1.3 智能问答系统的类型 ······ 160

  8.1.4 智能问答系统的评价 ······ 167

8.2 对话系统 ······ 169

  8.2.1 对话系统概述 ······ 169

  8.2.2 对话系统的基本过程 ······ 170

8.2.3　对话系统的类型 171
　　8.2.4　对话系统的评价 174
　本章小结 174

第9章　情感分析和舆情监测 176

9.1　文本情感分析简介 176
　　9.1.1　文本情感分析的主要内容 177
　　9.1.2　文本情感分析的常见应用 179

9.2　情感分析的方法和技术 182
　　9.2.1　基于情感词典的方法 183
　　9.2.2　基于文本分类的方法 185
　　9.2.3　基于LDA主题模型的方法 187

9.3　舆情监测简介 189
　　9.3.1　舆情监测的主要内容 189
　　9.3.2　舆情监测的常见应用 192

9.4　舆情监测技术 194
　　9.4.1　网络爬虫 194
　　9.4.2　文本情感分析 195

9.5　电商产品情感评论数据分析案例 196
　　9.5.1　背景与挖掘目标 196
　　9.5.2　分析方法与过程 197
　　9.5.3　运行结果 199

本章小结 201

第10章　知识图谱 202

10.1　知识图谱概述 202
　　10.1.1　知识图谱的发展历程 203
　　10.1.2　知识图谱的基本概念 203
　　10.1.3　知识图谱的研究内容 205

10.2　知识图谱的表示与存储 205
　　10.2.1　知识图谱的符号表示 206
　　10.2.2　知识图谱的向量表示 210
　　10.2.3　基于表的知识图谱存储 214
　　10.2.4　基于图的知识图谱存储 219

10.3　知识图谱的构建 220
　　10.3.1　数据获取 220

	10.3.2 知识抽取	220
	10.3.3 知识表示	221
	10.3.4 知识融合	221
	10.3.5 知识建模	222
	10.3.6 知识推理	222
	10.3.7 知识图谱的其他步骤	223
10.4	知识图谱的应用	226
	10.4.1 搜索引擎	226
	10.4.2 问答系统	226
	10.4.3 推荐系统	227
	10.4.4 推理决策	227
	10.4.5 智能对话	227
10.5	构建词云图应用案例	228
本章小结		229

第 11 章 损失函数与模型瘦身 230

11.1	损失函数	230
11.2	常用的损失函数	231
	11.2.1 0-1 损失函数	231
	11.2.2 交叉熵损失函数	231
	11.2.3 平均绝对误差损失函数	232
	11.2.4 均方误差损失函数	232
	11.2.5 Huber 损失函数	233
	11.2.6 分位数损失函数	233
	11.2.7 Hinge 损失函数	234
11.3	模型瘦身	234
	11.3.1 知识蒸馏	235
	11.3.2 网络剪枝	238
本章小结		241

第1章

绪　　论

 学习目标

（1）深入认识自然语言处理的定义，并追溯其发展历程，以便全面理解这一技术的起源和演变。

（2）熟练掌握自然语言处理的研究内容及其所采用的研究方法，为后续的实际应用奠定基础。

（3）对自然语言处理在各领域的应用现状及其未来发展前景保持敏锐的洞察力。

（4）熟悉自然语言处理的开发环境，包括必要的工具、平台和框架，确保自然语言处理能够顺利开发和高效使用。

通过对本章的学习，读者能够全面掌握自然语言处理的基本概念、发展历程、研究内容和方法，并对其实际应用和未来前景有清晰的认识。同时，还将具备搭建和使用自然语言处理开发环境的能力，为后续的实际操作做好充分准备。

1.1　自然语言处理的定义和发展历程

语言是人类区别于其他动物的本质特性之一。在所有生物中，人类是唯一具有高度发达的语言能力的物种。在日常生活中，语言是一种强大的工具，它不仅可以帮助人们表达思想，还连接了自己与他人的关系。人类的多种能力都与语言密切相关。例如，逻辑思维能力就是以语言为表达形式的，而且绝大部分的知识也是通过语言文字的形式被记录并传承下来的。然而，尽管语言的力量无穷无尽，但它的复杂性和多样性也使人类对它的理解和使用变得困难，因为同一种语言在不同的文化和场景中就可能有不同的用法和含义。此外，语言也在不断变化和发展，新的词汇和表达方式不断出现。这就是自然语言处理（Natural Language Processing，NLP）出现的原因。

自然语言处理是一种人工智能（AI）技术，目的是让计算机能够理解、解释并生成人类的语言。这项技术的应用范围非常广泛，涵盖许多领域，从搜索引擎优化到语音识别，从机器翻译到情感分析几乎无所不包。

1.1.1 自然语言处理的定义

自然语言处理处于计算机科学、人工智能和语言学领域的交叉点，是致力于使计算机获得能够理解、处理、生成及模仿人类语言的能力。自然语言处理的目标是实现计算机与人类间的自然对话，即让机器能够像人一样流畅地使用语言进行交流。

自然语言处理涉及的主要研究方向包括自然语言理解、自然语言生成、机器翻译、信息抽取、问答系统及情感分析等。这些研究方向的目的是赋予计算机类似人类的语言能力，能够像人一样地理解和产生自然语言，从而实现更加自然、高效的人机交互。为了达到这个目的，自然语言处理的研究者采用了多种技术，从基于规则的系统到统计学习技术，再到机器学习算法，最后到近期兴起的深度学习方法。随着研究的深入和技术的发展，自然语言处理正在逐步提升其在众多实际应用中的性能，并不断拓展其在各行各业中的实际应用，从而更好地服务于人类社会。

1.1.2 自然语言处理的发展历程

自然语言处理是一门发展迅速的学科，其历史可以追溯到计算机科学刚刚发展起来的时候。从那时起，自然语言处理就已经经历了几个关键时期，并不断地发展，如今已经成为信息技术领域中的重要一环。以下是自然语言处理发展的三个主要阶段。

1. 萌芽期（1960年以前）

从20世纪40年代到20世纪50年代，除了计算机技术给世界带来了巨大的变化，还有两位学者进行了重要的基础研究工作。其中一位是乔姆斯基，他致力于对形式语言进行研究；另一位是香农，他主要研究基于概率和信息论的模型。

香农的信息论是在概率统计的基础上对自然语言和计算机语言进行研究的。他提出了一种量化信息的方法，即将信息转化为数字，可以更好地理解和处理语言。这项研究为后来的自然语言处理提供了重要的理论基础。

1956年，乔姆斯基提出了上下文无关语法，并将其应用于自然语言处理中。他认为语言是一种由规则生成的结构系统，不能仅仅依靠统计方法来分析。他的理论强调了人类语言的创造性和灵活性，对理解语言的本质及构建自然语言处理模型产生了深远的影响。

这两位学者的研究直接促进了基于规则和基于概率这两种不同的自然语言处理方法的发展。基于规则的方法依赖事先定义好的语法规则进行分析并生成文本，而基于概率的方法则利用统计模型来推测句子的结构和意义。这两种方法各有优劣，这也引发了数十年来人们对于哪种方法更好的争论。

基于规则的方法在处理结构化文本和特定领域的任务上表现出色，但对于复杂多样的自然语言来说，其局限性也很明显。而基于概率的方法能够更好地适应语言的变化和不确定性，但在一些任务上可能需要更多的数据和计算资源。

随着时间的推移和技术的发展，基于规则和基于概率的方法逐渐融合发展，形成了现代自然语言处理的基础。同时，人们也开始意识到语言的复杂性和多样性，认识到没有一种单一的方法是适用于所有情况的。因此，学者们仍在探索新的方法和模型，以便更好地理解和处理自然语言。

2. 发展期（1960—1999 年）

在 20 世纪 60 年代，法国格勒诺布尔-阿尔卑斯大学的著名数学家沃古瓦开启了自动翻译系统的研发工作。这一时期，许多国家和组织都投入了大量人力、物力、财力来推动机器翻译的发展。然而，在机器翻译系统的开发过程中，出现了各种各样的问题，并且这些问题的复杂度远远超过了最初的预期。为了解决这些问题，人们提出了各种各样的模型和解决方案。尽管最终的结果并不如人意，但这些努力为后来的各个相关分支领域的发展奠定了基础，如统计学、逻辑学、语言学等。

在机器翻译系统的开发过程中，一个主要的问题是如何准确地将源语言的句子转化为目标语言的句子。早期的机器翻译系统主要依赖规则和词典进行翻译，但这种方法存在很大的局限性。首先，规则和词典无法覆盖所有的语言表达方式和语法结构，导致翻译结果不准确或不完整。其次，由于语言的多样性和复杂性，很难编写出一套适用于所有语言的规则和词典。因此，学者们开始探索基于统计的方法来解决这个问题。

基于统计的机器翻译方法是利用大量语料库来建立统计模型，通过分析源语言的句子和目标语言的句子之间的对应关系，来推断出最佳的翻译结果。这种方法的优势在于可以处理更广泛的语言表达方式和语法结构，并且能够根据大量语料库进行训练和优化。然而，基于统计的机器翻译方法也存在一些挑战。例如，如何处理语义歧义，如何提高模型的准确性和健壮性等。

这些努力也为其他相关分支领域的发展奠定了基础。统计学在机器翻译系统中的应用使学者能够更好地理解并处理数据的不确定性和复杂性。逻辑学则为机器翻译系统提供了一种形式化的推理方法，使翻译过程更加可靠且可解释。语言学的研究则为机器翻译系统提供了对语言结构和语义的深入理解，有助于提高翻译质量和准确性。

总的来说，虽然 20 世纪 60 年代研究的机器翻译系统并没有取得令人满意的结果，但这些努力为后来的机器翻译领域和其他相关领域的发展奠定了基础。随着计算机技术的进步和大数据产业的兴起，可以期待机器翻译系统在未来取得更大的突破和发展。

20 世纪 90 年代，随着计算机技术的快速发展，基于统计的机器翻译方法取得了相当大的成果，并开始在不同的领域里展现出强大的能力。例如，在机器翻译领域引入了许多基于语料库的方法，这使得机器翻译率先取得了突破。1990 年，第 13 届国际计算机语言学大会的主题是"处理大规模真实文本的理论、方法与工具"，这标志着机器翻译研究的重心开始转向大规模真实文本,传统的基于语言规则的机器翻译方法开始显得力不从心。

在这一时期,随着互联网的兴起和数字化信息的爆发式增长,大规模的真实文本数据变得容易获取和处理。基于统计的机器翻译方法能够利用这些大规模的文本数据来建立模型并进行推理,从而更好地理解和处理自然语言。这种方法的优势在于可以捕捉语言的复杂性和多样性,并且能够根据实际数据进行训练和优化。

除了机器翻译领域,基于统计的机器翻译方法也在其他领域取得了显著的成果。例如,在信息抽取任务中,通过分析大量文本数据,可以自动抽取有用的信息,如实体识别、关系抽取等。在情感分析任务中,可以通过分析文本中的情感色彩和语义信息,对文本的情感倾向进行判断和分类。在问答系统领域,通过分析大量的问题和答案,可以建立出能够回答用户问题的问答系统。

然而,基于统计的机器翻译方法也存在一些挑战和限制。首先,由于语言具有复杂性和多样性,因此很难建立一个完美的统计模型来捕捉所有语言规律和语义信息。其次,由于数据的稀疏性和噪声问题,因此模型的训练和推断可能受到一定限制。此外,对于一些特定领域的任务,如法律、医学等,需要结合相应的专业知识和领域特定的规则进行分析和处理。

总的来说,20世纪90年代至21世纪前,基于统计的机器翻译方法在各个领域都取得了显著的成果,为自然语言处理的发展开辟了新的道路。随着计算机技术的不断进步和大数据的兴起,可以期待基于统计的机器翻译方法在未来继续取得更大的突破和发展。

3. 繁荣期(2000年至今)

21世纪伊始,随着互联网的快速普及和信息技术的迅猛发展,自然语言处理迎来了新一轮的发展机遇。在这个时期,众多互联网公司崭露头角,它们的产品和服务不仅改善了人们的生活方式,也对自然语言处理的进步起到了巨大的催化作用。

早期的互联网搜索引擎,如雅虎,通过简单的关键词匹配来帮助用户找到信息。然而,网络内容爆发式增长,简单的关键词匹配已经无法满足用户更精准、更个性化的搜索需求。因此,搜索引擎公司开始着力于改进算法,使搜索引擎能够更好地理解用户的查询意图和网页内容,提供更相关的搜索结果。

作为后来者,谷歌凭借其革新的 PageRank 算法和强大的后端技术,迅速成为搜索引擎市场的领头羊。谷歌不仅改进了网页排序的相关性,而且通过一系列方法技术,如语义分析、拼写校正和查询简化等,大幅提升了用户的搜索体验。

与此同时,我国的百度也开发了一系列适应中文语境的自然语言处理方法,为广大中文用户提供了高质量的搜索服务。这些技术包括中文分词、同义词替换、意图识别等,有效地增强了搜索引擎对中文信息的理解和处理能力。

除了传统的搜索引擎,其他互联网公司也纷纷将自然语言处理应用于各种场景,如社交媒体的内容过滤与推荐、电子商务平台的商品评论分析、智能助手的对话系统等。这些场景进一步推动了自然语言处理的研究和创新。

在这一时期，自然语言处理的发展不仅仅局限于词汇和句子层面的分析，更拓展到篇章理解、情感分析和自动生成等复杂任务。借助大规模数据集和强大的计算资源，自然语言处理学者们建立了越来越精细和复杂的模型，实现了对自然语言更深层次的理解和应用。

综上所述，21世纪之后，互联网公司的兴起和技术革新为自然语言处理带来了新的挑战和机遇，极大地推动了该领域的发展，使自然语言处理在信息时代中扮演了至关重要的角色。也许在不久的将来，在互联网的基础上，使用不同语言的人们可以畅通无阻地沟通交流，人与计算机之间的沟通也没有阻碍。随着自然语言处理技术的不断进步和应用的推广，可以期待一个更加智能化和自然化的交流环境的到来。无论是在工作、学习中，还是在生活中，人们将能够更便捷地利用计算机进行自然语言处理和理解，提高工作效率和生活质量。

1.2 自然语言处理的研究内容和研究方法

自然语言处理是一门集合了计算机科学、人工智能和语言学的交叉学科，它的核心目标是使计算机能够理解、处理、生成并模拟人类语言，以便实现与人类的自然对话。这一领域的研究内容非常广泛且深入，涵盖了从词汇、句法、语义到语用的各个层面，同时也关注文本的分类、情感分析、机器翻译、语音识别和合成等多种应用，研究方法也多种多样，涉及多个学科与领域。

1.2.1 自然语言处理的研究内容

语音识别与合成能够将语音转化为文本，或者将文本转化为语音，包含许多不同的方面和子领域，共同构成了一个复杂且多层次的理论体系，研究内容主要包括以下几方面。

1. 语义网

语义网是一种基于语义的智能网络，它能够理解人类语言的语义和上下文逻辑，并根据语义进行判断和处理。与传统的网络不同，语义网不仅仅是简单地连接信息，而是通过实现语义标记、语义搜索和链接数据等功能，使数据的准确性、可靠性和可信性得到提高。

语义网的主要目标是实现人与计算机之间的交流可以像人与人之间的交流一样自然和高效。通过将数据和信息进行语义标注，语义网可以更好地理解和解释数据的含义，从而提供更准确的搜索结果和更智能的推荐服务。同时，语义网还可以通过链接不同的数据源，实现数据的互通和共享，使用户可以更方便地获取和利用各种数据源。

2. 知识表示

知识表示是将人类的知识或信息转化为计算机可以理解的形式的过程。它是人工智能领域中的一个重要研究方向，旨在让计算机能够像人类一样处理和利用知识。

常见的知识表示方法包括框架表示法、逻辑表示法和概率表示法等。其中，框架表示法是一种结构化的知识表示方法,它将知识组织成了一个层次结构,每个结构节点代表一个概念,边则代表概念之间的关系。这种方法适用于描述具有层次结构的知识,如语义网络和本体论。

逻辑表示法是一种基于逻辑推理的知识表示方法,它使用形式化的语言来描述知识和规则,通过逻辑推理来验证并推导新的知识。这种方法适用于描述具有逻辑关系的知识,如命题逻辑和一阶谓词逻辑。

概率表示法是一种基于概率统计的知识表示方法,它将知识表示为概率分布或随机变量,并通过概率计算来进行推断和决策。这种方法适用于描述具有不确定性的知识,如贝叶斯网络和马尔可夫模型。

3. 语义角色标注

语义角色标注是自然语言处理领域的一个重要任务,它旨在分析句子中的动词和相关的名词短语,并识别它们的语义角色,如施事者、受事者、受益者等。语义角色标注的目标是理解句子中的动作及这些动作的参与者,并将这些信息以结构化的形式表达出来。

语义角色标注可以为机器理解和处理文本提供基础,它可以帮助计算机把握句子的深层含义,而不仅仅是字面上的意思。例如,在问答系统中,语义角色标注可以帮助计算机理解问题的真正含义,从而生成更准确的答案。在机器翻译中,语义角色标注可以提高翻译的质量,因为它有助于捕捉源语言和目标语言之间的语义对应关系。此外,语义角色标注还可以应用于信息抽取、文本摘要、情感分析等多种自然语言处理任务中,提高自然语言处理的性能和智能水平。

4. 问答系统

问答系统是自然语言处理领域的一个重要应用,它们的目标是理解用户以自然语言形式提出的问题,并提供准确、简洁的答案。问答系统通常依赖一个庞大的知识库,这个知识库可以是结构化的数据库、非结构化的文本集合,也可以是从互联网上捕取的信息。

问答系统的实现技术多种多样,从基于规则的机器翻译方法到最新的深度学习模型,如卷积神经网络(CNN)、循环神经网络(RNN)、长短期记忆网络(LSTM)和Transformer等。这些技术使问答系统能够更好地理解自然语言的复杂性和多样性并对其进行准确处理。

5. 语言模型

语言模型在自然语言处理中扮演着至关重要的角色,因为它们为计算机提供了理解和生成自然语言的能力。语言模型的核心目标是捕捉语言的统计特性,即词汇如何组合成句子,以及这些句子如何构成更大的文本结构。通过这些统计特性,语言模型可以帮助计算机预测下一个词或短语,从而完成文本生成、拼写校正、语音识别和其他多种与语言相关的任务。

语言模型的发展极大地推动了自然语言处理的发展。随着算法和计算能力的提升,语言模型变得越来越精细和强大,使计算机能够更好地理解和生成自然语言,为人类提供更加智能化的服务。

第1章 绪论

6. 机器翻译

机器翻译是自然语言处理和计算语言学领域的一个重要分支，它的作用是将一种自然语言的文本自动转换为另一种自然语言的文本。这项技术不仅对促进国际交流和信息共享具有重要意义，还对推动语言技术的发展和应用有着深远的影响。

机器翻译的科学研究价值不仅体现在语言理解和生成的能力上，还包括多模态信息的融合、跨语言的信息检索，以及对人类语言习得过程的启示等方面。随着科技的不断进步，机器翻译正在逐渐摆脱以往的限制，提供更加准确、自然的翻译结果，为全球交流与合作提供了强有力的支持。

7. 语音识别

语音识别是自然语言处理领域的一个重要分支，它的作用是将人类的语音信号转换为可读的文本形式。这个转换过程不仅需要捕捉语音中的声学特征，还需要理解语言的结构和语义。语音识别技术在智能助手、自动语音转录、交互式游戏、电话服务系统等多个领域都有广泛的应用。

随着深度学习技术的发展，语音识别的准确性和健壮性得到了显著提升。特别是端到端的深度学习模型，如循环神经网络和注意力机制，已经成为语音识别领域的主流模型。这些模型能够直接从原始语音信号中学习到复杂的特征表示，而无须依赖手工设计的特征提取过程。随着技术的进步，语音识别将在未来的人机交互中扮演更加关键的角色。

8. 语音合成

语音合成也称为文本到语音技术，是将书面文本转换为听觉上可理解的语音的技术。这个过程不仅涉及将书面文本转换成语音，还包括生成自然的韵律、语调和声音质量，以便听起来像是人在说话。语音合成在无障碍阅读、智能助手、电话服务、语言学习软件等领域有着广泛的应用。

随着科技的发展，语音合成也变得越来越先进，其生成的语音越来越难以与人声区分。高质量的语音合成不仅需要准确生成语音，还需要对语音的细微差别和文化特征有深入的理解。未来的语音合成技术将继续提高自然度和增强表现力，为人们提供更加丰富和人性化的听觉体验。

9. 语篇分析

语篇分析是语言学的一个分支，它关注的是语言在交流中的使用，特别是句子如何组合成更大的语篇单元，以及这些语篇单元如何共同构建意义。语篇分析不仅包括文本本身的结构分析，还包括语境、说话者的意图、听话者的解释和社会文化背景等因素。

语篇分析的应用非常广泛，它可以应用于教育、社会科学研究、人工智能、法律、健康沟通等多个领域。通过对语篇的深入分析，学者能够更好地理解语言的复杂性和多样性，以及它在人类社会中的重要作用。随着计算机的发展，语篇分析也越来越多地利用计算机辅助工具和大数据分析方法，以此提高语篇分析的效率和深度。

10. 舆情分析

舆情分析是指对公众意见和情绪的系统收集、监测、分析和评估。它通常用于解读和预测公众对于某一事件、政策或产品的反应,以便组织或个人可以作出相应的策略调整。在数字化和网络化的时代背景下,舆情分析变得尤为重要,因为网络上的信息传播速度快、影响范围广,对社会稳定和个人形象都可能产生重大影响。

舆情分析不仅需要技术手段的支持,还需要结合社会学、心理学、传播学等多学科的知识,以便更准确地解读和预测公众的反应。随着人工智能和机器学习技术的发展,舆情分析的准确性和效率将进一步提高,帮助组织或个人更好地理解和引导公众意见。

这些研究内容共同推动了自然语言处理的不断发展,使计算机能够不断完善在各种任务中模拟人类语言的能力。

1.2.2 自然语言处理的研究方法

自然语言处理是计算机科学、人工智能和语言学领域的一个交叉学科,主要研究如何让计算机能够理解、处理、生成和模拟人类语言,从而实现与人类进行自然对话。自然语言处理的目标是使计算机具备理解和接受人类用自然语言输入的指令,完成从一种语言到另一种语言的翻译功能。

自然语言处理的研究方法涉及多个领域和技术。例如,分词、词性标注、命名实体识别、句法分析等技术被广泛应用在自然语言处理中。同时,机器学习和深度学习技术也在自然语言处理领域发挥了重要作用。常用的方法有贝叶斯分类器、支持向量机、决策树、随机森林和逻辑回归等。近年来,随着神经网络的发展,循环神经网络、长短期记忆网络和卷积神经网络等深度学习模型在自然语言处理任务中取得了显著的效果。

1.3 自然语言处理的应用和前景

自然语言处理已经深入到许多领域中,如在线客服、智能搜索和内容推荐等。随着深度学习和大数据技术的进步,自然语言处理的应用将更加广泛和深入。具体来说,文本领域的搜索引擎、信息检索、机器翻译、自动摘要、文本分类、意见挖掘、舆情分析、信息过滤和垃圾邮件处理等众多类型智能应用需要自然语言处理帮助其实现智能化。

未来,随着人工智能的深入发展,自然语言处理的需求将会不断提升。大语言模型是深度学习在自然语言处理领域的一个应用,这些模型的目标是理解和生成人类语言。为了实现这个目标,模型需要在大量文本数据上进行训练,以学习语言的各种模式和结构。例如,ChatGPT 就是一个大语言模型的例子。总的来说,自然语言处理的发展前景广阔,有着无限的可能。

1.4 自然语言处理的开发环境

本书将介绍并使用特定的开发环境，以便读者能够跟随书中的内容进行实践操作。开发环境是指用于编写、测试和调试软件应用程序的一套工具和软件的集合，通常包括文本编辑器或集成开发环境（IDE）、编译器或解释器、调试工具及可能的版本控制系统等。

第 1 步，进入 Anaconda 官网主页，如图 1.1 所示。单击"Download"按钮，默认下载的是 Windows 版本软件。还可以在"Download"按钮的下方找到对应的 Mac 或 Linux 操作系统版本软件。

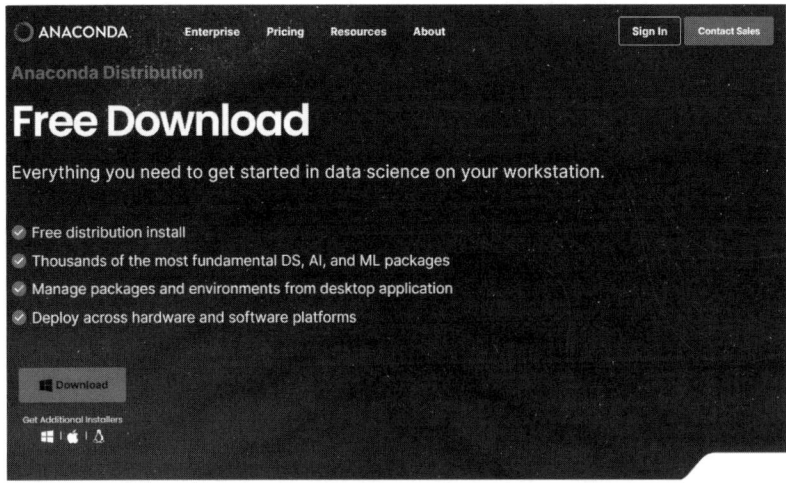

图 1.1　Anaconda 官网主页

第 2 步，启动软件的安装程序，安装界面如图 1.2 所示，选择默认的选项进行安装即可，如图 1.3～图 1.9 所示。

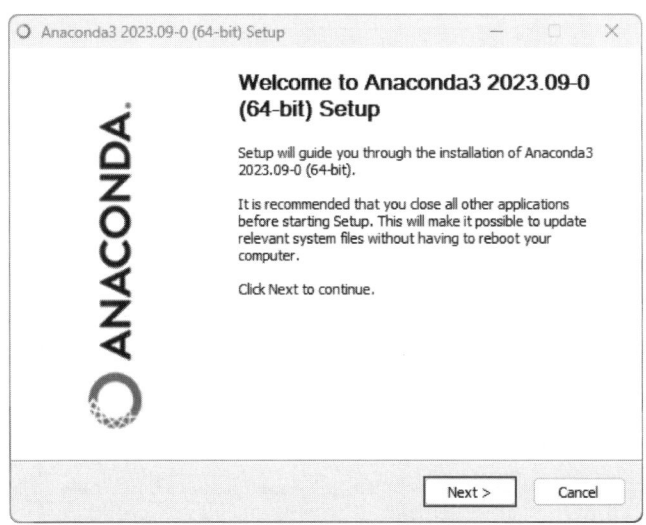

图 1.2　Anaconda 安装界面 1

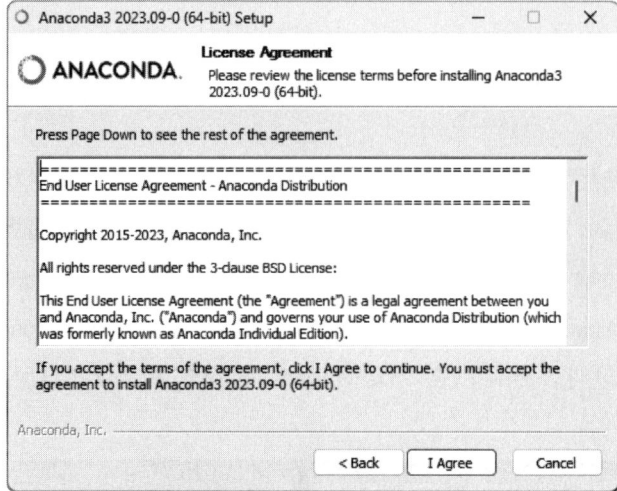

图 1.3　Anaconda 安装界面 2

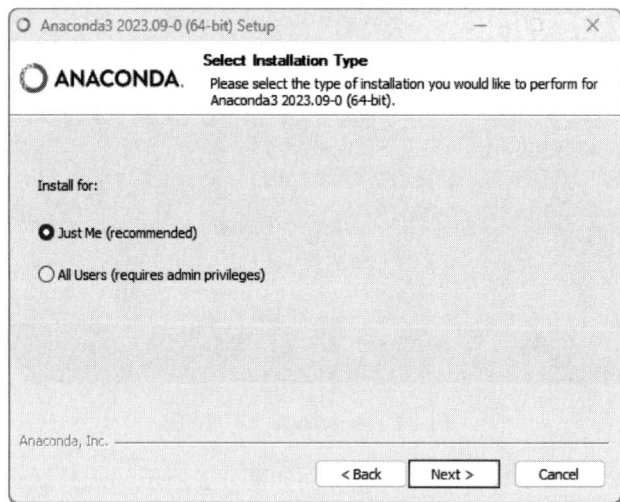

图 1.4　Anaconda 安装界面 3

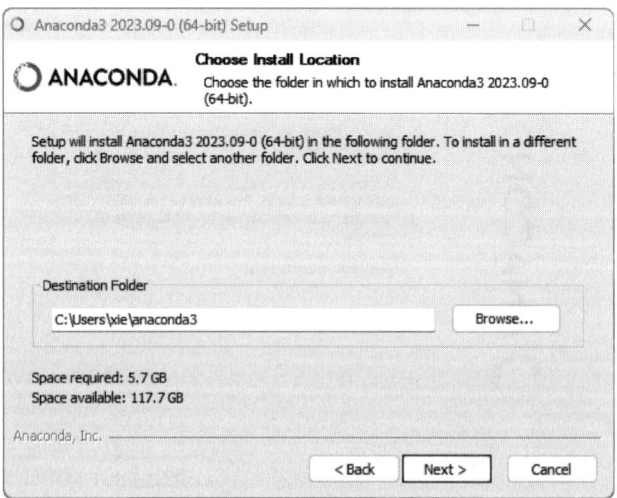

图 1.5　Anaconda 安装界面 4

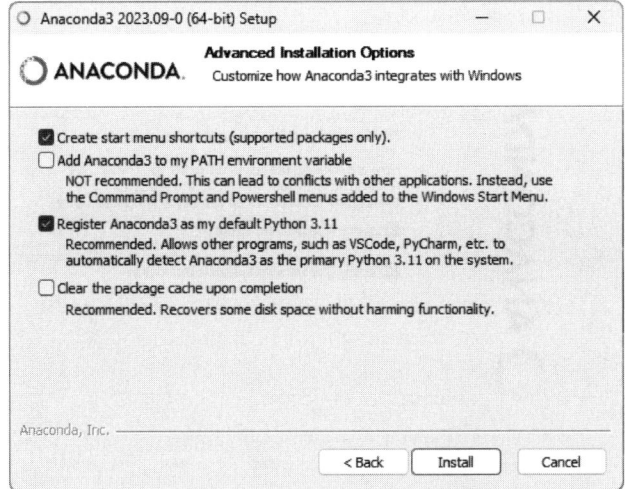

图 1.6　Anaconda 安装界面 5

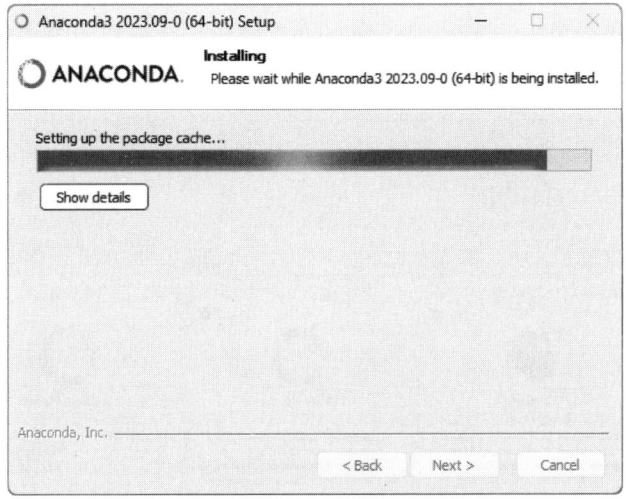

图 1.7　Anaconda 安装界面 6

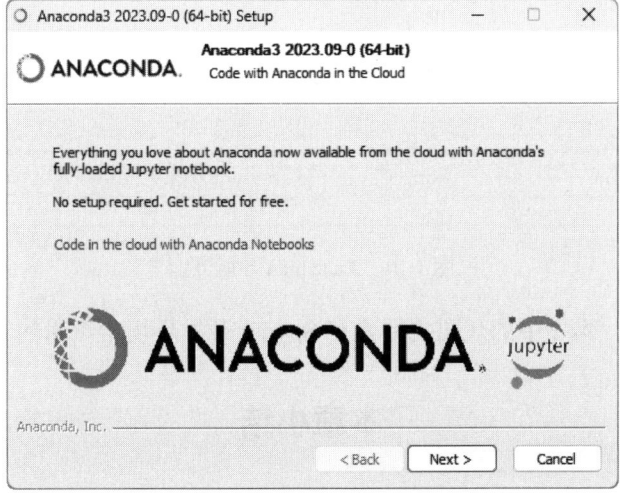

图 1.8　Anaconda 安装界面 7

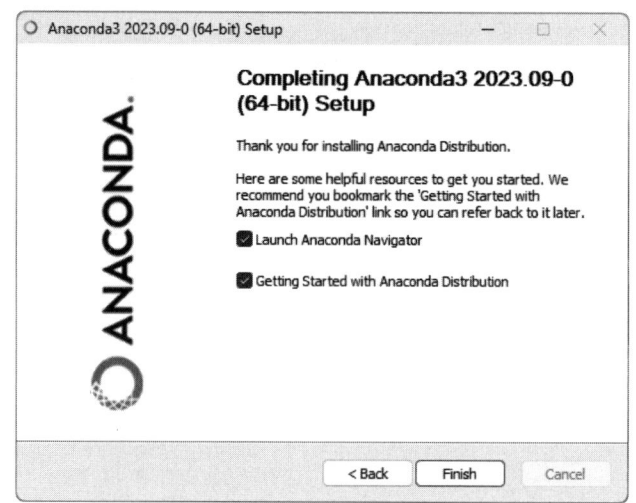

图 1.9　Anaconda 安装界面 8

至此，安装完成，单击图 1.9 中的"Finish"按钮，会出现如图 1.10 所示的 Anaconda 导航界面。

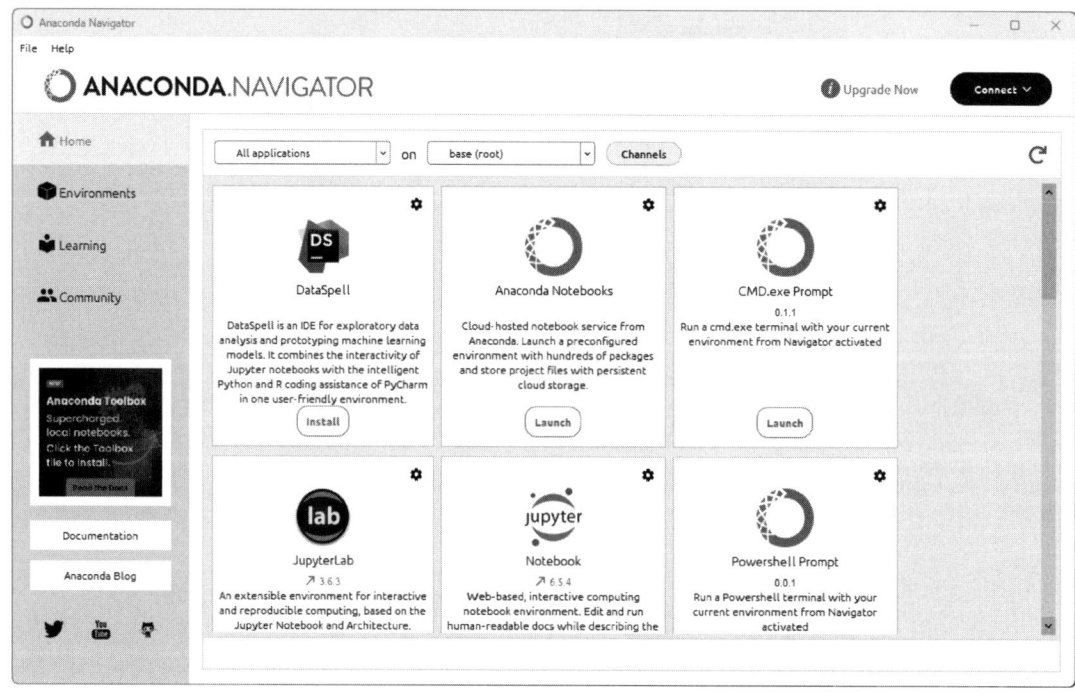

图 1.10　Anaconda 导航界面

值得注意的是，本书中的代码主要是在 Spyder 开发环境中编辑的。

本章小结

本章对自然语言处理领域进行了全面介绍，旨在为读者奠定坚实的基础，以便读者更好地理解后续几章中的高级主题和应用。

首先，对自然语言处理进行了定义，阐释了它作为一门学科的核心目标：使计算机能够理解、解释、生成和响应人类语言。追溯了自然语言处理的发展历程，从早期的基于规则的机器翻译方法，到基于统计的机器翻译方法，再到当前深度学习技术的突破，展示了自然语言处理是如何随着时间推移而不断进化和成熟的。其次，详细地介绍了自然语言处理的研究内容，包括语音识别、语义理解和机器翻译等关键领域，并探讨了支撑这些研究的方法论，包括基于规则的机器翻译方法、统计模型方法和深度学习方法。这些内容和方法共同构成了自然语言处理的学术和实践基础。再次，本章还探讨了自然语言处理的应用前景，强调了其在人机交互、信息检索和智能客服等多个领域的广泛应用，并展望了随着技术进步，自然语言处理将如何在未来的信息化和智能化社会中发挥更加关键的作用。最后，介绍了自然语言处理的开发环境，包括所需的工具、框架和资源，为读者提供了实际操作和实验的指导。

通过本章的学习，读者应该对自然语言处理有基本的了解，包括它的定义、发展历程、主要研究内容、应用前景及开发环境。这为进一步深入探索自然语言处理的具体技术和应用奠定了坚实的基础。随着阅读书中的其他章节，读者将逐步构建起更为深入和全面的自然语言处理知识体系。

第 2 章

文本预处理

（1）深入领会文本预处理的核心意义及关键步骤，并明晰其在自然语言处理流程中不可或缺的步骤。

（2）熟练掌握词法分析的基础理念与技术手段，深化理解中文分词的内在机制与实施方法，并能熟练运用词性标注工具对文本进行精确的词性标注。

（3）全面掌握句法分析库的相关知识与评估方法，能够熟练操作依存句法分析工具，对文本进行精准的句法结构分析。

（4）精通词义消歧的技术方法，并掌握语义角色标注的核心理念与操作技巧，以实现对文本深层语义的准确解析与标注。

通过达成上述学习目标，读者不仅能够深刻理解文本预处理、词法分析、句法分析和语义分析等自然语言处理技术的核心原理，而且能够将这些技术灵活应用于实际场景中。这些技能将为日后的自然语言处理任务奠定坚实的基础，在处理自然语言数据时能够游刃有余，更加精准地捕捉和理解文本中的深层含义。

文本预处理是自然语言处理的关键步骤，它的作用是将原始文本数据转换为计算机可以理解和处理的形式。这个过程的主要目标是：清洗文本数据，即去除不必要的字符、标点符号和特殊符号，保留有用的信息；分词，即将文本数据拆分成独立的词或标记，方便计算机理解和处理；将文本数据转换为数值形式，以便应用于机器学习和深度学习算法。

2.1 文本清洗和去噪

文本清洗和去噪是自然语言处理中至关重要的步骤，旨在剔除文本中的噪声和冗余信息，从而显著提升文本的质量。这一过程主要包括去除文本中的无用部分、停用词，并将繁体转为简体、全角字符转为半角字符、剔除数字和特殊字符，以及去除空白行和空行等。

以下列举一些常见的文本清洗和去噪方法。

（1）去除无用部分。去除无用部分包括去除邮政编码、某一行单独的纯英文字符串、无法识别的特殊符号，或通过正则表达式处理，去除文本中的 HTML 标签、注释、URL 链接等无用信息等。

（2）去除特殊字符和标点符号。特殊字符和标点符号通常不会对文本的含义产生贡献，因此可以将其删除。例如，可以使用正则表达式匹配并删除所有非字母、数字字符。

（3）转换为小写。将所有大写字母转换为小写字母，这可以避免大小写带来的差异，同时也可以简化后续的文本处理过程。

（4）去除停用词。停用词是指在文本中频繁出现但对文本含义没有影响的词语，如"的""是""在"等，可以对照已有的停用词表或自定义停用词表来去除停用词，以减少词汇量并突出文本的主题信息。

（5）去除重复项。如果文本中存在重复的行或段落，可以将其删除以减少噪声。

（6）去除拼写错误。可以使用拼写检查器或自动纠错算法来纠正拼写错误，以提高文本的准确性。

（7）去除空白行和空行。这些空白行和空行可能不包含有用的信息，应该删除，使文本结构更加紧凑和规整。

（8）去除 HTML 标签。如果文本是从网页中抽取的，可能会包含 HTML 标签等无关信息，可以使用正则表达式或其他工具去除这些标签。

（9）**繁体到简体的转换**。对于中文文本，可使用专门的转换工具或算法，将文本中的**繁体中文**转换为简体中文，提高文本的一致性和可读性。

（10）全角到半角的转换。全角和半角是字符宽度的概念，全角占两个标准字符宽度，半角占一个标准字符宽度。为了统一格式，需要进行转换，统一全角或半角，以适应不同的文本处理需求。

（11）去除噪声数据。如果文本中包含大量的噪声数据，如广告、恶意评论等，可以使用机器学习算法或规则来识别并删除这些数据。

（12）去除数字和特殊字符。通过正则表达式匹配并删除文本中的数字和特殊字符，以消除它们对文本分析可能产生的干扰。

（13）其他特定语言的处理。不同语言的文本可能需要不同的处理方法。例如，对于中文，可能需要进行分词和词性标注；对于英文，可能需要进行词干抽取和词形还原等。

这些文本清洗和去噪方法可以根据具体需求进行组合和调整，以达到最佳的文本处理效果。通过实施这些方法，可以为后续的自然语言处理提供更清晰、准确的数据基础。

下面给出常用的文本清洗和去噪的代码。

```
import re
def text_cleaning(text):
```

```
        #去除特殊符号和标点符号
        text = re.sub(r'[^\w\s]', '', text)
        #去除停用词
        stopwords = ['的', '是', '在']
        text = ' '.join([word for word in text.split() if word not in stopwords])
        #繁体到简体的转换
        text = text.replace('繁体', '简体')
        #全角到半角的转换
        text = ''.join([chr(ord(c) - 65248) if 65281 <= ord(c) <= 65374 else c for c in text])
        #去除数字和特殊字符
        text = re.sub(r'\d+', '', text)
        #去除空白行和空行
        text = ''.join([line for line in text.split('') if line.strip()])
        return text
#示例文本
text = "我们来测试下列文本。在这个文本中包含了一些特殊符号!@#¥%……&*（）——+【】{}|;
':\"<>?,./。"
#清洗文本
cleaned_text = text_cleaning(text)
print(cleaned_text)
```

在实际应用中，文本清洗和去噪的方法往往因任务的多样性而有所差异。例如，在情感分析任务中，情感词汇对于捕捉文本的情感倾向至关重要，因此需要保留这些词汇以确保分析的准确性。而在实体识别任务中，人名、地名等专有名词是识别实体的关键因素，因此需要保留这些名词以支持任务的顺利进行。综上所述，在进行文本清洗时，需要仔细分析任务需求，选择恰当的清洗和去噪方法，以确保清洗和去噪后的文本既符合任务要求，又能保留关键信息。

2.2 词法分析

词法分析作为自然语言处理领域中的基石，扮演着至关重要的角色。其核心任务是将输入的字符串切分为独立的词或标记，这些词或标记构成了自然语言处理的基本单元。在中文词法分析领域，主要存在3种方法。

（1）基于规则的方法，它依赖预设的语法规则进行切分。

（2）基于统计的方法，它利用语料库中的统计信息来识别词边界。

（3）基于规则与统计的混合方法，它结合了前两者的优势，以提高词法分析的准确性和效率。

2.2.1 中文分词

中文分词属于自然语言处理范畴，是把一个汉字序列切分成单独的词语的过程。例如，汉字序列"今天天气真好",分词后的结果是"今天""天气""真""好"。中文分词对于搜索引擎来说非常重要,其准确与否直接影响搜索结果的相关度排序的好坏。影响分词效果的因素主要有两个:分词算法、词典。现有的中文分词算法大致可以分为三大类:基于字符串匹配的分词方法、基于理解的分词方法和基于统计的分词方法。

2.2.1.1 基于字符串匹配的分词方法

基于字符串匹配的分词方法,也称为机械分词方法,是一种按照特定策略将待分析的汉字序列与一个"充分大的"机器词典中的词条进行配对的方法。如果机器词典中存在某个词条,则认为匹配成功,从而识别出一个词语。这种方法主要包括正向最大匹配法、逆向最大匹配法和双向最大匹配法等。

1. 正向最大匹配法

正向最大匹配法是一种基于词典的分词方法,其基本思想是:假定词典(或称机器词典)中最长词条的长度为 L,则用被处理文档当前字符串序列中的前 L 个字符作为一个词,与词典中的词条进行匹配。若词典中存在这样一个词条,则该词匹配成功(识别出一个词)。此时,将匹配成功的这个词从字符串序列中删去,然后继续用下一个长度为 L 的字符串进行匹配;若词典中不存在这样一个词,则匹配失败,此时将匹配字符串的最后一个字去掉,对剩下的字符串重新进行匹配。如此进行下去,直到整个字符串序列中的字全部处理完毕。具体步骤如下。

第 1 步,假定分词词典中最长词有 i 个汉字字符,使用被处理的当前字串中的前 i 个字符作为匹配字段,查找字典。

第 2 步,若在词典中找到了这样一个 i 个字符的词,则认为匹配成功;否则,将匹配字段中的最后一个字符去掉,对剩下的字符串重复上述过程。

第 3 步,这个过程会持续进行,直到句子扫描完毕,也就是说,会尽可能多地从句子中切分出词典中的词语。

例如,对于句子"我爱黄河母亲河",在分词过程中,会先将"我爱黄河母亲"作为一个整体进行匹配,如果匹配成功,则识别出一个词"我爱黄河母亲河"。然后继续处理剩下的字符串。具体的过程如下。

第 1 步,选取窗口。窗口大小为 3(因为词典中最长的长度为 3 的词为"母亲河")。

第 2 步,向前匹配。每次匹配时,将匹配字段的前 k 个字符去掉,k 取决于词典中的词长。第一次匹配"母亲河"→命中 {'母亲河'},第二次匹配"爱黄河"→无,第三次匹配"黄河"→命中 {'母亲河','黄河'}。

第 3 步,得出结果。最终分词结果为"我""爱""黄河""母亲河"。

正向最大匹配法简单快速,但是因为是基于词典的,所以如果词典中没有某个词,那么这个词就可能会被误切分。

2. 逆向最大匹配法

逆向最大匹配法的原理与正向最大匹配法的原理基本相同，不同的是分词切分的方向相反，而且使用的分词词典也不同。由于汉语中主语和谓语的结构特点，逆向匹配对歧义字段的分词很有效。统计结果表明，逆向最大匹配法的分词精度略高于正向最大匹配法。

例如，对于句子"我爱黄河母亲河"，在分词过程中，会先将"爱黄河母亲河"作为一个整体进行匹配，如果匹配成功，则识别出一个词"爱黄河母亲河"。然后继续处理剩下的字符串。这个过程会持续进行，直到句子扫描完毕，也就是说，会尽可能多地从句子中切分出词典中的词条。

对于文本"我爱黄河母亲河"，使用逆向最大匹配法进行分词的过程如下。

第1步，假定分词词典中的最长词有3个汉字字符，从文档末端开始匹配扫描，每次取最末端的3个字符作为匹配字段，即"我爱黄河母亲河"→"母亲河"。

第2步，在词典中查找"母亲河"，如果找到，则匹配成功，分词结果为"我爱""黄河""母亲河"。

第3步，如果没找到，将匹配字段中最前面的一个字符去掉，即去掉"母"，得到新的匹配字段"亲河"，继续在词典中查找"亲河"。

第4步，如果找到，则匹配成功，分词结果为"我爱""黄河""母亲河"。

第5步，如果还没找到，则继续重复上述步骤，直到句子被扫描完为止。

逆向最大匹配法的分词词典是逆序词典，其中的每个词条都按逆序方式存放。在实际处理时，会先将文档进行倒排处理，生成逆序文档，然后根据逆序词典对逆序文档进行处理。汉语中的偏正结构较多，如果从后向前匹配，可以适当提高分词的精确度。这使得逆向最大匹配法在误差控制上较正向最大匹配法更优秀。

3. 双向最大匹配法

双向最大匹配法是一种综合了正向最大匹配法和逆向最大匹配法的分词方法。在双向最大匹配法中，首先根据标点对文档进行粗切分，把文档分解成若干个句子，然后再对这些句子用正向最大匹配法和逆向最大匹配法进行扫描切分。

对于每个句子，双向最大匹配法会分别使用正向最大匹配法和逆向最大匹配法进行分词处理，得到两种可能的分词结果。然后，根据"大颗粒度词越多越好，非词典词和单字词越少越好"的原则，选取其中一种分词结果作为最终的输出。这种方法有效地结合了正向最大匹配法和逆向最大匹配法的优点，能够在不同的语境和语序中都得到较好的分词结果。

例如，如果词典中存在"我爱黄河母亲河。"，那么双向最大匹配法的步骤如下。

第1步，使用标点符号对句子进行粗切分，得到两个句子："我爱黄河母亲河""。"。

第2步，对于第一个句子"我爱黄河母亲河"，会分别使用正向最大匹配法和逆向最大匹配法进行扫描切分。

如果使用正向最大匹配法，会先将"我"作为一个词，然后在词典中查找，发现不存在，于是去掉"我"，将"爱黄"作为新的词进行查找，发现存在，于是识别出一个词"爱黄"。然后继续处理剩下的字符串"河母亲河。"，以此类推。

如果使用逆向最大匹配法，会先将"爱黄河母亲河"作为一个词，然后在词典中查找，发现不存在，于是去掉最后一个字"河"，将"爱黄"作为新的词进行查找，发现存在，于是识别出一个词"爱黄"。然后继续处理剩下的字符串"河母亲河。"，以此类推。

第3步，根据"大颗粒度词越多越好，非词典词和单字词越少越好"的原则，选取其中一种分词结果作为最终的输出。

基于字符串匹配的分词方法实现简单、效率较高，但依赖一个预先编制好的词典，对于词典中未收录的词或新出现的词往往无法正确识别，同时对于分词中的歧义现象也难以很好地处理。因此，在实际应用中，通常需要结合其他分词方法或技术手段来提高分词的准确性和效率。

2.2.1.2 基于理解的分词方法

基于理解的分词方法是一种通过让计算机模拟人对句子的理解，从而达到识别词的效果的分词方法。这种方法的基本思想是在分词的同时进行语法、语义分析，利用分析结果解决分词中的歧义问题。它通常包括分词子系统、句法语义子系统和总控部分。在总控部分的协调下，分词子系统可以获得有关词、句子等的句法和语义信息，进而对分词歧义进行判断。这种分词方法模拟了人对句子的理解过程，但需要使用大量的语言知识和信息进行训练。

目前，基于理解的分词方法主要有专家系统分词法和神经网络分词法等。专家系统分词法依赖人工编写的规则和知识库，而神经网络分词法则利用神经网络模型自动学习分词规则。然而，汉语语言知识具有复杂性和模糊性，目前基于理解的分词系统还处在试验阶段，尚未完全成熟。

此外，基于理解的分词方法还面临一些其他挑战。例如，对于复杂长句或包含大量专业术语的句子，分词系统可能难以准确理解其含义并进行正确的分词。对于新词的处理也是基于理解的分词方法需要解决的问题之一。

为了改进基于理解的分词方法，可以考虑结合更多的语言知识和信息，如词性、语义角色等，以提高分词的准确性。同时，随着深度学习技术的发展，可以利用神经网络模型来自动学习分词规则，减少对人工编写的规则和知识库的依赖。

总之，基于理解的分词方法虽然面临一些挑战，但通过模拟人对句子的理解过程进行分词，具有潜在的优势和光明的前景。随着技术的不断进步和完善，相信未来会有更多的研究和应用出现。

2.2.1.3 基于统计的分词方法

基于统计的分词方法是目前应用最广泛的分词方法之一。它结合统计学原理,利用大量语料库进行训练和学习,从而实现对文本的分词。该方法不依赖预先编制好的词典,而是通过对文本中相邻字同时出现的频率的统计信息进行分析,找出词与词之间的边界。

基于统计的分词方法的核心思想是相邻的字同时出现的次数越多,就越有可能构成一个词。因此,通过对训练文本中相邻的各字的组合频率进行分析,可以计算出字与字之间的互现信息,进而反映成词的可信度。当这种互现信息的紧密程度超过某个阈值时,就可以认为这些字构成了一个词。

在具体实现上,基于统计的分词方法通常包括以下几个步骤。

第 1 步,需要构建一个语言模型,这通常是利用大量语料库进行训练得到的。

第 2 步,对输入的句子进行单词划分,这个过程可以通过一些统计方法来实现,如隐马尔可夫模型或条件随机场等。

第 3 步,根据统计结果,选择概率最大的分词方式作为输出结果。

1. *N*-gram 语言模型的分词方法

N-gram 语言模型是一种基于 N 个连续字母或单独字母的组合来进行分词的方法,它通过计算字符串中每种划分的概率来确定最佳的分词方式。在这种方法中,假设一个词的出现只与前面 $N-1$ 个词相关。具体来说,设 S 为一个自然句子,$w_1, w_2, \cdots, w_n$ 为构成 S 的词,句子 S 出现的概率为 $p(S)$,这种分词方法会选取概率最大的分词结果作为最终结果。$p(S)$ 的计算方法如式(2.1)所示。

$$p(S) = p(w_1, w_2, \cdots, w_n) \tag{2.1}$$

假设每个词 w_i 都要受到第一个词 w_1 到它之前一个词 w_{i-1} 的影响,则由条件概率,S 出现的概率等于每个词出现的概率的乘积,如式(2.2)所示。

$$\begin{aligned} p(S) &= p(w_1, w_2, \cdots, w_n) \\ &= p(w_1) p(w_2 | w_1) \cdots p(w_n | w_{n-1}, w_{n-2}, \cdots, w_2, w_1) \end{aligned} \tag{2.2}$$

假设词典的大小为 D,则对于最后一个词 w_n,其前面的词 $w_1, w_2, \cdots, w_{n-1}$ 的可能性有 D^{n-1} 种,要计算 $p(w_n | w_{n-1}, w_{n-2}, \cdots, w_2, w_1)$,就需要计算在 D^{n-1} 种不同情况下 w_n 出现的概率,这样会导致参数空间过大和数据稀疏严重,这几乎是不可能计算的。因此,需要引入马尔可夫假设解决这个问题。

马尔可夫假设:任何一个词 w_i 出现的概率只与它前面的一个或若干个词有关。基于这个假设,提出 N 元(*N*-gram)语言模型。N 表示任何一个词出现的概率只与它前面的 $N-1$ 个词有关。

当 $N=2$ 时,就是二元语言模型,某个词 w_i 出现的概率只与它前面出现的一个词 w_{i-1} 有关。这样,即使某个词出现在一个很长的句子中,也只需要计算距离它最近的那一个词,即式(2.3)。

$$p(w_n|w_{n-1},\cdots,w_2,w_1) \approx p(w_n|w_{n-1}) \tag{2.3}$$

则二元语言模型如式（2.4）所示。

$$p(S) = p(w_1)p(w_2|w_1)\cdots p(w_{n-1}|w_{n-2})p(w_n|w_{n-1}) \tag{2.4}$$

当 $N=3$ 时，就是三元语言模型，某个词 w_i 出现的概率只与它前面出现的两个词 w_{i-1} 与 w_{i-2} 有关。这样，即使某个词出现在一个很长的句子中，也只需要计算距离它最近的那两个词，如式（2.5）所示。

$$p(w_n|w_{n-1},\cdots,w_2,w_1) \approx p(w_n|w_{n-1},w_{n-2}) \tag{2.5}$$

则三元语言模型如式（2.6）所示。

$$p(S) = p(w_1)p(w_2|w_1)\cdots p(w_{n-1}|w_{n-2},w_{n-3})p(w_n|w_{n-1},w_{n-2}) \tag{2.6}$$

以此类推，N-gram 语言模型中，某个词 w_i 出现的概率与它前面出现的 $N-1$ 个词有关。这样，即使某个词出现在一个很长的句子中，也只需要计算距离它最近的那 $N-1$ 个词，即式（2.7）。

$$p(w_{n+N}|w_{n+N-1},w_{n+N-2},\cdots,w_{2+N},w_{1+N}) \approx p(w_{n+N}|w_{n+N-1},w_{n+N-2},\cdots,w_n) \tag{2.7}$$

则在 N-gram 语言模型中，句子 S 出现的概率 $p(S)$ 如式（2.8）所示。

$$p(S) = \prod_{i=1}^{n} p(w_i|w_{i-N+1}^{i-1}) \tag{2.8}$$

其中，w_{i-N+1}^{i-1} 表示词 w_i 在 N-gram 语言模型中的历史 $w_{i-N+1},w_{i-N},\cdots,w_{i-1}$。

N-gram 语言模型的具体步骤如下。

第 1 步，数据预处理。数据预处理是分词过程中的重要环节，旨在去除文本中的标点符号、停用词和特殊字符等冗余信息，以便更准确地识别文本中的语义信息。预处理过程中，需要使用各种技术手段，如正则表达式、字符串替换等，以高效处理大量文本数据。

第 2 步，构建 N-gram 语言模型。根据预处理后的文本，将文本切分成若干个字母或字的组合，其中，N 表示每个组合的长度。在构建 N-gram 语言模型时，需要对预处理后的文本进行切分，形成一系列 N-gram 序列。

第 3 步，计算频率和概率。这一步是分词过程中的重要环节。通过统计 N-gram 序列中每个组合的出现次数，计算出它们的频率和概率。这些信息对于后续的分词结果选择具有重要的参考价值。

第 4 步，分词结果。通过比较 N-gram 序列的频率和概率，选择出现次数最高的组合作为分词结果。这种方法可以有效提高分词的准确性和效率。最终的分词结果将作为后续自然语言处理任务的输入，对于后续任务的效果至关重要。

例如，对字符串"我喜欢吃苹果，因为苹果很好吃。我也喜欢吃香蕉，因为香蕉很甜。"进行分词，代码如下。

```
import nltk
from nltk.util import ngrams
```

```
from collections import defaultdict
def train_ngram_model(text, n):
    tokens = nltk.word_tokenize(text)
    model = defaultdict(lambda: defaultdict(lambda: 0))
    for i in range(len(tokens) - n + 1):
        ngram = tuple(tokens[i:i+n])
        next_word = tokens[i+n]
        model[ngram][next_word] += 1
    for ngram in model:
        total_count = float(sum(model[ngram].values()))
        for word in model[ngram]:
            model[ngram][word] /= total_count
    return model
def generate_text(model, n, start_sequence, num_words):
    current_sequence = list(start_sequence)
    output_text = " ".join(current_sequence)

    for _ in range(num_words):
        if len(current_sequence) < n:
            ngram = tuple(current_sequence)
        else:
            ngram = tuple(current_sequence[-n+1:])
        next_word_probs = model[ngram]
        next_word = max(next_word_probs, key=next_word_probs.get)
        current_sequence.append(next_word)
        output_text += " " + next_word
    return output_text
text = "我喜欢吃苹果,因为苹果很好吃。我也喜欢吃香蕉,因为香蕉很甜。"
n = 2
start_sequence = ("我", "喜欢")
num_words = 5
model = train_ngram_model(text, n)
generated_text = generate_text(model, n, start_sequence, num_words)
print(generated_text)
```

随着 N 的取值变化,N-gram 语言模型在理论上会更加精确,但也会更加复杂。这是因为更大的 N 值意味着需要更多的计算资源和训练数据。实际上,当 $N>3$ 时,精度的提升可能并不明显。此外,N-gram 模型存在长距离依赖性问题。为了解决这些问题,可以采用如下方法。

(1)选择合适的 N 值。根据任务需求和计算资源,选择一个合适的 N 值。较小的 N 值可能更简单且更快,但可能不够精确;而较大的 N 值可能会提供更高的精度,但需要更多的计算资源。

(2)使用平滑技术。为了处理数据稀疏性问题,可以采用平滑技术来调整计数,如 Laplace 平滑或加一平滑。

(3)结合其他模型。考虑与其他语言模型结合,以提高模型的性能,如神经网络语言模型。

总之，虽然 N-gram 语言模型在某些场景下非常有用，但在应用时需要权衡其优势和局限性。

2. 隐马尔可夫模型的分词方法

隐马尔可夫模型是自然语言处理领域备受关注的一种模型，是一种概率模型，也是一种有向图模型，用于解决序列预测问题，可以对序列数据中的上下文信息进行建模。隐马尔可夫模型主要用于描述包含隐含未知参数的马尔可夫过程。在隐马尔可夫模型中，存在两种类型的节点，分别是观测序列和状态序列。状态序列是不可见的，它们的值需要通过对观测序列进行推断来获得。许多现实应用可以抽象为状态序列，如语音识别、自然语言处理中的分词和词性标注等。隐马尔可夫模型结构如图 2.1 所示。

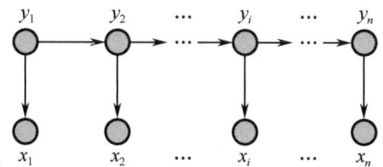

图 2.1　隐马尔可夫模型结构

在图 2.1 中，隐马尔可夫模型的变量分为两组，第一组是状态序列的变量 $\{y_1, y_2, \cdots, y_n\}$，其中，$y_i \in \mathcal{Y}$ 表示第 i 时刻的系统状态，因为状态序列的变量是隐藏的、不可被观测的，所以状态序列的变量也称为隐变量；第二组是观测序列的变量 $\{x_1, x_2, \cdots, x_n\}$，其中，$x_i \in \mathcal{X}$ 表示第 i 时刻的观测值。

假设一个系统有有限个状态 $\mathbf{S} = \{s_1, s_2, \cdots, s_N\}$。在隐马尔可夫模型中，系统通常在多个有限个状态 $\{s_1, s_2, \cdots, s_N\}$ 之间切换，因此状态变量 y_i 的取值范围 $\mathcal{Y}$ 通常是有 N 个可能取值的离散空间，观测变量 x_i 可以是离散型的也可以是连续型的，为便于讨论，仅考虑离散型观测变量，并假定取值范围 $\mathcal{X}$ 为 $\{o_1, o_2, \cdots, o_M\}$。

最简单的马尔可夫过程就是一阶过程，每个状态的转移只依赖其之前的那一个状态，这也是后面很多模型的讨论基础，对于一阶马尔可夫模型，有式（2.9）成立。

$$P\{y_i|y_{i-1}, y_{i-2}, \cdots, y_1\} = P\{y_i|y_{i-1}\} \tag{2.9}$$

由式（2.9）可知，y_i 仅与 y_{i-1} 有关。

因此，基于隐马尔可夫模型的这种依赖关系，所有变量的联合概率分布如式（2.10）所示。

$$P(x_1, y_1, \cdots, x_n, y_n) = P(y_1)P(x_1|y_1)\prod_{i=2}^{n}P(y_i|y_{i-1})P(x_i|y_i) \tag{2.10}$$

此外，隐马尔可夫模型还需要以下 3 组参数。

（1）状态转移概率：模型在各个状态间转移的概率，通常用矩阵 $\mathbf{A} = [a_{ij}]_{N \times N}$ 表示，其中

$$a_{ij} = P(y_{t+1} = s_j|y_t = s_i) \qquad 1 \leqslant i, j \leqslant N$$

表示在任意时刻 t，若状态为 s_i，则在下一时刻状态为 s_j 的概率。

（2）输出观测概率：模型根据当前状态获得各个观测值的概率，通常用矩阵 $\boldsymbol{B}=[b_{ij}]_{N\times M}$ 表示，其中

$$b_{ij}=P(x_t=o_j|y_t=s_i) \qquad 1\leqslant i\leqslant N, 1\leqslant j\leqslant M$$

表示在任意时刻 t，若状态为 s_i，则获取观测值 o_j 的概率。

（3）初始状态概率：模型在初始时刻各状态出现的概率，通常用 $\boldsymbol{\pi}=(\pi_1,\pi_2,\cdots,\pi_N)$ 表示，其中

$$\pi_i=P(y_1=s_i) \qquad 1\leqslant i\leqslant N$$

表示模型的初始状态为 s_i 的概率。

在指定了状态空间、观测空间和上述 3 组参数的基础上，就能确定一个隐马尔可夫模型，通常用参数 $\lambda=[\boldsymbol{A},\boldsymbol{B},\boldsymbol{\pi}]$ 来表示，给定隐马尔可夫模型，按照如下过程产生观测序列 $\{x_1,x_2,\cdots,x_n\}$。

（1）设置 $t=1$，并根据初始状态概率 $\boldsymbol{\pi}$ 选择初始状态 y_1。

（2）根据状态 y_t 和输出观测概率 $\boldsymbol{B}$ 选择观测变量取值 x_t。

（3）根据状态 y_t 和状态转移矩阵 $\boldsymbol{A}$ 转移模型状态，即确定 y_{t+1}。

（4）若 $t<n$，设置 $t=t+1$，并转到第（2）步，否则停止。

其中，$y_t\in\{s_1,s_2,\cdots,s_N\}$ 与 $x_t\in\{o_1,o_2,\cdots,o_M\}$ 分别为 t 时刻的状态和观测值。

在隐马尔可夫模型分词中，文本被视为一组隐藏状态和对应的观测值的序列。隐藏状态表示当前的词性或单词边界信息，而观测值则表示实际的字符或词。这种模型的关键在于根据给定的语料库训练出一种概率模型，计算每个词语和字符的出现概率，以及词语之间转移概率和字符与词之间状态转移概率。

隐马尔可夫模型分词过程可以分为训练和测试两个阶段。在训练阶段，根据已有的语料库，计算每个词语和字符的出现概率，以及词语之间转移概率和字符与词之间状态转移的概率，从而建立一个概率模型。在测试阶段，将待分词的文本转化为隐藏状态序列和观测值序列，然后使用一定的分词算法在模型的基础上得到文本的最佳分词结果。

例如，对句子"我喜欢吃苹果和香蕉"利用隐马尔可夫模型进行分词，假设有一个简单的语料库，包含三个词性：名词（N）、动词（V）和连词（C）。使用这个语料库训练一个隐马尔可夫模型，然后使用该模型对新的句子进行分词。代码如下：

```
import numpy as np
from hmmlearn import hmm
#语料库
corpus = [ ('我', 'N'),
    ('喜欢', 'V'),
    ('吃', 'V'),
    ('苹果', 'N'),
    ('和', 'C'),
```

```
        ('香蕉', 'N')
]
#提取特征
def extract_features(word):
    return {'length': len(word)}
#将语料库转换为特征矩阵
X = np.array([[extract_features(word)['length']] for word, _ in corpus])
#定义 HMM 模型
model = hmm.GaussianHMM(n_components=2, covariance_type="diag", n_iter=1000)
#训练模型
model.fit(X)
#对新句子进行分词
new_sentence = '我喜欢吃苹果和香蕉'
words = new_sentence.split()
new_X = np.array([[extract_features(word)['length']] for word in words])
predicted_states = model.predict(new_X)
#输出分词结果
for i, word in enumerate(words):
    print(f"{word}: {corpus[predicted_states[i]][1]}")
```

可以得到如下结果:

```
我: N
喜欢: V
吃: V
苹果: N
和: C
香蕉: N
```

这个例子比较简单,实际应用中需要使用更大的语料库和更复杂的特征提取方法。

与其他分词方法相比,隐马尔可夫模型分词具有一定的优点。它能够有效地分割长词、处理未登录词和歧义词等情况。然而,隐马尔可夫模型分词也存在一些缺点。例如,当遇到新的词语或文本语境变化时,分词效果可能会受到影响。

总的来说,隐马尔可夫模型分词是一种经典的分词方法,由于其具有一定的统计基础,因此在处理中文文本时十分有效。但为了适应更加复杂的语义处理任务,未来的研究需要结合其他技术手段,不断对隐马尔可夫模型分词进行优化和完善。

3. 条件随机场的分词方法

条件随机场是 Lafferty 等人于 2001 年提出的,结合了最大熵模型和隐马尔可夫模型的特点,是一种判别式模型。条件随机场用于建模输出随机变量在给定一组输入随机变量条件下的条件概率分布。它的特点是假设输出随机变量构成马尔可夫随机场。条件随机场可以用于不同的预测问题。生成式模型是直接对联合分布进行建模的,而判别式模型则是对条件分布进行建模的,隐马尔可夫模型是生成式模型,条件随机场是判别式模型。条件随机场常用于标注或分析序列资料,如自然语言文字或生物序列。近年来,条件随机场在分词、词形标注和命名实体识别等序列标注中取得了很好的效果。

设 $\boldsymbol{x}=\{x_1,x_2,\cdots,x_n\}$ 为观测序列，$\boldsymbol{y}=\{y_1,y_2,\cdots,y_n\}$ 为与之对应的标记序列，则条件随机场的目标是构建条件概率模型 $P(y|x)$。同时要注意的是，变量 $\boldsymbol{y}$ 是结构型变量，其分量之间有某种相关性。在自然语言处理的词性标注任务中，观测数据为语句（单词序列），标记为相应的词性序列，具有线性序列结构，如图 2.2 所示。

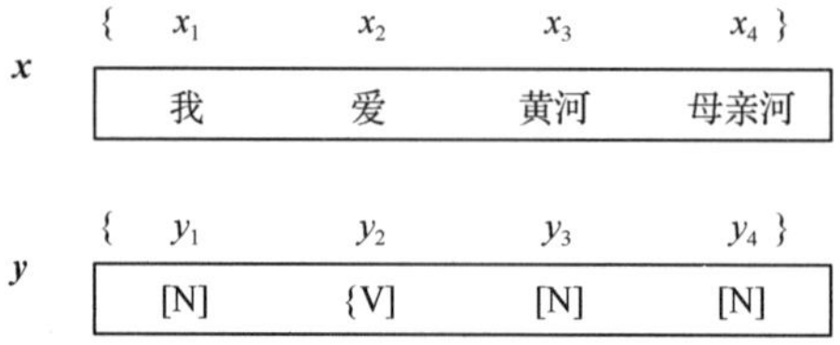

	{ x_1	x_2	x_3	x_4 }
$\boldsymbol{x}$	我	爱	黄河	母亲河

	{ y_1	y_2	y_3	y_4 }
$\boldsymbol{y}$	[N]	{V}	[N]	[N]

图 2.2　自然语言处理中的词性标注

令 $G=<V,E>$ 表示节点与标记变量 $\boldsymbol{y}$ 中的元素一一对应的无向图，y_v 表示与节点 v 对应的标记变量，$n(v)$ 表示节点 v 的邻接节点，若图 G 的每个变量 y_v 都满足马尔可夫性，即

$$P(y_v|\boldsymbol{x},\boldsymbol{y}_{V\{v\}}) = P(y_v|\boldsymbol{x},\boldsymbol{y}_{n(v)}) \tag{2.11}$$

($\boldsymbol{y},\boldsymbol{x}$)则构成一个条件随机场。

要使用条件随机场，还需要定义合适的特征函数。特征函数通常是实值函数，以刻画数据的一些很可能成立或期望成立的经验特性，图 2.2 中的词性标注，若采用转移特征函数

$$t_j(y_{i+1},y_i,\boldsymbol{x},i) = \begin{cases} 1, & y_{i+1}=[P], y_i=[V] \text{且 } x_i="爱" \\ 0, & \text{其他} \end{cases}$$

则表示第 i 个观测值 x_i 为单词"爱"时，相应的标记 y_i 和 y_{i+1} 很可能分别为[V]和[P]，如果采用状态特征函数

$$s_k(y_i,\boldsymbol{x},i) = \begin{cases} 1, & y_i=[V] \text{且 } x_i="爱" \\ 0, & \text{其他} \end{cases}$$

则表示当观测值 x_i 为单词"爱"时，对应的标记很可能为[V]。

以下是一个基于条件随机场分词方法的简单示例。

第 1 步，准备训练数据。收集大量带标签的文本数据，其中每个文本都被分成若干个词语，每个词语都有一个对应的标签。可以使用开源的中文分词数据集训练数据，如 PKU、MSRA 等。

第 2 步，构建特征函数。根据问题的特点，设计合适的特征函数。例如，可以使用字符级别的特征、词性特征、上下文特征等。

字符级别的特征：当前字符是否为汉字、是否为标点符号等。

词性特征：当前词是否为名词、动词等。

上下文特征：当前词的前一个词和后一个词是否相同、当前词是否在一个固定的词组中等。

第 3 步，训练条件随机场模型。使用训练数据和特征函数，训练一个条件随机场模型。

可以使用现有的库,如 Python 的 sklearn-crfsuite 库。以"我爱黄河母亲河"为例,其训练过程代码如下。

```
import sklearn_crfsuite
from sklearn_crfsuite import metrics
from sklearn.model_selection import train_test_split
from sklearn.feature_extraction.text import CountVectorizerkkkkk`s
from sklearn.preprocessing import LabelEncoder
#加载数据
X, y = load_data() #X 为文本数据,y 为对应的分词结果
#划分训练集和测试集
X_train, X_test, y_train, y_test = train_test_split(X, y, test_size=0.2)
#特征提取
vectorizer = CountVectorizer() #使用 CountVectorizer 进行特征提取
X_train_transformed = vectorizer.fit_transform(X_train) #对训练集进行特征提取
X_test_transformed = vectorizer.transform(X_test) #对测试集进行特征提取
#标签编码
encoder = LabelEncoder() #使用 LabelEncoder 进行标签编码
y_train_encoded = encoder.fit_transform(y_train) #对训练集的标签进行编码
y_test_encoded = encoder.transform(y_test) #对测试集的标签进行编码
#训练条件随机场模型
crf=sklearn_crfsuite.CRF(algorithm='lbfgs',c1=0.1,c2=0.1,max_iterations=100) #创建条件随机场模型对象
crf.fit(X_train_transformed, y_train_encoded) #使用训练数据和标签编码训练条件随机场模型
#预测测试集结果并计算评价指标
y_pred = crf.predict(X_test_transformed) #对测试集进行预测
print("Accuracy:", metrics.accuracy_score(y_test_encoded, y_pred)) #输出准确率
```

第 4 步,应用条件随机场模型。将训练好的条件随机场模型应用于新的文本数据,得到分词结果。可以使用 predict 方法进行预测,代码如下。

```
new_text = "我爱黄河母亲河" #待分词的新文本数据
X_new = vectorizer.transform([new_text]) #对新文本进行特征提取
y_pred = crf.predict(X_new) #对新文本进行分词预测
print("Predicted segmentation:", list(y[0])) #输出预测结果
```

需要注意的是,条件随机场模型的训练过程可能需要较长时间,特别是当训练数据量较大时。此外,条件随机场模型的效果也受到特征函数的设计和参数设置的影响,需要根据实际情况进行调整。

基于统计的分词方法能够较好地切分歧义和识别新词,且不受待处理文本的领域限制,不需要特定的词典。然而,它也存在一些缺点,如需要大量训练文本用于建立统计模型的参数,计算量较大,对于常用词的识别精度可能较差,且分词精度与训练文本的选择有关。因此,在实际应用中,通常需要结合其他分词方法或技术手段来提高分词的准确性和效率。

2.2.2 词性标注

2.2.2.1 词性标注的概念

词性是词语的固有属性，它依据词语在句子中扮演的语法角色及与周围词语的相互关系进行分类。词性标注，亦称语法标注或词类辨析，是语料库语言学中一项关键的文本数据处理技术。该技术旨在根据词语的含义及上下文内容，为语料库中的每个词语标注词性。简而言之，词性标注就是在特定的语境中，确定句子中各词语的词性归属。作为自然语言处理中的一项基础性且至关重要的任务，词性标注对于句法分析、信息抽取等后续工作具有举足轻重的意义，它为这些更为复杂的自然语言处理任务奠定了坚实的基础。

2.2.2.2 中文分词的分类及作用

在汉语中，词作为能够完整表达语义的最小单位，扮演着不可或缺的角色。汉语的词语可以被清晰地划分为实词和虚词两大类。实词是指那些能够独立作为句子成分的词，它们不仅具备丰富的词汇意义，同时也承载着重要的语法功能。具体来说，实词涵盖了名词、动词、形容词、数词、量词及代词等多种类型，在汉语中发挥着至关重要的作用，共同构建了汉语的丰富表达体系。

1. 名词

名词作为语言中的一类重要词汇，主要用于指代人、事物、地点或抽象概念的名称。例如，"书"代表一种具体的物品，"上海"指代一个地理位置，而"课程"则是对教育内容的抽象概括。

2. 动词

动词是用来描述动作、状态或过程的词汇，它们能够生动地展现事物的动态特征。例如，"跑"展现了快速移动的动作，"吃"描述了摄取食物的行为，而"思考"则反映了大脑的思维活动。

3. 形容词

形容词在语言中扮演着描述事物特征或性质的角色，它们使语言更加生动具体。例如，"美丽"用以形容外貌的出众；"高大"用来描述身材的魁梧；"聪明"则是对智力的赞美。

4. 数词

数词用于表示数目或顺序，可以精确地计量和排序。例如，"一""二"是最基础的数字，"第一"则用于标示序列中的首位。

5. 量词

量词在汉语中尤为重要，它们用于计量或限定名词的数量，使得表达更为精确。例如，"本"常用于计量书籍，"个"是通用的量词，而"些"则用于表示不定量的概念。

6. 代词

代词是一种替代名词的词汇,能够避免重复使用名词,使语言更加简洁流畅。例如,"他""她""它"等。

表 2.1 列举了实词中关于名词和动词的分类及意义,为深入理解这两类实词提供了清晰的框架。

表 2.1　名词和动词的分类及意义

词性分类	词性小类	举　例	对应任务
名词	专有名词	李白、杜甫	人名识别
	普通名词	苹果、计算机、笔	实体识别
	时间名词	时、分、秒	时间识别
	抽象名词	悲伤、快乐	情感识别
	方位名词	上、下、左、右	方位识别
动词	行为动词	跑、吃、思考	动作或行为识别
	状态动词	是、在、有	状态或特征识别
	心理动词	喜欢、相信、希望	心理活动识别
	助动词	了、会	时态、语态识别

7. 虚词

虚词在汉语中虽然不承载具体的词汇意义,却扮演着连接、修饰或强调其他词语的关键角色。它们种类繁多,包括介词、连词、助词、副词和感叹词等。

(1) 介词。介词在句子中主要用来标明名词或代词与句中其他成分的关系,如"在"用于指示位置;"上"用于指示方向;"明天"则用于指示时间。这些介词能够明确句子中各成分之间的空间或时间关系。

(2) 连词。连词用于连接词语、短语或句子,使句子更加连贯流畅。例如,"和"表示并列关系,"但是"表示转折关系,"因为"用来解释原因。这些连词在构建复杂句子时发挥着重要作用。

(3) 助词。助词在汉语中具有丰富的语法功能,可以表示时态、语气、否定等意义。例如,"了"常用于表示动作的完成或实现;"吗"用于构成疑问句;"不"则用来表示否定。助词的使用使得句子的表达更加精确和丰富。

(4) 副词。副词主要用于修饰动词、形容词或其他副词,以表达程度、方式、时间等概念。例如,"很"用来强调程度;"快地"描述动作的方式;"常常"则表示动作的频率。这些副词为句子增添了更多的细节和修饰。

(5) 感叹词。感叹词在汉语中常用于表达强烈的情感或强调某种语气。例如,"啊"常用于表达惊讶或赞叹;"嗯"表示思考或确认;"多么"则用于加强语气。这些感叹词使得语言的表达更加生动和富有感情色彩。

中文分词是基础环节,在中文信息处理中,起着至关重要的作用。中文分词是基于词语在句子中的语法功能和词汇意义的差异开展的。了解这些分类有助于更好地理解和运用词语,丰富语言表达能力,从而更准确地表达自己的意思。

2.2.2.3 词性标注的困难

中文分词工具种类繁多。其中,jieba 分词、HanLP 和 FoolNLTK 等都是备受推崇的工具。这些分词工具各有特色,运用了不同的分词算法来实现文本的切分,包括最短路径分词、N 元语法分词、由字构词分词、循环神经网络分词及 Transformer 分词等。尽管这些工具在标注体系上存在差异,但它们的词性标注类别大致相似,这为文本分析和处理提供了便利。

目前,jieba 分词工具因其高效性和准确性而广受欢迎。jieba 分词在词性标注方面采用中国科学院计算技术研究所的 863 语料库作为规范,将词语分为多个类别,如名词(n)、动词(v)、形容词(a)、副词(d)、介词(p)、连词(c)、代词(r)、数词(m)、量词(q)、助词(u)和叹词(e)等。此外,jieba 分词还设置了"x"来标注非语素字,这体现了其对于不同词汇类型的灵活处理。

在进行关键词的选择时,词性是一个重要的考虑因素。特别是名词或名词性词组,它们往往承载着文本的核心信息,对于抽取关键内容具有重要意义。jieba 分词词性标注规范如表 2.2 所示。

表 2.2 jieba 分词词性标注规范

标记	名称	标记	名称	标记	名称
a	形容词	l	习用语	t	时间词
ad	副形词	m	数词	tg	时语素
ag	形语素	mq	数量词	u	助词
al	形惯用语	n	名词	ud	结构助词得
an	名形词	ng	名语素	ug	时态助词
b	区别词	nr	人名	uj	结构助词的
bl	区惯用语	ns	地名	ul	时态助词了
c	连词	nt	机构团体名	uv	结构助词地
cc	并列连词	nx	字母专名	uz	时态助词着
d	副词	nz	其他专名	v	动词
dg	副语素	o	拟声词	vd	副动词
e	叹词	p	介词	vg	动语素
f	方位词	q	量词	vi	不及物动词
g	语素	r	代词	vn	名动词
h	前接成分	rg	代语素	x	非语素
i	成语	rr	人称代词	y	语气词
j	简称略语	rz	指示代词	z	状态词
k	后接成分	s	处所词		

词性标注可以帮助人们更好地理解句子的结构和含义,表 2.2 中的标记信息起到了分类和指引的作用。

2.2.2.4 词性标注的挑战

词性标注作为自然语言处理中的一项基础任务,虽然取得了显著的进展,但仍然面临一些挑战。

首先,词性标注的挑战之一是歧义问题。很多词语在不同的上下文语境中可能具有不同的词性。例如,中文中的"还"字,在句子"他还去了北京"中作为副词使用,表达的是"也"的意思;而在"我还想吃冰激凌"中则作为连词使用,用于连接前后两个句子或短语。中文与英文的一个显著不同在于,中文缺乏词形态变化,无法通过词形本身来直接判断其词性。这使得一词多词性的现象在中文中尤为常见。据统计数据,一词多词性的概率高达 22.5%,这意味着有相当一部分词汇在不同语境下会展现出不同的词性。而且,越是常用的词,其多词性现象往往越为严重。因此,在进行词性标注时,单纯依赖词本身的词性是不够的,必须结合具体的上下文信息,才能准确判断一个词在句子中对应的词性。这也是词性标注工作复杂且需要精细处理的原因所在。只有综合考虑词在句子中的位置、与其他词的搭配关系及整个句子的语义等因素,才能给出正确的词性标注结果。

其次,低频词和未登录词的判断也是一个挑战。在训练集中,往往只能覆盖一部分词,而一些低频词或新出现的词可能并未包含在训练集中。如何对这些低频词和未登录词进行准确的词性标注是一个亟待解决的问题。

最后,不同语言的特性也给词性标注带来了不同的挑战。例如,一些语言可能存在复杂的句型和语法结构,这使得词性标注的难度增加。同时,不同领域的语言也具有独特性,对词性标注工具的要求也更高。

为了解决这些挑战,学者们正在不断探索新的方法和技术。例如,基于深度学习的词性标注方法正在逐渐成为主流,它们能够自动学习和抽取语言的特征,从而提高词性标注的准确率。同时,对于低频词和未登录词,也可以通过一些技术手段进行处理,如利用上下文信息、构建更大的词汇表等。

总之,尽管词性标注已经取得了很大的进展,但仍然存在一些挑战需要面对和解决。随着技术的不断进步和研究的深入,有理由相信词性标注的性能将会得到进一步提升。

2.3 句法分析

句法分析是对输入的句子进行分析,以获取其句法结构,这也是自然语言处理领域中的经典任务之一。许多自然语言处理任务,如机器翻译、信息抽取和自动摘要等,都需要依赖句法分析的准确结果才能获得令人满意的解决方案。更为重要的是,语言是人类思维的载体,对自然语言句法分析的研究不仅有助于更深刻地理解人类思维的本质,更承载着重要的理论意义和实际价值,以及深远的哲学意义。

2.3.1 句法分析的概念

句法分析是根据给定的文法自动识别句子所包含的句法单位,以及这些句法单位之间的关系。常见的句法分析形式包括成分句法分析和依存句法分析。成分句法分析的目标是发现句子中的短语及短语之间的层次组合结构,而依存句法分析则是要发现句中单词之间的二元依存关系。句法分析的结果一般用树状数据结构表示,通常称为句法分析树,简称分析树。

一般而言,句法分析有3个任务。

(1) 判断输入的字符串是否属于某种语言。

(2) 消除输入句子中词法和结构等方面的歧义。

(3) 对输入句子进行深入分析,包括成分构成、上下文关系等内部结构信息。

句法分析的基本任务是确定句子的句法结构或者句子中词汇之间的依存关系。为了完成任务,句法分析通常分为结构分析和依存关系分析两种。基于此,句法分析方法可以分为基于规则的分析方法和基于统计的分析方法两大类。前者主要依赖语言学规则和语法知识,而后者则侧重于利用统计模型和大规模语料库进行句法结构的推断。这两种方法各有优劣,共同推动着句法分析技术的发展与应用。

1. 基于规则的分析方法

基于规则的分析方法是一种传统的自然语言处理方法,它通过人工制定语法规则来对输入的句子进行分析。这种方法需要专家手动制定规则,因此对于复杂的语言现象其处理效果可能不尽如人意。

基于规则的分析方法的基本思路是由人工组织语法规则,建立语法知识库,通过条件约束和检查来实现句法结构歧义的消除。具体步骤如下。

第1步,定义语法规则。根据语言学知识,定义句子的语法规则,包括词汇、短语和句子之间的依存关系等。

第2步,建立语法知识库。将定义好的语法规则存储在语法知识库中,以供后续使用。

第3步,进行句法分析。对输入的句子进行句法分析,根据语法知识库中的规则来判断句子是否符合语法规范。

第4步,输出分析结果。将分析结果输出给用户或用于后续的自然语言处理任务。

基于规则的分析方法的优点在于,它可以对文本进行精确的控制和处理。因为规则是人工设计的,所以可以根据具体需求进行调整和修改,以适应不同的语言现象和分析目标。这种方法在处理特定领域的文本时尤其有效,如法律、医学等专业领域的文本,因为这些领域通常有较为固定和明确的语法规则和术语。

然而,基于规则的分析方法也存在一些局限性。首先,设计和维护规则需要耗费大量的人力和时间，而且规则的覆盖范围有限，可能无法处理一些复杂的语言现象。其次，对于新的、未知的文本，基于规则的分析方法往往无法处理，因为它缺乏对未知现象的规则定义。最后，由于语言本身的复杂性和多义性，因此基于规则的分析方法在处理歧义性较大的句子时效果可能并不理想。

尽管如此，基于规则的分析方法仍然是句法分析中的重要工具，尤其是在需要高度精确和定制化的场景中。同时，随着技术的不断发展，学者们也在探索将基于规则的分析方法和基于统计的分析方法相结合，以提高句法分析的准确性和效率。

2. 基于统计的分析方法

基于统计的分析方法是一种现代的自然语言处理方法，它通过机器学习技术从大规模语料库中自动获取语言规律，并用于对输入句子进行分析。这种方法不需要人工制定规则，可以自动适应复杂多变的语言环境，但需要大量语料库支持。

基于统计的分析方法的具体步骤如下。

第1步，准备语料库。收集和整理大规模语料库，包括各种类型和风格的文本数据。

第2步，特征提取。从语料库中提取有用的特征信息，如词性、短语结构等。

第3步，训练模型。使用机器学习算法（如隐马尔可夫模型、条件随机场等）对提取的特征进行训练，得到句法分析模型。

第4步，进行句法分析。对输入的句子进行句法分析，根据训练好的模型来判断句子是否符合语法规范。

第5步，输出分析结果。将分析结果输出给用户或用于后续的自然语言处理任务。

基于统计的分析方法的优点在于，它能够自动从数据中学习语言的规则，而无须人工编写复杂的规则。这使得它能够处理更加复杂和多样的语言现象，并适应不同领域的文本。此外，随着语料库的不断扩大和模型的优化，基于统计的分析方法在句法分析中的准确性和效率也在不断提高。

然而，这种方法也存在一些挑战和限制。首先，构建大规模语料库需要耗费大量时间和资源。其次，统计模型的效果在很大程度上取决于语料库的质量和多样性，如果语料库存在偏差或不足，模型的性能可能会受到影响。最后，基于统计的分析方法在处理一些复杂的语言结构和歧义现象时可能仍然面临困难。

总的来说，基于统计的分析方法在句法分析中发挥着重要作用，能够更深入理解语言的内在规律和结构。随着技术的不断进步和方法的改进，相信这种方法在未来会取得更加显著的成果。

2.3.2 句法分析树库及其评测方法

句法分析树库及其评测方法是一种用于评估自然语言处理系统中句法分析算法性能的工具。为了确定句子中词汇之间的语法关系，需要构建一个包含大量句子及其对应的正确句法分析树的数据集,即句法分析树库。同时,他们还需要设计一种方法来评估不同句法分析算法在这个数据集上的性能。

2.3.2.1 句法分析树库

句法分析树库涉及不同语言的句法分析树库,包括中文和英文。句法分析的数据集是一种树形的标注结构。对于英文,最常用的是宾州树库,这是由宾夕法尼亚大学开发的树库,其前身是 ATIS 树库和 WSJ 树库,具有较高的一致性和标注准确率。

对于中文,比较著名的有宾州中文树库、清华汉语树库等。其中,清华汉语树库是按照 CoNLL 格式组织的,包含大量中文依存句法分析语料。

构建句法分析树库的基础性工作是确定合适的句法标记集,不同的树库有不同的标记体系。清华汉语树库是一个大规模汉语树库,其标注体系以完整的层次结构树为基础,对句法分析树上的每个非终结符节点都给出了两个标记,即成分标记和关系标记,二者形成了功能和结构双标记集的句法信息描述体系。这两个标记集分别包含 16 个和 27 个标记,详细描述了汉语句子不同句法组合的外部功能分布和内部组合特点。其中,功能标记集主要侧重对汉语短语进行功能分类,而结构标记集则更注重对不同句法成分内部结构语义关系的描述。例如,常见的结构标记集包括"主语""谓语""宾语"等,用以描绘句子中各成分的功能和关系。表 2.3 所示为清华汉语树库的汉语成分标记表的部分内容,表 2.4 为清华汉语树库的汉语句法结构标记集的部分内容。

表 2.3 清华汉语树库的汉语成分标记表(部分)

序 号	标记代码	标记名称	实 例
1	np	名词短语	有趣的故事
2	tp	时间短语	星期天晚上
3	sp	空间短语	公园里
4	vp	动词短语	去听音乐会
5	ap	形容词短语	非常安静
6	bp	区别语短语	大型、中型、小型
7	dp	副词短语	激动地、虚心地
8	pp	介词短语	在上海
9	mbar	数量准短语	两千、六百
10	mp	数量短语	一本、两个
11	dj	单句句型	明天晴天

表 2.4 清华汉语树库的汉语句法结构标记集(部分)

序 号	标记代码	标记名称	实 例
1	ZW	主谓结构	我们走
2	PO	述宾结构	看电影

续表

序 号	标记代码	标记名称	实 例
3	SB	述补结构	做完
4	DZ	定中结构	我的课本
5	ZZ	状中结构	特别安静
6	LH	联合结构	老师和学生
7	LW	连谓结构	去看电影
8	AD	附加结构	骄傲地
9	CD	重叠结构	高兴高兴
10	JY	兼语结构	请他参加会议
11	JB	介宾结构	在上海
12	FW	方位结构	公园里
13	KS	框式结构	除这些人以外
14	BH	标号结构	《自然语言处理》
15	SX	顺序结构	从北京到上海
16	BL	并列关系	喜欢看电影，也喜欢听音乐
17	LG	连贯关系	我昨天买了一本书，今天又买了一本
18	XX	缺省关系	

此外，清华汉语树库在经过基本信息标注（切分和词性标注）的大规模汉语平衡语料库中抽取出包含100万个汉字的语料文本，经过自动断句、自动句法分析和人工校对，形成拥有高质量的标注，以及完整句法结构树的句法分析树库。因此，这个树库对于研究汉语的句法结构和语言现象具有重要的价值。

构建句法分析树库的过程是一个复杂且系统的任务，主要涉及以下几个关键步骤。

第1步，树库设计。需要明确"句"和"组块"的界定与表示。在篇章层面进行短语结构标注时，需要保持篇章原有的段落组织结构，并在段落中采纳传统单复句篇章理论，将篇章中的"句"进行单句、复句的划分。复句由若干分句构成，单句和分句都属于小句范畴。小句主要由句法成分组块、连接成分组块、语气成分组块构成。此外，还需要考虑句间衔接组块，如句间连接性词或词组、话语标记、插入语等。

第2步，数据收集与标注。收集大量文本数据，并对这些数据进行句法标注。这包括自动识别句子中的并列结构，确定并列成分的边界位置；发现句子中的某些固定搭配短语，并设置有关短语成分的匹配区间；利用标点的分界性质，设置不同层次的匹配限制区间等。标注过程中，要确保标注的准确性和一致性，以便后续分析。

第3步，句法树构建。利用句法分析算法，对标注后的数据进行处理，构建句法树，如自上而下的递归下降分析法或自底向上的移进归约分析法。每个句法树都以树的形式表示句子的语法结构，节点代表词语，边表示词语之间的关系。

第 4 步，特征提取与模型训练。在构建句法树的过程中，需要进行特征提取，如识别句子中的关键短语、利用标点进行层次划分等。然后，利用这些特征和标注数据训练统计模型，以提高句法分析的准确性。

第 5 步，树库质量评估与优化。完成句法分析树库的初步构建后，需要对其质量进行评估，通常通过对比人工标注的结果和自动构建的结果来完成。根据评估结果，对树库进行必要的优化和调整，以提高其准确性和可靠性。

第 6 步，应用与测试。将构建好的句法分析树库应用于实际的自然语言处理任务中，如机器翻译、信息抽取等，以检验其实际效果。同时，持续收集反馈并进行迭代优化，以适应不断变化的语言现象和需求。

构建一个高质量的句法分析树库，可以为自然语言处理的研究和应用提供有力的支持。

2.3.2.2 评测方法

句法分析树库的评测方法主要关注由句法分析器生成的树结构与人工标注的树结构之间的匹配程度，以此来评估句法分析器的性能。评测句法分析器性能的方法通常包括以下几个方面。

（1）精确率。精确率是指计算句法分析器生成的树结构与人工标注的树结构之间的匹配程度。准确率越高，说明句法分析器的性能越好。计算方法如式（2.12）所示。

$$P = \frac{分析得到的正确短语数}{分析得到的短语总数} \times 100\% \tag{2.12}$$

（2）召回率。召回率是指计算句法分析器正确识别的句法关系数量与人工标注的正确句法关系数量之间的比例。召回率越高，说明句法分析器越能够更好地捕捉句子中的语法信息。计算方法如式（2.13）所示。

$$R = \frac{分析得到的正确短语数}{标准树库中的短语总数} \times 100\% \tag{2.13}$$

（3）F_1 值。F_1 值是综合考虑精确率和召回率的指标。F_1 值高，说明算法在精确率和召回率方面的表现都较好。计算方法如式（2.14）所示。

$$F_1 = \frac{2PR}{P+R} \tag{2.14}$$

（4）交叉括号数。分析得到的某个短语的覆盖范围与标准句法分析结果的某个短语的覆盖范围存在重叠而不存在包含关系，即构成一个交叉括号。交叉括号数是一棵树中与其他树的成分边界交叉的成分数量的平均数。

2.3.3 依存句法分析

依存句法分析是基于句子中词语之间的依存关系来分析句子结构的方法。这种方法利用句子中词语之间的依存关系来表示词语的句法结构信息，如主谓、动宾、定中等依存关系。这种分析方法将句子视为一个有向图，其中，节点表示单词，边表示单词之间的依存关系。依存句法分析的目标是找出句子中每个词语之间的直接依存关系，从而揭示句子的结构和意义。在自然语言处理中，依存句法分析被广泛应用于问答系统、信息抽取、机器翻译等领域。常见的依存句法分析方法包括基于图模型的依存句法分析、基于转移模型方法的依存句法分析。

2.3.3.1 基于图模型的依存句法分析

基于图模型的依存句法分析是一种应用广泛的自然语言处理技术，其目标是寻找一棵最大生成树，从而获取句子依存结构的全局最优解，进而揭示句子的整体结构。

在基于图模型的依存句法分析中，将句子的一棵依存句法树的得分定义为依存树中依存弧的得分之和，如式（2.15）所示。

$$S(y) = \sum_{g \in y} s(w, x, g) \tag{2.15}$$

其中，g 是依存树 y 的生成子图。为了降低计算复杂度，基于图模型的依存句法分析在具体实施过程中对依存树子结构之间的影响进行了独立性假设。通过这种独立性假设，可以将依存树的得分简化为若干独立子结构的得分之和。

根据以上定义，对给定句子 x 进行依存句法分析的任务就转变为通过搜索算法寻找得分最高的依存树 y 的过程，即

$$\begin{aligned} Y &= \operatorname*{argmax}_{y \in T(G)} S(y) \\ &= \operatorname*{argmax}_{y \in T(G)} \sum_{g \in y} s(w, x, g) \end{aligned} \tag{2.16}$$

这种基于图模型的依存句法分析方法具有显著优势。例如，出色地处理长距离依赖关系、提升分析准确度及应对非投射现象的能力。然而，全局搜索的需求限制了动态特征的融入，并导致算法复杂度相对较高。为了克服这些挑战，多数算法采取了子图解码的策略，即依据特定规则将依存树划分为若干子图。每个子图独立进行评分，所有子图的得分总和作为整体图的评分，从而简化了计算过程，提高了效率。

总的来说，基于图模型的依存句法分析是一个强大且复杂的工具，对于理解和处理人类语言有很大帮助。

2.3.3.2 基于转移模型方法的依存句法分析

基于转移模型方法的依存句法分析是自然语言处理中的一种关键技术，它的目标是分析句子的语法结构并将其表示为容易理解的结构，通常是树形结构。在生成依存句法树时，先从空状态开始，通过动作转移到下一个状态，一步一步生成依存句法树，最后生成一棵完整的依存句法树，具体过程如下。

第1步，定义一个转移概率模型，该模型描述了在给定当前词语的情况下，下一个词

语可能的依存关系的概率分布。这个模型通过大规模的语料库数据训练得到。

第 2 步，从句子的起始位置开始，选择一个词语作为当前词语，并对其进行标注。

第 3 步，根据当前的标注结果和转移概率模型，计算出所有可能出现的下一个词语及其对应的依存关系的概率。

第 4 步，选择概率最高的下一个词语作为当前词语的后续词语，并将其添加到当前标注的结果中。

第 5 步，重复上述步骤，直到遍历整个句子。

第 6 步，根据最终的标注结果，构建出句子的依存句法树。

基于转移模型的依存句法分析可以处理大规模句子集合，并且能够适应不同领域的语言特点。而且能够自动学习语言中的潜在规律和模式，不需要人工设计规则。同时，具有较高的准确性和健壮性，能够处理复杂的句法结构和语义关系。

然而，该分析方法也存在一些限制和挑战，主要体现在：需要大量训练数据来建立准确的转移概率模型；对于一些特定的语言现象或领域知识，可能需要额外的处理和调整；在处理长句子时，可能存在计算复杂度较高的问题。

总的来说，基于转移模型方法的依存句法分析是一个强大且复杂的工具，在自然语言处理和语言学研究中有广泛的应用，对于理解句子结构和语义关系具有重要意义。

2.3.4　依存句法分析工具

中文句法分析工具主要包括以下几种。

（1）语言技术平台。语言技术平台是由哈尔滨工业大学社会计算与信息检索研究中心研发并持续推广的工具，它提供了丰富的中文自然语言处理技术，其中包括中文分词、词性标注、命名实体识别、依存句法分析等。经过多年的发展，语言技术平台已经成为国内外最具影响力的中文处理基础平台。

（2）DDParser。DDParser 是百度自然语言处理发布的一款中文依存句法分析工具，其优势是基于大规模标注数据进行模型训练，同时算法简单易理解。

（3）TexSmart。TexSmart 是由腾讯人工智能实验室自然语言处理团队开发的工具，不仅支持对中文和英文两种语言文本进行词法、句法和语义分析，还提供细粒度命名实体识别、语义联想、深度语义表达等特色功能。此外，TexSmart 还增加了文本图谱模块，支持对短文本或单词进行多种重要关系的知识查询。

（4）THULAC。THULAC 是清华大学自然语言处理与社会人文计算实验室研制的中文词法分析工具包，具有分词和词性标注功能。其优点在于利用大规模人工分词和词性标注中文语料库进行训练，因此模型标注能力强大、准确率高。例如，在标准数据集 Chinese Treebank（CTB5）上，分词的 F_1 值可达 97.3%，词性标注的 F_1 值可达到 92.9%，并且处理速度快。

（5）Stanford CoreNLP。Stanford NLP 全称为 Stanford Natural Language Processing Group，是斯坦福大学的研究团队，该团队开发出名为 Stanford CoreNLP 的自然语言处理工具包。Stanford CoreNLP 包含分词、词性标注、句法分析等功能，并在 Python 环境中使用。斯坦福大学还提供了一门在线课程，课程内容包括如何使用 PyTorch 框架设计、实现和理解用于自然语言处理的神经网络模型，以及最新的深度学习方法，如 Transformers、BERT 和 GPT-3 等。有兴趣深入了解自然语言处理的读者可自行学习。

下面举一个简单的依存句法分析的例子。以"小明喜欢吃苹果"为例，可以将其分解为以下依存句法结构。

```
1  ROOT
2  └─[HED] 喜欢
3       ├─[SBV] 小明
4       ├─[VOB] 吃
5       │    └─[VOB] 苹果
6       └─[MT]
```

这里的依存关系标签解释如下。

SBV：主谓关系是指主语与谓语间的关系。

VOB：动宾关系是指宾语与谓语间的关系。

HED：核心关系是指整个句子的核心。

解读这个依存句法结构。

"小明"是动词"喜欢"的主语（SBV），表示"喜欢"这个行为的主体是小明。

"吃"是动词"喜欢"的宾语（VOB），表示小明喜欢的是"吃"这个动作。

"苹果"是动词"吃"的宾语（VOB），表示小明喜欢吃的是"苹果"。

"喜欢"是这个句子的核心（HED），即句子的主要动词。

因此，句子"小明喜欢吃苹果"中的"小明"是主语，"喜欢"是谓语，"吃苹果"是宾语。这个依存句法结构清晰地展示了句子中各成分之间的语法关系。

2.4 语义分析

语义分析是一种通过计算机程序来理解和解释人类语言的技术。它的目标是理解文本内在的含义，而不仅仅是字面意思。语义分析在多个领域均有广泛应用，如自然语言处理、信息检索、机器翻译及问答系统等，为这些领域的发展注入了强大的动力。

2.4.1 词义消歧

在自然语言中，词汇往往具有多重含义，而词义消歧就是要明确一个词在特定上下文中的精确意义。以单词"play"为例，它既可以作为动词，表达玩耍、演出、投机等概念；

也可以作为名词，表示剧本、作用、玩笑等意义。同样，汉字"长"在"长度"一词中作为名词，代表距离的大小；而在"长大"中"长"则作为动词，描述生长的过程。因此，词义消歧的任务便是依据词语所处的上下文环境，判断其确切含义。在实现词义消歧的过程中，常采用多种方法，如基于规则的方法、基于统计的方法及基于知识的方法等。这些方法有助于精准地理解词汇在特定语境中的含义。

2.4.1.1 基于规则的方法

基于规则的方法是词义消歧中的常见方法，它依赖语言学家制定的规则。这些规则可以是语法规则，也可以是语义规则。该方法主要目标是确定多义词在特定上下文中的准确含义。此方法通常包括以下步骤。

第1步，确定目标词汇。在确定目标词汇阶段，要清晰地指出需要进行词义消歧的目标词汇，这将作为制定和应用规则的出发点和依据。

第2步，制定规则。制定规则是词义消歧的关键步骤。需要根据目标词汇制定一系列详尽、明确的规则。这些规则应具有明确的指导性，以便计算机程序能够准确地判断和选择词汇在特定上下文中的具体含义。

第3步，应用规则。在应用阶段，需将已制定的规则应用于实际的文本数据中。这一过程往往要求开发一个计算机程序，该程序能够读取并解析输入文本，利用预设的规则对词义进行判定，并输出判定结果。

第4步，检查结果。在检查阶段，需要对词义判断的结果进行仔细核查，确保结果符合预期。一旦发现结果与预期不同，就要对已制定的规则进行调整或修正。

例如，假设有以下句子。

句子1：小明喜欢吃苹果。

句子2：小明买了一部苹果手机。

在这个例子中，"苹果"这个词有两个可能的含义：一种水果或一个手机品牌。为了确定"苹果"在这两个句子中的确切含义，可以使用基于规则的方法。

首先，需要定义一些规则来区分这两种含义。例如，可以定义以下规则。

规则1：如果"苹果"前面跟着"吃"，那么它表示水果。

规则2：如果"苹果"后面跟着"手机"，那么它表示手机品牌。

然后，可以根据这些规则判断"苹果"在每个句子中的词义。对于第一个句子，因为"苹果"前面跟着"吃"，所以它的词义是水果。对于第二个句子，因为"苹果"后面跟着"手机"，所以它的词义是手机品牌。

再如下面的两个句子。

句子1：我骑自行车去单位。

句子2：我买了一辆自行车。

在这个例子中,"自行车"这个词有两个可能的含义:一是去单位的工具;二是购买的商品。为了确定"自行车"在这两个句子中的确切含义,可以使用基于规则的方法。

需要定义一些规则来区分这两种含义。例如,可以定义以下规则。

规则 1:如果"自行车"前面有动词"骑",那么它表示去单位的工具。

规则 2:如果"自行车"前面有动词"买",那么它表示购买的商品。

需要注意的是,虽然基于规则的方法在理论上听起来很直接且易于实施,但在实际操作中可能会遇到一些问题。例如,制定全面且准确的规则往往需要深入理解语言的微妙之处,这对语言学家来说是一个挑战。此外,如果文本中的上下文信息过于复杂或模糊,规则可能无法给出满意的解释。

2.4.1.2 基于统计的方法

基于统计的方法也是词义消歧中常用的一种方法,它依赖大规模语料库和统计模型,通过对大量语料库的深入分析来确定一个词语在不同上下文中的概率分布。也就是说,如果一个词语在特定语境中出现的频率越高,那么这个词语在这个语境下的含义就越有可能是其真正的、准确的含义。

基于统计的方法主要分为有监督学习和无监督学习两大类。在有监督学习中,如贝叶斯分类法,它利用已知的上下文与词义之间的对应关系,来预测未知的上下文对应的词义。相对而言,无监督学习则更多地依赖词频的统计、词典资源及语言学知识等信息来进行词义消歧。此外,基于神经网络的统计方法,如采用 BP 神经网络的模型,也被广泛应用于词义消歧,它通过模拟人类大脑神经网络的学习过程来推断词义。接下来,将详细介绍贝叶斯分类方法。

贝叶斯分类方法(朴素贝叶斯分类器)消歧的核心思想是:在双语语料库中多义词 w 的语义 s' 由多义词所处的上下文语境 c 确定。设多义词 w 有多个语义 $s_1, s_2, \cdots, s_n$,则可以通过计算 $\arg_{s_i} \max P(s_i | c)$ 来确定 w 的词义 s',即 $s' = \arg_{s_i} \max P(s_i | c)$,贝叶斯公式如式(2.17)所示。

$$\begin{aligned} s' &= \arg_{s_i} \max P(s_i | c) \\ &= \arg_{s_i} \max \frac{P(s_i, c)}{P(c)} \\ &= \arg_{s_i} \max \frac{P(c | s_i) P(s_i)}{P(c)} \\ &= \arg_{s_i} \max P(c | s_i) P(s_i) \end{aligned} \quad (2.17)$$

其中,s_i 为多义词 w 的第 i 个语义项,c 为多义词 w 在语料库中的上下文语境。随着上下文长度的增加,c 的数量会呈指数级增长,$P(c | s_i)$ 的值难以估计。因此,需要引入词独立假设,近似概率估计为上下文中每个词独立出现的概率,如式(2.18)所示。

$$P(c | s_i) \approx \prod_{v_j \in c} P(v_j | s_i) \quad (2.18)$$

其中，v_j 为 c 中的上下文语境。

尽管基于统计的方法在处理复杂或模糊的上下文信息时可能会遇到困难，但该方法能够充分利用大量语料库信息，因此仍然是词义消歧研究和应用中的重要工具。

2.4.1.3 基于知识的方法

基于知识的方法在词义消歧中主要依赖对领域知识和上下文语境的深入理解。近年来，许多研究开始尝试将领域知识融入词义消歧中。

先从同一篇文章中筛选出包含相同歧义词的句子，这些句子在主题上与歧义句子相关联，因此可以作为其上下文语境，为消歧提供必要的背景知识。然后，深入挖掘领域知识，为目标领域收集相关的文本领域关联词，以此作为文本领域知识。同时，为目标歧义词的各词义获取词义领域标注，以此作为词义领域知识。利用这些文本领域关联词和句子上下文词，构建一个消歧图，并根据词义领域知识对其进行相应的调整。为了评估消歧图中各词义节点的重要性，采用改进的图评分方法对其进行评分，从而选择出正确的词义。此外，还结合无标注文本构建了词向量模型，并融入了特定领域的关键词信息，提出了一种创新的词义消歧方法。通过引入多元化的领域知识，这种方法不仅在特定领域的文本消歧任务中表现出色，同时也证明了基于知识的方法在其他领域同样具有广泛的应用前景和有效性。

Lesk 算法由迈克·E. 莱斯克（Michael E. Lesk）于 1986 年提出，是一种基于词典资源进行词义消歧的有效方法。该算法的核心原理在于，一个词在词典中的定义与其所在句子的含义具有某种相似性。为了量化这种相似性，Lesk 算法通过比较词典中的词义解释与句子中的含义，寻找两者的词汇交集，并以交集中单词的数量作为相似度的衡量标准。例如，若"cone"和"pine"在词典中的解释分别包含两个相同的单词，则它们的相似度被计为 2。

在实际应用中，Lesk 算法会针对某个具有多重含义的词汇构建不同的词义语料库。随后，Lesk 算法会计算待判断句子中目标词汇与各词义语料库之间的词汇重合度。最终，选择重合度最高的词义作为该词在特定上下文中的确切含义。这种方法虽然直观且实用，但其效果在很大程度上受所用词典的详尽程度和语境复杂性的影响。

值得注意的是，尽管基于知识的词义消歧方法需要依赖大量先验知识和人工标注数据，但其得出的消歧结果通常具有较高的准确性和可信度。

2.4.2 语义角色标注

语义角色标注是自然语言处理中的一个重要任务，它的目标是识别句子中的谓语（动作或状态）及与该谓语相关的各成分，并用语义角色来描述这些成分与谓语之间的关系。这个过程有助于深入理解句子的含义。在语义角色标注中，一个句子的核心是谓语，它描述了句子中的主要动作或状态。与谓语相关的成分包括施事者（执行动作的实体）、受事者（动作的接收者或受影响者）、工具、时间、场所等，这些成分在句子中担任特定的语义角色。例如，在句子"小明昨天在公园遇到了小红"中，"遇到"是谓语，"小明"是施事者，"小红"是受事者，"昨天"是时间，"公园"是场所。语义角色标注的理论基础源于 Fillmore 于 1968 年提出的格语法。这里介绍两种比较常用的语义角色标注方法：格语法和句法树。

2.4.2.1　格语法

格语法是一种语言学理论，最初由查尔斯·菲尔墨提出，旨在深入研究句子成分之间的关系。这一理论主要基于这样的观点：句子中的动词是核心，与各种名词短语存在特定的关系，这些关系被定义为不同的"格"。

在格语法中，每个动词都被认为支配着一定数量的格，这些格描述动词与周围名词短语之间的语义关系。菲尔墨建议使用 9 个格，分别为施事格、受事格、对象格、工具格、来源格、目的格、场所格、时间格和路径格。其中，受事格是不可缺少的；施事格、场所格、时间格和工具格是可有可无的，没有这些格，句子的含义不会受到影响。

格语法的分析不仅关注句子的结构，还关注句子成分之间的语义关系。这对于自然语言理解和生成至关重要，因为它可以更准确地把握句子的含义和上下文。例如，在句子"小明用锤子打破了窗户"中，"小明"是施事格，"锤子"是工具格，"窗户"是受事格，"打破"是动词。这些格的标识有助于理解句子中各成分的作用及它们是如何关联的。

此外，格语法还与其他语言学理论密切相关，如生成语法和认知语法。总的来说，格语法是一种强大的语言学工具，可以更深入地理解句子的结构和意义，为自然语言处理提供了重要的理论基础。

2.4.2.2　句法树

句法树的语义标注内容主要包括识别词汇间的从属、并列和递进等关系，以获得较深层的语义信息。在句法树中，不同的词语和短语按照语法规则连接起来，形成一个层次化的树状结构。这个结构有助于更好地理解句子的语法结构和含义，包括基于成分结构的语义角色标注和基于依存结构的语义角色标注两大类。

1. 基于成分结构的语义角色标注

基于成分结构的语义角色标注的基本任务是找出句子中谓语的相应语义角色成分，并用语义角色来描述它们之间的关系。这种语义角色标注的方法并不对句子包含的所有语义信息进行深入分析，而是专注于句子中各成分与谓语之间的关系。例如，标注出句子中的施事、受事、时间和场所等元素及其与核心谓语的关系。

例如，以句子"中国波司登公司正在生产羽绒外套。"为例，可以得到成分句法分析结果，如图 2.3 所示。

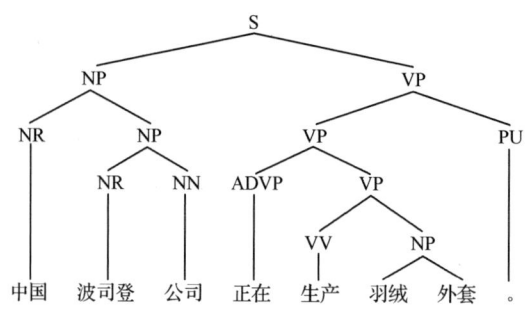

图 2.3　成分句法分析结果

基于成分句法树的语义角色标注算法通过对成分句法树进行剪枝，初步识别句子中的候选论元，以供后续的论元识别和分类步骤使用。成分句法分析的主要任务是检查与谓语短语并列的成分，并筛选符合条件的句子成分作为候选论元。具体而言，该方法从成分句法树的谓语节点开始，考查该节点的每个兄弟节点；如果兄弟节点和该节点在句法结构上不是并列关系，则将兄弟节点加入候选论元集合；如果兄弟节点是介词短语（PP），则将兄弟节点的全体子节点加入候选论元集合。依次对谓语节点的父节点等每个祖先节点执行上述过程，直至到达根节点。以图 2.4 为例，自谓语（VV）"生产"开始，此方法逐次考查包含此谓语的谓语短语（VP），即"生产羽绒外套"等成分。在此过程中，此方法将"羽绒外套"、"正在"、"。"和"中国波司登公司"加入候选论元集合，并过滤掉大量不可能是论元的成分。

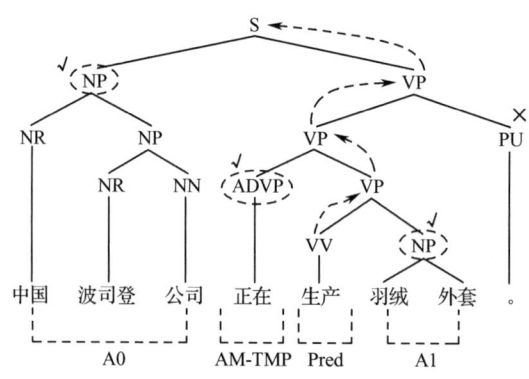

图 2.4　基于成分句法树的语义角色标注示例

经过筛选后，训练分类模型从候选论元集合中识别真正的论元，并标注论元类型。在此过程中，通常需要为分类器构建有效的特征。

2. 基于依存结构的语义角色标注

基于依存结构的语义角色标注主要用于确定句子中词语之间的语义关系。这种标注方法主要依赖句子的句法结构，即词语之间的依存关系。通过分析这些依存关系，可以推断出词语在句子中的语义角色，如施事者、受事者、时间和场所等。图 2.5 给出了句子"中国波司登公司正在生产羽绒外套。"的依存句法树，图 2.5 中标注了谓语-论元关系，表明了谓语与论元中心词之间的语法关系。在依存句法树中，每个论元自身内部的语法结构都由依存关系展示,而论元与谓语之间的语法关系则体现为论元中心词与谓语之间的依存关系。论元"羽绒外套"和谓语"生产"之间的语法关系,通过从"生产"指向"外套"的边体现为宾语(OBJ)关系。

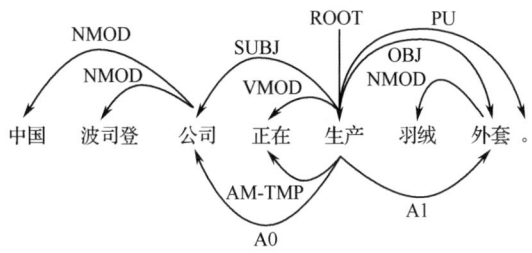

图 2.5 基于依存结构的语义角色标注示例

上一部分的候选论元筛选过程可以移植到依存句法树上,得到依存句法树的语义角色标注算法。首先,从谓语节点开始,将当前节点的全体子节点加入候选元集合;然后,将当前节点的父节点作为当前节点,重复上述过程,逐次考查谓语节点的祖先节点,直至将当前节点作为句子的根节点。在图 2.6 中,谓语"生产"分别指向"公司"、"正在"、"外套"和"。",对应的论元"中国波司登公司"、"正在"和"羽绒外套"将被识别为候选论元。

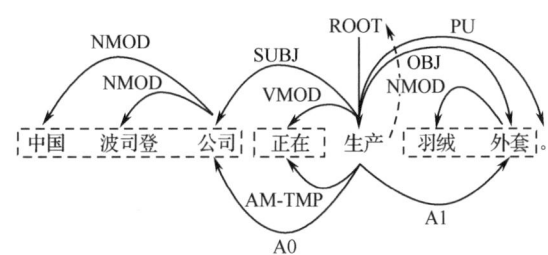

图 2.6 基于依存句法树的语义角色标注示例

针对后续的论元识别、论元分类步骤,基于依存句法树的语义角色标注将其建模为判断谓语与论元中心词之间语义关系的任务,并建立分类模型来解决问题。

句法树的语义标注内容旨在揭示句子各成分之间的句法和语义关系,从而深入理解句子的含义。目前有许多 Python 库,如 nlpnet 支持词性标注、依存分析和语义角色标记等自然语言处理任务。

2.4.3 语义分析面临的挑战

语义分析面临的挑战主要包括数据不足、语言复杂性和语境敏感性等,具体如下。

(1)数据不足是语义分析的一大难题。语义分析的准确性大部分取决于训练数据的质量和数量,然而获取足够且优质的数据却是一个挑战。

(2)语言复杂性也给语义分析带来了很大的困难。自然语言中充满了模糊性、歧义性和多样性,这使得语义分析需要处理的问题变得非常复杂。

（3）语境敏感性也是语义分析需要解决的难题。同一个词在不同的语境中可能有不同的含义，而捕捉并理解这些微妙的语境变化对于机器来说是非常困难的。

（4）数据隐私和安全性也是语义分析面临的挑战之一。在进行语义分析时，往往需要处理大量用户数据，这涉及数据隐私和保护的问题，需要严格遵守相关的法律法规。

（5）深层结构化语义分析的性能问题也是一个重要的挑战。例如，在两个句子间寻找关系时，性能往往成为瓶颈，尽管近年来语义分析在这方面取得了长足进步。另外，如何表达语义、构建语义分析结构和落地应用，也是语义理解的主要挑战之一。

总的来说，语义分析是一个复杂且重要的研究领域，它在许多领域都有广泛的应用。尽管面临许多挑战和问题，但是随着人工智能和机器学习技术的发展，语义分析技术已经展现出了巨大的潜力和应用前景，我们有理由相信语义分析的未来会更加光明。

本章小结

本章对文本预处理的核心内容进行了全面的阐述。

首先，强调了文本清洗和去噪在自然语言处理任务中的基础性作用，它是确保数据质量、提升处理效果的关键步骤。

其次，深入探讨了词法分析的各个环节，特别是中文分词技术，包括基于字符串匹配和统计学的分词方法，以及词性标注的精确处理。这些环节能够将原始文本转化为计算机易于识别和处理的标准化格式；在句法分析部分，明确了句法分析的概念，并深入探讨了句法分析树库及其评测方法的重要性。同时，对依存句法分析进行了详细讨论，这种分析方法在句法分析中占有重要地位，并介绍了一些常用的依存句法分析工具。

最后，进入语义分析领域，这是自然语言处理中最具挑战性的部分。在这一部分，深入探讨了词义消歧、语义角色标注等关键技术，并指出了语义分析面临的多重挑战。

本章展现了一个从文本清洗到深层次语义分析的全面、细致的文本预处理流程。每个环节都至关重要，共同构成了自然语言处理中不可或缺的一环，为读者提供了一个清晰、系统的文本预处理指南。

第 3 章

文本表示方法

（1）深入了解文本表示方法的核心价值及其在不同场景下的应用，熟练掌握 One-Hot 编码的内在逻辑，全面理解词袋模型，并能熟练运用 TF-IDF 方法来有效表示文本数据。

（2）深刻领会连续词袋模型和 Skip-gram 模型的基本原理，能够熟练训练并运用 Word2Vec 方法来实现文本的向量表示，同时掌握 Word2Vec 方法在多种自然语言处理任务中的实际应用技巧。

（3）清晰理解分布式语义假设的核心理念，学会运用奇异值分解技术高效地进行文本数据的向量化表示。

（4）充分认识词嵌入在自然语言处理中的关键作用，并能够灵活运用各种主流的词嵌入模型，如 Word2Vec 方法、GloVe、FastText 等，以实现高质量的文本表示。

通过对本章的学习，读者能够理解和应用不同的文本表示方法，包括 One-Hot 编码、词袋模型、TF-IDF 方法、Word2Vec 方法、分布式表示方法和词嵌入。这些方法将为后续的自然语言处理任务提供基础，并帮助读者更好地处理和理解文本数据。

自然语言文本通常是非结构化的数据信息，计算机无法直接识别与处理，为了能让计算机有效地存储和处理这类数据，需要对文本进行向量化处理。将非结构化的文本数据转化为结构化、可计算的数字向量或矩阵形式，从而方便计算机进行后续的处理和分析。这在自然语言处理中尤为重要，因为只有通过将文本转化为机器可以理解的形式，才能进行进一步的分析和处理，如文本分类、情感分析、信息检索等。

3.1 One-Hot 编码

One-Hot 编码（One-Hot-Encoding），又称独热编码或一位有效编码，其方法是使用 N

位状态寄存器对 N 个状态进行编码,每个状态都被表示为一个只有一个元素为1、其他元素都为0的向量,且每个元素都有其独立的寄存器位,在任意时候,只有其中一位有效。以下是 One-Hot 编码的案例。

例 3.1 假设有 3 个不同颜色的变量:红色、蓝色和绿色。在机器学习中,不能直接将 3 个变量输入模型,因为它们是非数值数据。为了解决这个问题,可以使用 One-Hot 编码来转换这些变量。对于这 3 个变量,可以创建 3 个新的二进制列,每个二进制列代表一个可能的取值。然后,对于原始数据中的每个取值,将二进制列相应位置的 0 改为 1,其他列不变。将这些颜色转换为以下二进制向量。

红色:[1, 0, 0]

蓝色:[0, 1, 0]

绿色:[0, 0, 1]

这样,原始数据中的每个取值共同组成了一个二进制向量,其中只有一个元素为 1,其余元素为 0。

例 3.2 运用 One-Hot 编码将以下两个句子转换为二进制向量。

(1)我爱黄河母亲河。

(2)我爱自然语言处理。

具体转化步骤如下。

第 1 步,分词。使用分词工具对这两句话进行分词,得到:"我""爱""黄河""母亲河""自然语言处理""。"。

第 2 步,给词汇分配索引。

我 → 0

爱 → 1

黄河 → 2

母亲河 → 3

自然语言处理 → 4

。 → 5

第 3 步,根据这些索引为每个词生成一个 One-Hot 编码。每个词的 One-Hot 编码是有 6 个元素的向量,其中只有一个元素为1,其余元素为0。

对"我爱黄河母亲河。"这句话进行 One-Hot 编码。

我 → [1, 0, 0, 0, 0, 0]

爱 → [0, 1, 0, 0, 0, 0]

黄河 → [0, 0, 1, 0, 0, 0]

母亲河 → [0, 0, 0, 1, 0, 0]

。 → [0, 0, 0, 0, 0, 1]

所以,"我爱黄河母亲河。"的 One-Hot 编码序列为:[1, 0, 0, 0, 0, 0], [0, 1, 0, 0, 0, 0], [0, 0, 1, 0, 0, 0], [0, 0, 0, 1, 0, 0], [0, 0, 0, 0, 0, 1]

对"我爱自然语言处理。"这句话进行 One-Hot 编码。

我 → [1, 0, 0, 0, 0, 0]

爱 → [0, 1, 0, 0, 0, 0]

自然语言处理 → [0, 0, 0, 0, 1, 0]

。 → [0, 0, 0, 0, 0, 1]

所以,"我爱自然语言处理。"的 One-Hot 编码序列为:[1, 0, 0, 0, 0, 0], [0, 1, 0, 0, 0, 0], [0, 0, 0, 0, 1, 0], [0, 0, 0, 0, 0, 1]

从上面的两个例子可以看出,One-Hot 编码方法的优点是简单易懂,能很容易地将类别变量转换为机器学习算法可以使用的向量形式,适用于处理离散型数据。但是,当类别变量有很多不同的取值时,One-Hot 编码会非常稀疏,导致存储和计算效率低下;由于所有类别都是互斥的,因此 One-Hot 编码不能捕捉类别之间的任何关系或相似性。

3.2 词袋模型

词袋(Bag of Words Model,BoW)模型是一种将文本转化为数值型向量的方法。词袋模型将一段文本(如一个句子或一个文档)表示为一个词的集合,忽略语法和单词的顺序,但是保留该词语出现的频率。这种方法假设文本中每个词的出现都是独立的,不考虑它们之间的语法关系或上下文关系。具体步骤如下。

第 1 步,文本预处理,包括分词(将文本拆分为单词或标记)、去除停用词(如"和""是""在"等常用但对文本意义不大的词)、词干抽取或词形还原(将单词转换为其基本形式)等。

第 2 步,构建词汇表。从预处理后的文本数据中抽取所有独特的单词,构成词汇表。每个单词在词汇表中都有一个唯一的索引。

第 3 步,统计词频。对于每个文档,统计其中每个词语的出现次数,得到一个词频向量。

第 4 步,向量化。将每个词频向量映射到一个固定长度的向量空间中,得到最终的文本向量表示。

例 3.3 假设有以下两个句子。

句子 1:我喜欢吃苹果。

句子 2:苹果手机很好用。

第 1 步,文本预处理。对这两个句子进行分词,得到以下词语列表。

句子 1：我/喜欢/吃/苹果。

句子 2：苹果/手机/很/好用。

第 2 步，构建词汇表。将{我, 喜欢, 喜欢, 苹果, 手机, 很, 好用}中的每个词语用 1 和 0 标记是否出现在句子中，这样，就得到了句子转换为向量的表示，如表 3.1 所示。

表 3.1 句子转换为向量的表示

序号	1	2	3	4	6	6	7
词汇	我	喜欢	吃	苹果	手机	很	好用
句子 1	1	1	1	1	0	0	0
句子 2	0	0	0	1	1	1	1

第 3 步，文本向量化。根据词汇表，将每个句子转换为一个向量，其中向量的每个元素对应词汇表中的一个词，元素的值是该词在句子中出现的次数。

句子 1 对应的向量为：[1 1 1 1 0 0 0]

句子 2 对应的向量为：[0 0 0 1 1 1 1]

词袋模型的主要优点是简单易懂，实现方便。由于词袋模型能够将文本转化为向量表示，因此可以用于各种机器学习算法，如文本分类、情感分析等。在一些具体的应用中，如 SLAM 研究中的闭环检测，基于词袋模型的系统具有良好的实时性和重定位准确性。然而，词袋模型的缺点也是显而易见的。最明显的一点是，它忽略了词语之间的顺序和语法结构，这可能会导致一些重要信息的丢失。此外，当词汇表非常大时，词袋模型可能会产生维度非常高的向量，这不仅会增加存储和计算成本，还可能导致所谓的"维度灾难"问题。

综上所述，词袋模型是一种简单有效的文本向量化方法，适用于一些简单的文本分类和聚类任务。但对于一些复杂的自然语言处理任务，可能需要使用更加高级的向量化方法来获取更好的效果。

3.3 TF-IDF 方法

TF-IDF（Term Frequency-Inverse Document Frequency）方法是基于词袋模型的改进方法，它考虑了单词在文本中的重要性。TF-IDF 方法结合词频（Term Frequency，TF）和逆向文档频率（Inverse Document Frequency，IDF）两个指标来评估词语的重要性。

词频用于衡量词 t 在文档 d 中出现的频率，如式（3.1）所示。

$$\text{TF}_{t,d} = \frac{n_{t,d}}{\text{文档中出现词的总数}} \tag{3.1}$$

其中，$n_{t,d}$ 是词语 t 出现在文档 d 中的次数，因此每个文档和词语都具有自己的 TF 值。

例 3.4 假设有以下 3 个句子，求每个词的 TF 值。

句子 1：我喜欢吃苹果。

句子 2：苹果手机很好用。

句子 3：我喜欢吃香蕉。

（1）对这 3 个句子进行分词，得到以下词语列表。

句子 1：我/喜欢/吃/苹果。

句子 2：苹果/手机/很/好用。

句子 3：我/喜欢/吃/香蕉。

（2）统计每个词语在所有句子中的出现次数，得到以下频率。

苹果：1/2/0

喜欢：2/0/1

吃：2/1/1

香蕉：1/0/1

（3）计算 TF 值，将每个评论中的词频除以相应句子中词的总数，得到词语的 TF 值，如表 3.2 所示。

表 3.2 词语的 TF 值

句子	词							
	我	喜欢	吃	苹果	手机	很	好用	香蕉
句子 1	1	1	1	1	0	0	0	0
句子 2	0	0	0	1	1	1	1	0
句子 3	1	1	1	0	0	0	0	1
TF（句子 1）	1/4	1/4	1/4	1/4	0	0	0	0
TF（句子 2）	0	0	0	1/4	1/4	1/4	1/4	0
TF（句子 3）	1/4	1/4	1/4	0	0	0	0	1/4

逆向文档频率：对于每个词语，统计它在所有文档（句子）中出现的次数，然后取其对数作为该词语的逆向文档频率，如式（3.2）所示。

$$\text{IDF}_t = \log\left(\frac{\text{文档数}}{\text{包含词语}t\text{的文档数}}\right) \tag{3.2}$$

例 3.5 计算例 3.4 中 3 个句子中各词的 IDF 值。

以句子 1 中的"我"为例，包含"我"的文档数量为 2，共计 3 个文档，因此有

$$\text{IDF}(\text{我}) = \log\left(\frac{3}{2}\right) = 0.176$$

用同样的方法计算其他词的 IDF 值，如表 3.3 所示。

表 3.3　词语的 IDF 值

句子	词							
	我	喜欢	吃	苹果	手机	很	好用	香蕉
句子 1	1	1	1	1	0	0	0	0
句子 2	0	0	0	1	1	1	1	0
句子 3	1	1	1	0	0	0	0	1
IDF	0.352	0.352	0.352	0.352	0.176	0.176	0.176	0.176

TF-IDF 值是将词频向量中的每个元素与对应的逆向文档频率相乘，得到该词语在当前文档中的 TF-IDF 值。

将所有文档的 TF-IDF 值合并成一个矩阵，得到整个语料库的 TF-IDF 表示。

例 3.6　计算例 3.4 中 3 个句子中各词的 TF-IDF 值。

以句子 1 中的"我"为例，计算 TF-IDF 值：

TF-IDF(我, 句子 1)=TF(我, 句子 1)×IDF(我)=1/4×0.352=0.088

同样的方法计算所有词的 TF-IDF 值，如表 3.4 所示。

表 3.4　词语的 TF-IDF 值

句子	词							
	我	喜欢	吃	苹果	手机	很	好用	香蕉
句子 1	1	1	1	1	0	0	0	0
句子 2	0	0	0	1	1	1	1	0
句子 3	1	1	1	0	0	0	0	1
IDF	0.352	0.352	0.352	0.352	0.176	0.176	0.176	0.176
TF-IDF（句子 1）	0.088	0.088	0.088	0.088	0	0	0	0
TF-IDF（句子 2）	0	0	0	0.088	0.044	0.044	0.044	0
TF-IDF（句子 3）	0.088	0.088	0.088	0	0	0	0	0.044

语料库中词的 TF-IDF 值越高说明词越重要，得分越低说明词的重要性越低。

TF-IDF 考虑了词频和逆向文档频率两个因素，能有效反映单词在文档中的重要性，且算法简单高效，易于理解和实现，可以用于初期的文本数据清洗，有助于后续处理。但是仅以词频度量词的重要性，无法全面反映单词的特性。而且在构造文档的特征值序列时，词项之间是独立的，因此无法捕捉到序列中的相关信息。同时，该方法容易受数据集的影响，不同的数据集可能会产生截然不同的结果。

在 Spyder 中执行以下代码：

```
import numpy as np
#语料库
corpus = ["我喜欢吃苹果", "苹果手机很好用", "我喜欢吃香蕉"]
#计算词频
```

```
def term_frequency(doc, corpus):
    words = set(doc)
    return {word: doc.count(word) / len(doc) for word in words}
tf_matrix = [term_frequency(doc, corpus) for doc in corpus]
print("词频矩阵:")
for tf in tf_matrix:
    print(tf)
#计算逆向文档频率
def inverse_document_frequency(word, corpus):
    num_docs_with_word = sum(1 for doc in corpus if word in doc)
    return np.log(len(corpus) / (1 + num_docs_with_word))
idf_dict = {word: inverse_document_frequency(word, corpus) for word in set(word for doc in corpus for word in doc)}
print("逆向文档频率字典:")
print(idf_dict)
#计算 TF-IDF 矩阵
tfidf_matrix = [[tf[word] * idf_dict[word] for word in tf] for tf in tf_matrix]
print("TF-IDF 矩阵:")
for tfidf in tfidf_matrix:
    print(tfidf)
```

得到如下执行结果：

词频矩阵:
{'吃': 0.16666666666666666, '我': 0.16666666666666666, '果': 0.16666666666666666, '欢': 0.16666666666666666, '喜': 0.6666666666666666, '苹': 0.16666666666666666}
{'用': 0.14285714285714285, '果': 0.14285714285714285, '好': 0.14285714285714285, '机': 0.14285714285714285, '手': 0.14285714285714285, '苹': 0.14285714285714285, '很': 0.14285714285714285}
{'香': 0.16666666666666666, '吃': 0.16666666666666666, '蕉': 0.16666666666666666, '我': 0.6666666666666666, '欢': 0.6666666666666666,' 喜': 0.6666666666666666}
逆向文档频率字典:
{'用': 0.4054651081081644, '香': 0.4054651081081644, '吃': 0.0, '蕉': 0.4054651081081644, '我': 0.0, '果': 0.0, '机': 0.4054651081081644, '好': 0.4054651081081644, '欢': 0.0, '手': 0.4054651081081644, '喜': 0.0, '苹': 0.0, '很': 0.4054651081081644}
TF-IDF 矩阵:
[0.0, 0.0, 0.0, 0.0, 0.0, 0.0]
[0.05792358687259491, 0.0, 0. 05792358687259491, 0. 05792358687259491, 0. 05792358687259491, 0.0, 0.05792358687259491]
[0. 06757751801802739, 0.0, 0. 06757751801802739, 0.0, 0.0, 0.0]

对于一些特殊领域的文本数据，可能存在一定的偏差，需要针对具体问题进行调整和优化。

3.4 Word2Vec 方法

Word2Vec 方法是一种基于神经网络的词嵌入方法，它可以将每个单词转化为高维空间中的向量，这些向量可以捕捉单词之间的语义和语法关系，使得语义上相似的词在向量空间中的距离相近，如同义词和反义词，Word2Vec 方法有两种主要的训练模型：连续词袋模型和 Skip-gram 模型。

3.4.1 连续词袋模型

连续词袋（Continuous Bag of Words，CBOW）模型是一种用于生成词向量的神经网络模型，由 Tomas Mikolov 等人于 2013 年提出。CBOW 模型的基本思想是，给定一个单词的上下文（窗口内的其他单词），模型需要预测出这个词是什么。这里的"上下文"可以看作一个词袋，即不考虑词序，只考虑哪些词出现在中心词的上下文窗口中。例如，对于句子"我想看电影"，如果窗口大小为 5，当中心单词为"看"时，上下文单词为"我""想""电""影"。CBOW 模型会要求根据这 4 个上下文单词，计算出"看"的概率分布。

CBOW 模型的核心是一个 3 层的前馈神经网络，输入层、隐藏层和输出层。其中，输入层表示上下文中所有单词的特征向量，由单词的 One-Hot 编码组成。隐藏层是 N 维向量，隐藏层的节点数通常比输入层和输出层的节点数少得多，One-Hot 编码的输入向量通过 $V \times N$ 的权重矩阵 W 与隐藏层连接，隐藏层通过 $N \times V$ 的权重矩阵 W 与输出层连接。输出层表示目标单词的 One-Hot 编码。在训练过程中，模型的权重会进行调整，以便最小化预测中心词时的误差。训练完成后，隐藏层的权重矩阵就是所求的词向量，其中每行对应一个词的向量表示。句子"我想看电影"的 CBOW 模型图如图 3.1 所示。

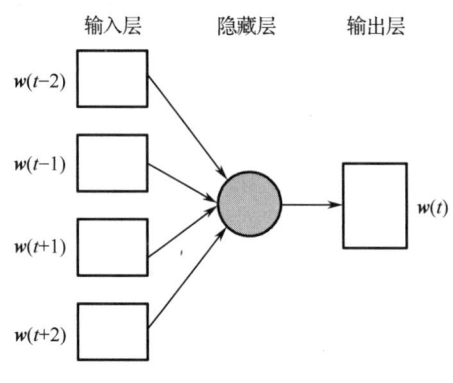

图 3.1 CBOW 模型图

在图 3.1 中，$w(t-2)$ 代表"我"，$w(t-1)$ 代表"想"，$w(t+1)$ 代表"电"，$w(t+2)$ 代表"影"，$w(t)$ 代表"看"。若设定词向量的初始值分别为{"我"：[0.1, 0.2, 0.3]，"想"：[0.2, 0.3, 0.4]，"电"：[0.3, 0.2, 0.3]，"影"：[0.4, 0.6, 0.5]}，则在图 3.1 中的隐藏层 sum 就是将"我想电影"的词向量依次连接，即[0.1, 0.2, 0.3, 0.2, 0.3, 0.4, 0.3, 0.2, 0.3, 0.4, 0.6, 0.5]，然后代入神经网络进行计算，最后计算出"看"这个字。

在训练过程中，CBOW 模型使用反向传播算法来更新权重参数。具体来说，对于每个训练样本，先随机选择一个单词作为目标单词，然后从语料库中采样出该单词的上下文，并将其转换为特征向量序列。接着,将目标单词的 One-Hot 编码作为输出层的激活值,计算网络输出与真实标签之间的误差,并利用反向传播误差来更新权重参数。

例 3.7 假设有以下训练样本:

I love machine learning.

Machine learning is fun.

I enjoy coding in Python.

Python is a popular programming language.

I like to solve problems using algorithms.

Algorithms are essential for computer science.

I am learning natural language processing.

Natural language processing is fascinating.

I want to work in AI research after graduation.

AI research is challenging but rewarding.

如果想要预测第 6 个句子中的词汇 "algorithms",首先需要选择一个窗口大小(如 5),然后从窗口中取出对应的词汇作为正样本,其他词汇作为负样本。在这个例子中,正样本是["I", "like", "to", "solve", "problems"],负样本是["love", "is", "fun", "enjoy", "coding", "a", "popular", "programming", "language", "want", "work", "challenging", "but", "rewarding"]。

执行如下代码:

```python
import numpy as np
def softmax(x):
    e_x = np.exp(x - np.max(x))
    return e_x / e_x.sum()
def cbow(input_text, window_size, vocab_size, word2idx, idx2word):
    center_word = input_text[window_size // 2]
    context_words = input_text[window_size // 2 - window_size:window_size // 2 + window_size]
    center_word_idx = word2idx[center_word]
    context_word_indices = [word2idx[word] for word in context_words if word in word2idx]
    context_vector = np.zeros(vocab_size)
    context_vector[context_word_indices] = 1
    center_word_vector = np.zeros(vocab_size)
    center_word_vector[center_word_idx] = 1
    output_vector = np.outer(center_word_vector, context_vector)
    output_probs = softmax(output_vector)
    return output_probs
#示例
input_text = ['I', 'love', 'machine', 'learning']
window_size = 5
vocab_size = 10 000
word2idx = {'I': 0, 'love': 1, 'machine': 2, 'learning': 3}
idx2word = {0: 'I', 1: 'love', 2: 'machine', 3: 'learning'}
```

```
output_probs = cbow(input_text, window_size, vocab_size, word2idx, idx2word)
print(output_probs)
```

CBOW 模型的优点是可以快速处理大量数据，并且能够有效捕捉上下文信息。但是，由于其忽略了单词的顺序信息，因此在一些任务中可能不如 Skip-gram 模型效果好。

3.4.2 Skip-gram 模型

Skip-gram 模型与 CBOW 模型相反，Skip-gram 模型是通过给定中心词，预测该词在窗口内的上下文。例如，对于词"看"，Skip-gram 模型会尝试预测与其相关的上下文单词，如"想"和"电"。在训练过程中，模型会学习与给定单词相关的上下文的词向量表示。

输入层：给定一个中心词，将其词向量作为输入。

隐藏层：实际上，隐藏层在 Skip-gram 模型中的存在并不明显，因为模型是直接从输入层映射到输出层的。

输出层：使用 softmax 函数计算词汇表中每个词作为上下文词的概率。例如，"我想看电影"的 Skip-gram 模型图如图 3.2 所示。

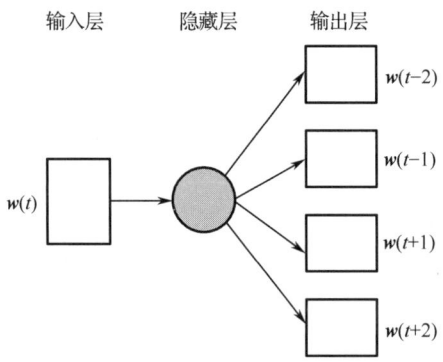

图 3.2　Skip-gram 模型图

Skip-gram 模型的性能往往会受到一些重要因素的影响，具体如下。

（1）模型的性能强烈依赖训练数据的规模和质量。

（2）模型的参数设置，如窗口大小、嵌入维度等，也会影响模型的性能。

（3）优化算法的选择和训练过程的控制也是影响 Skip-gram 模型性能的重要因素。

例 3.8　以"我爱自然语言处理技术"为例：

```
import numpy as np
from sklearn.feature_extraction.text import CountVectorizer
from sklearn.metrics.pairwise import cosine_similarity
def skip_gram(sentence, window_size=2):
    words = sentence.split()
    word_vectors = []
    for i, word in enumerate(words):
        context_words = words[max(0, i - window_size):i] + words[i + 1:min(len(words), i +
```

```
window_size + 1)]
                context_vector = ' '.join(context_words)
                word_vectors.append((word, context_vector))
        return word_vectors
sentence = "我爱自然语言处理技术"
word_vectors = skip_gram(sentence)
print(word_vectors)
```

在例 3.8 中，首先定义了一个名为 skip_gram 的函数，它接受一个句子和一个窗口大小作为输入；其次，将句子拆分为单词列表，并遍历每个单词。对于每个单词，找到其上下文窗口中的单词，并将它们连接成一个字符串作为上下文向量；最后，将目标单词和其对应的上下文向量添加到结果列表中。

在例 3.8 中，使用了一个简单的句子作为输入，并设置了窗口大小为 2。运行代码后，得到了一个包含目标单词及上下文向量的列表。

总的来说，虽然 Skip-gram 模型的性能在很大程度上取决于具体的应用场景和数据集，但是通过合理的参数设置和优化算法选择，Skip-gram 模型通常能够提供优秀的词向量表示效果。

3.4.3 Word2Vec 的应用

Word2Vec 在应用时，通常采用相似度计算和类比推理两种方法。

1. 相似度计算

Word2Vec 模型通过将单词映射到向量空间，生成的词向量可以捕获单词之间的语义和语法关系。因此，Word2Vec 模型具有衡量单词之间相似度及进行类比推理的能力。

对于相似度的计算，主要利用向量空间中的距离或角度来衡量。例如，可以使用余弦相似度公式来计算两个单词的相似度：如果两个单词的向量表示越接近，那么它们的余弦相似度就越高，意味着它们的含义就更接近，余弦相似度的计算公式如式（3.3）所示。

$$\cos(\boldsymbol{U},\boldsymbol{V}) = \frac{\boldsymbol{U} \cdot \boldsymbol{V}}{\|\boldsymbol{U}\| \times \|\boldsymbol{V}\|} \quad (3.3)$$

其中，$\boldsymbol{U},\boldsymbol{V}$ 是两个单词的词向量，余弦值越接近 1，说明两个单词的向量越相似，即夹角越趋近于 0 度；相反，余弦值越接近 0，夹角越接近 90 度，说明两个单词的向量越不相似。

例 3.9 计算 "A" 和 "B" 的词向量相似度，若向量值为{"A"：[0.2, 0.3]，"B"：[0.1, 0.4]}，词向量相似度计算示意图如图 3.3 所示。

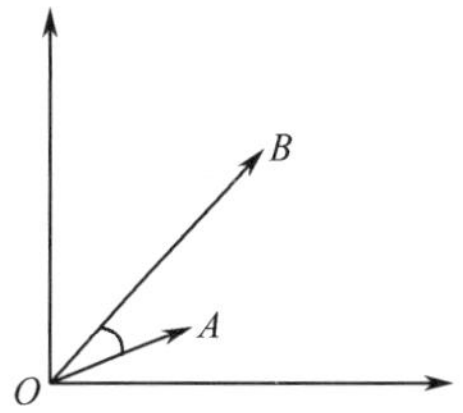

其词向量相似度为

$$\cos(\boldsymbol{A},\boldsymbol{B}) = \frac{(0.2 \times 0.1) + (0.3 \times 0.4)}{\sqrt{0.2^2 + 0.3^2} \times \sqrt{0.1^2 + 0.4^2}}$$
$$\approx 0.87$$

图 3.3 词向量相似度计算示意图

通过计算词向量相似度，可以量化地描述数据样本之间的相似或相异程度，这在自然语言处理的许多应用中都是非常重要的基础。

2. 类比推理

类比推理是根据两个或多个事物之间在某些属性上的相似性，来推断它们在其他属性上也可能相似的方法。如果两个词在语义上相似，那么它们的词向量差值就能捕捉这种关系。这个差值可以被用来找到一个词的对应词，这种关系在另一个词对上也应该成立。

词汇类比任务是评价词嵌入质量的一种重要方法，例如：

第1步，如果想知道中国的首都是哪个城市，可以通过词向量运算

$$"中国" + "首都" = "北京"$$

推理，可得知中国的首都是北京。

第2步，如果想要知道"king"对于"queen"的关系，可以尝试找到"man"对应的词，使得这种关系在"man"和未知词之间也成立。数学上，这可以表示为寻找一个词向量 w，使得

$$\text{vec}("queen") - \text{vec}("king") = \text{vec}(w) - \text{vec}("man")$$

其中，$\text{vec}(x)$ 表示词 x 的词向量。

通过推理，可知 "w" 为 "woman"，"queen" 应该对应 "woman"，词向量类比推理示意图如图3.4所示。

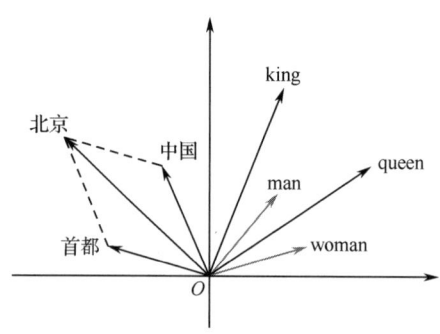

图 3.4　词向量类比推理示意图

具体来说，Word2Vec 的训练过程如下。

第1步，初始化参数。需要初始化一些参数，包括词汇表大小、隐藏层大小和学习率等。

第2步，构建神经网络。Word2Vec 使用两层神经网络来表示词向量。第一层是输入层，将每个单词映射到一个固定长度的向量中；第二层是输出层，将输入层的向量映射到另一个固定长度的向量中。

第3步，训练数据预处理。将原始文本数据进行分词、去除停用词等处理，得到一组训练数据。

第4步，训练网络。使用随机梯度下降法（Stochastic Gradient Descent，SGD）对神经网络进行训练，优化损失函数。在训练过程中，需要不断更新神经网络的权重和偏置项。

第 5 步，生成词向量。训练完成后，可以通过查询神经网络的权重矩阵来获取每个单词对应的词向量。

例 3.10 假设有以下 3 个句子。

句子 1：我喜欢吃苹果。

句子 2：苹果手机很好用。

句子 3：我喜欢吃香蕉。

可以将这些句子作为训练数据，训练一个 Word2Vec 模型。训练完成后，可以得到以下词向量表示。

苹果：[0.1, 0.2, 0.3, …]

喜欢：[0.4, 0.5, 0.6, …]

吃：[0.7, 0.8, 0.9, …]

手机：[1.0, 1.1, 1.2, …]

好用：[1.3, 1.4, 1.5, …]

香蕉：[1.6, 1.7, 1.8, …]

这样，就可以通过查询这些词向量来获取每个单词的语义表示，从而实现文本相似度计算、文本分类等功能。

安装好 gensim 库后，执行如下代码即可。

```
from gensim.models import Word2Vec
import numpy as np
#训练数据
sentences = [["我", "喜欢", "吃", "苹果"]]
#创建并训练 Word2Vec 模型
model = Word2Vec(sentences, min_count=1)
#对句子进行编码
encoded_sentence = model.wv["我"] + model.wv["喜欢"] + model.wv["吃"] + model.wv["苹果"]
print("编码后的句子:", encoded_sentence)
```

Word2Vec 是一种非常流行的词向量模型，它的优点如下。

（1）高效性：Word2Vec 的训练速度非常快，可以处理大规模文本数据。

（2）可解释性：Word2Vec 生成的词向量具有很好的可解释性，可以通过查看词向量之间的距离和方向来判断单词之间的语义关系。Word2Vec 能够捕捉单词的上下文信息，从而更好地表示单词的含义。

（3）广泛性。Word2Vec 可以应用于多种自然语言处理任务，如文本分类、情感分析和机器翻译等。

Word2Vec 的缺点如下。

（1）无法处理未登录词：Word2Vec 只能处理训练语料库中出现过的单词，对于未登录词无法进行有效的表示。

（2）对多义词的处理不够好：由于 Word2Vec 是基于局部上下文进行训练的，因此对于多义词的处理不够好，容易产生歧义。

（3）需要大量数据：为了获得较好的效果，Word2Vec 需要大量训练数据，并且需要花费较长时间进行训练。

综上所述，虽然 Word2Vec 存在一些缺点，但是它仍然是一种非常有用的词向量模型，在自然语言处理领域中得到了广泛应用。

3.5 分布式表示方法

分布式表示方法是一种将信息编码为多个组件或特征的向量或矩阵的方法，它强调通过组合和权衡不同组件来获取更加丰富和有意义的表示。其核心思想是将一个复杂的概念或对象分解为多个简单的部分，并将这些部分的表示进行组合，以获得对整体全面和准确的描述。这种方法具有稀疏性和组合性两个主要特点：稀疏性意味着每个组件只负责表示对象的某个特定方面的特征，并非整体信息；组合性则指不同组件之间可以进行灵活的组合，从而形成更加复杂和高层次的表示。

在自然语言处理中，分布式表示方法被广泛用于词向量的表示和语义的学习。为了对抗维度灾难并更好地表示单词的含义及其与其他单词的关系，通常使用分布式表示方法，就是将词典中的每个词都用一个实数特征向量来表示。分布式表示的理论基础是分布假说，即具有相似上下文的词具有相似的语义。

3.5.1 分布式语义假设

分布式语义假设，也称分布假设（Distributional Hypothesis），是自然语言处理（NLP）中用于表示和理解词汇语义的理论框架。它指出，一个词的意义可以通过其在文本中的上下文分布来推断。这一假设认为，如果两个词在大量文本语料中具有相似的上下文，那么这两个词的意义也应该是相似的。在分布式语义假设的框架下，词语被表示为高维空间中的向量，其中每个维度都可能代表不同的语义特征。这些词向量是通过分析大规模未标注文本数据得到的，通常利用机器学习算法来训练模型，使其能够捕捉词语之间的复杂关系。

基于这个假设，学术界提出了很多种分布式语义研究方法，其中最常见的就是基于矩阵的分布表示、基于聚类的分布表示和基于神经网络的分布表示。这些方法都需要选择一种方式描述上下文，并选择一种模型刻画某个词（下文称"目标词"）与上下文的关系。基于矩阵的分布表示（又称分布语义模型）需要构建一个"词—上下文"矩阵，从矩阵中获取词的表示。在"词—上下文"矩阵中，每行对应一个词，每列表示一种不同的上下文，矩阵中的每个元素对应相关词和上下文的共现次数。

例 3.11 假设语料库中有以下 3 个句子。

句子 1：我喜欢吃苹果。

句子 2：苹果手机很好用。

句子 3：我喜欢吃香蕉。

假设以句子中的其他词语作为上下文，那么可以创建如表 3.5 所示的词语共现频次表，频次表中包含"我""喜欢""吃""苹果""手机""很""好用""香蕉""。"9 个部分，即 |V|=9，频次表中的每一项代表一个词与另一个词（上下文）在同一句中的共现频次，每个词与自身的共现频次设为 0。

表 3.5 词语共现频次表

词	词								
	我	喜欢	吃	苹果	手机	很	好用	香蕉	。
我	0	2	2	1	0	0	0	1	2
喜欢	2	0	2	1	0	0	0	1	2
吃	2	2	0	1	0	0	0	1	2
苹果	1	1	1	0	1	1	1	0	2
手机	0	0	0	1	0	1	1	0	1
很	0	0	0	1	1	0	1	0	1
好用	0	0	0	1	1	1	0	0	1
香蕉	1	1	1	0	0	0	0	0	1
。	2	2	2	2	1	1	1	1	0

表 3.5 中的每行都表示一个词的向量。通过计算两个向量之间的余弦函数，可以得出两个词的相似度。例如，"苹果"和"香蕉"共享上下文"吃"和"。"，因此它们之间具有一定的相似性。

除了词本身，选择不同的上下文也会对词向量表示产生不同的影响。例如，可以选择一个固定窗口内的词作为其上下文，也可以使用所在的文档本身作为上下文。前者得到的词表示将更多地反映词的局部性质，具有相似词法、句法属性的词会使用具有相似的向量表示；后者则将更多地反映词代表的主题信息。

总的来说，分布式语义假设提供了一种全新的视角和方法来理解和表示自然语言中的词语及其含义，对于推动自然语言处理技术的发展起到了重要作用。但是也存在一些问题，如稀疏性问题，可以通过点间互信息或奇异值分解的方法解决，下面介绍奇异值分解。

3.5.2 奇异值分解

奇异值分解（Singular Value Decomposition，SVD）是一种线性代数中常用的矩阵分解方法。它将一个矩阵分解为 3 个矩阵的乘积，其中每个矩阵都是正交的。在自然语言处理中，SVD 可以用于文本表示和主题建模。例如，可以使用 SVD 将文档—词项矩阵分解为单词—主题矩阵和主题—词项矩阵，从而抽取出文档的主题分布和词汇的主题分布。

假设共现矩阵为 M，对 M 进行奇异值分解，如式（3.4）所示。

$$M = U\Sigma V^T \quad (3.4)$$

其中，U 是一个 $m \times m$ 的正交矩阵（$U^TU = UU^T = I$，I 是单位矩阵）；Σ 是一个 $m \times n$ 的矩阵，除了对角线上的元素（称为奇异值），其他元素都是 0。这些奇异值通常是按照从大到小的顺序排列的，并且是非负的。V^T 是 $n \times n$ 的正交矩阵 V 的转置（或共轭转置，复数矩阵的情况）。

若在 Σ 中仅保留 d（$d<r$）个最大的奇异值，则称为阶段奇异值分解，阶段奇异值分解是对矩阵 M 的低秩近似。

例 3.12 对以下 3 个句子。

句子 1：我喜欢吃苹果。

句子 2：苹果手机很好用。

句子 3：我喜欢吃香蕉。

进行奇异值分解的代码如下。

```python
import jieba   #分词库，需要先安装 pip install jieba
from sklearn.feature_extraction.text import TfidfVectorizer
import numpy as np
#句子列表
sentences = ["我喜欢吃苹果。","苹果手机很好用。","我喜欢吃香蕉。"]
#分词
segmented_sentences = [list(jieba.cut(sentence)) for sentence in sentences]
#构建 TF-IDF 模型
vectorizer = TfidfVectorizer(tokenizer=lambda x: x.split())
tfidf_matrix = vectorizer.fit_transform(sentences).toarray()
#进行奇异值分解
U, S, Vt = np.linalg.svd(tfidf_matrix, full_matrices=False)
#输出奇异向量和奇异值
print("U (左奇异向量):")
print(U)
print("\nS (奇异值对角矩阵):")
print(np.diag(S))
print("\nVt (右奇异向量转置):")
print(vt)
```

值得注意的是，在奇异值分解矩阵中，Σ 里面的奇异值按从大到小的顺序排列，奇异值从大到小的顺序减小得特别快。在许多情况下，前 10% 甚至前 1% 的奇异值的和就占了全部奇异值之和的 99% 以上。这意味着，在实际应用中，通常只需要考虑最大的 k 个奇异值，而不是所有奇异值，这样可以极大地提高计算效率。

3.6 词嵌入

词嵌入（Word Embedding）是文本中单个词的密集表示，考虑上下文和其他相关的词，将每个词表示为一个固定长度的实数向量，该向量可以有效选择维数，使得语义上相似的词在向量空间中距离较近，这样词义的语义信息就能以数值的形式表达出来。词嵌入方法主要包括特征选择和特征学习两部分。

1. 特征选择

特征选择是指从海量文本数据中选择能表示词间语义关联的特征。在自然语言处理过程中，特征选择是一个重要的预处理步骤，目的是从文本数据中选取最具有区分性和预测能力的特征，以提高模型的效果和性能。特征选择有助于降低维度、减少噪声和冗余信息，提高模型的泛化能力和效率。特征选择包含语料预处理和建模两方面，下面简要介绍语料预处理。

语料预处理是自然语言处理中的关键步骤，它涵盖文本数据的诸多方面，如清洗、转换和归纳。这些处理方法为后续的自然语言处理任务，如文本分类、情感分析和信息抽取等提供了基础。在进行语料预处理时，常见的操作包括分词、去除标点符号、停用词、词形还原、词干抽取、词频统计和逆向文档频率等。

常见的词嵌入方法如下。

（1）Word2Vec：由谷歌开发的一种基于分布式假设的词嵌入方法，它通过训练神经网络来学习词的向量表示。Word2Vec 有两种变体：连续词袋模型和 Skip-gram 模型。

（2）GloVe（Global Vectors for Word Representation）：由斯坦福大学开发的一种基于全局统计信息的词嵌入方法，它通过计算词共现矩阵的奇异值分解来学习词的向量表示。

（3）FastText：由 Facebook（现 Meta）开发的一种基于字符级别的词嵌入方法，它通过训练神经网络来学习词的向量表示。FastText 可以捕捉词中的子词信息，从而提高模型的性能。

（4）BERT（Bidirectional Encoder Representations from Transformers）：由谷歌开发的一种基于 Transformer 架构的预训练语言模型，它可以生成高质量的上下文相关词嵌入。BERT 已经在各种自然语言处理任务中取得了显著的成效。

此外，词向量表示和特征选择也是重要的词嵌入方法。通过精心设计和合理应用这些方法，可以显著提高自然语言处理模型的效果和性能，从而为实际应用带来更好的方法支持。

2. 特征学习

特征学习是机器学习中的重要领域，其目的是从原始数据中学习更高级别的特征表示，发现数据中隐藏的、具有代表性的特征。特征学习决定了对输入的特征信息与输出的词嵌入之间非线性关系的描述能力，决定了方法对学习效果上限的逼近程度。常见的特征学习模型包括受限玻尔兹曼机、神经网络、矩阵分解和聚类分析等。

特征学习的过程通常包括以下几个步骤。

（1）数据预处理：这是特征学习的第一步，将原始数据转换为模型可接受的输入格式。包括清洗数据、填充缺失值和标准化数据等。

（2）学习特征表示：使用一些技术来自动创建新的特征，捕捉数据中的结构和模式，以便更好地进行分类、回归和聚类等任务。常用的方法包括主成分分析法、线性判别分析（LDA）、自编码器（Autoencoder）等。

（3）特征选择：如果生成的特征数量过多，可能会导致过拟合。这时可以使用降维技术来减少特征的数量，同时保留尽可能多的信息。特征选择有助于降低模型复杂度，提高模型性能。常用的降维方法包括主成分回归（PCR）、分布式随机邻居嵌入（t-SNE）和UMAP等。

（4）特征评估：根据具体的任务和数据集，选择合适的评价指标来衡量特征的质量。

特征学习的主要优点是可以减少人工特征工程的工作量，提高模型的性能。但是，特征学习也有一些缺点，如它可能增加模型的复杂性，导致过拟合等问题。

在自然语言处理中，特征学习可以用于词嵌入、主题建模、情感分析和文本分类等任务；在计算机视觉中，特征学习可以用于图像分类、目标检测和图像分割等任务；在音频处理中，特征学习可以用于语音识别、语音合成等任务。

本章小结

本章详细介绍了多种文本表示技术，具体如下：首先是One-Hot编码，它是一种转换方式，能够把词汇转化为向量空间中的表示；其次是词袋模型，这个模型以单词出现频率为基础，构建了一个简洁的模型；再次是TF-IDF方法，它作为一个评估指标，衡量了单词在特定文档中的重要性；最后是Word2Vec方法，这是一种利用神经网络实现的词嵌入手段，涵盖了连续词袋和Skip-gram两种模型。此外，本章还探讨了分布式表示方法，这种方法旨在将词汇映射到一个低维度的向量空间中，其中涉及分布式语义假设和奇异值分解等高级技术。本章的最后还引入了词嵌入的概念。

第4章

文本分类和聚类

 学习目标

(1) 深入理解文本分类的基本概念,认识其在自然语言处理领域中的核心地位及不同的应用场景。

(2) 清晰把握文本分类的任务范畴,包括明确分类目标、界定类别、构建分类模型及评估模型性能等关键环节。

(3) 深入研究朴素贝叶斯算法的工作原理,探索其在文本分类中的实际运用,并能够熟练运用该算法进行文本分类任务。

(4) 深入理解支持向量机算法的基本原理,掌握其在文本分类中的独特优势及潜在限制,能够根据实际需求合理选择和应用该算法进行文本分类。

(5) 掌握文本聚类的基本原理和任务要求,了解其在文本挖掘和信息检索等领域的重要应用。

(6) 深入了解文本聚类中的数据类型及规范化处理方法,熟悉文本数据的预处理和特征提取技术,为后续的文本聚类工作奠定坚实基础。

(7) 熟练掌握文本聚类中的常用算法,如K-means算法、主成分分析法等,深刻理解其工作原理、实现细节及适用场景,并能够灵活运用这些算法完成文本聚类任务。

通过对本章的学习,读者能够全面理解并应用文本分类和文本聚类的基本概念和相关算法,掌握它们在自然语言处理中的应用,为后续的文本处理和分析工作奠定坚实的基础。

随着数字化时代的蓬勃发展,信息传播渠道日益多元化和便捷化,使得文本数据呈现出爆发式增长的趋势。这种迅速增长的文本数据给信息处理和管理带来了前所未有的挑战,特别是在高效处理海量文本信息方面,面临着诸多难题。正是在这样的背景下,文本分类和文本聚类技术应运而生,用来解决这些难题。

文本分类技术在多个领域得到了广泛应用,如垃圾邮件过滤、新闻分类、情感分析及主题识别等。通过对文本数据进行分类处理,能够更加高效地组织和管理信息,提高信息处理的效率和准确性。同时，文本聚类技术也在信息检索、主题识别及推荐系统等领域发挥着重要作用。对文本数据进行聚类分析，能够发现数据之间的内在关联和模式，进而实现信息的有效组织和利用。

4.1 文本分类的概念和任务

文本分类是根据文本内容自动确定文本类别的过程。早在20世纪60年代，就有人通过手工定义规则对文本进行分类，但是这个方法费时费力，并且要求分类者对所涉及的领域有深入的了解，以便能够制定出合适的分类规则。因此，这种方法在实际应用中面临着诸多限制和挑战。

4.1.1 文本分类的概念

分类任务是通过学习得到一个目标函数（Target Function）f，把每个属性集 x 映射到一个预定义的类标号 y 中，其中目标函数 f 也称分类模型（Classification Model）。

文本分类是一种高效的文本处理方法，它基于各类文本子集合的共同特性进行归纳和分类。通过深入分析已有的文本数据，能够精准地提取每个类别的核心特征，并据此构建精确的分类模型。利用这一模型可以轻松地将新文档自动归类到相应的类别中，实现文本的快速分类。这种文本分类方法不仅极大地方便了用户信息检索，还显著缩小了查找文本的范围。以新闻网站为例，通过按照不同主题（如政治、经济和体育等）对新闻进行分类，用户能够依据个人兴趣迅速选择浏览的类别，从而大幅减少查找信息所需的时间。在没有文本分类的情况下，用户可能需要在庞大的文本集合中漫无目的地搜索，这不仅耗时，还可能导致计算资源的过度消耗。然而，通过文本分类，可以将文本集合划分为多个子集，每个子集对应一个明确的类别。当用户需要查找特定信息时，只需在相关的子集中进行搜索，极大地简化了搜索过程。

文本分类通过归纳和建立分类模型，实现了对文本数据的自动化和高效化分类，极大地提高了信息检索的效率和准确性，为用户提供了更为便捷、精准的文本浏览和搜索体验。文本分类示意图如图4.1所示。

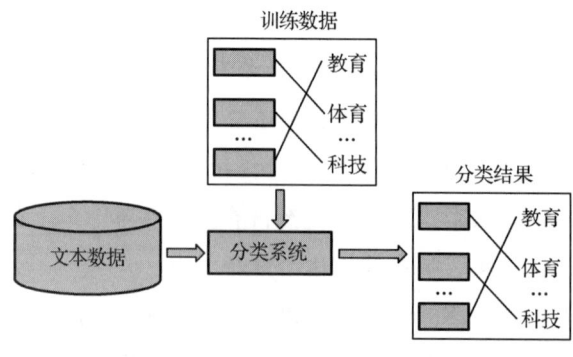

图4.1 文本分类示意图

文本分类的主要步骤，具体如下。

（1）数据收集与预处理：首先，需要收集用于分类的文本数据。接着，对这些数据进行预处理以消除噪声、标准化格式，还可能包括去除 HTML 标签、停用词等。预处理是确保后续步骤能够顺利进行的关键。

（2）特征提取：从预处理后的文本数据中提取有意义的特征。这些特征可能包括词袋模型、TF-IDF（词频-逆向文档频率）等，它们能够反映文本的主要内容或主题。

（3）特征选择：在提取出的特征中，选择最具代表性的特征。这一步的目的是减少特征向量的计算量，提高分类的效率和准确性。常见的特征选择方法包括卡方检验、互信息等。

（4）模型训练：选择合适的分类算法（如朴素贝叶斯、支持向量机、前馈神经网络等）进行模型训练。在训练过程中，算法会学习如何根据提取的特征将文本划分到不同的类别。

（5）模型评估：使用测试集对训练好的模型进行评估。评估指标可以包括分类准确率、精确率和召回率等。这一步的目的是了解模型的性能，以便进行后续的优化。

（6）模型优化：根据评估结果对模型进行优化。优化可以包括调整参数、增加样本数量和改进特征提取方法等，以提高模型的分类性能。

（7）模型应用：使用训练好的模型对新的文本数据进行分类预测。这一步是文本分类的最终目标，即实现自动化、高效的文本分类。

此外，文本分类可以根据预定义的类别不同，分为二分类和多分类。因为一些文本可能同时属于多个类别，所以也可以分为单标签和多标签。

在实际应用中，需要注意以下几点。

（1）数据集的选择和划分：选择合适的数据集对分类器进行训练和测试，并采用交叉验证等方法来避免过拟合和欠拟合问题。

（2）特征选择和降维：对于高维特征向量，可以使用特征选择和降维技术来减少维度和提高模型性能。

（3）模型调参和优化：通过调整模型参数和使用优化算法来提高模型性能和泛化能力。

4.1.2 文本分类的任务

文本分类作为一种强大的自然语言处理工具，其应用领域广泛，能够用于情感识别、命名实体识别、命名实体匹配等多种实际场景。在分类方式上，文本分类可以灵活划分为二分类与多分类、单标签与多标签，以及浅层学习与深度学习等多种方法，以适应不同的分类需求。

在实施过程中，可以根据任务特点和资源情况选择合适的模型和方法。常见的文本分类模型与方法有 FastText、TextCNN、DPCNN、TextRCNN、BiLSTM+Attention、HAN、BERT、Capsule、TextGCN 等，这些模型各具特色，有各自的优势和适用场景。例如，BERT

模型通过预训练方式，捕捉文本的深层语义信息，适用于复杂的文本分类任务；FastText 则以其高效性和轻量级特性，适用于大量的文本分类任务。

总的来说，文本分类作为自然语言处理领域的重要应用之一，不仅具有广泛的应用前景，还具备极高的研究价值。随着技术的进步和方法的创新，文本分类将在更多领域发挥重要作用，推动自然语言处理技术的深入发展。

4.2 文本分类算法

文本分类算法种类繁多，包括传统的机器学习算法和现代的深度学习算法。常见的传统机器学习算法包括 K 近邻（KNN）算法、决策树、多层感知器、朴素贝叶斯算法（包括伯努利贝叶斯、高斯贝叶斯和多项式贝叶斯）、逻辑回归和支持向量机等。集成学习算法（如随机森林、AdaBoost、LightGBM、XGBoost），以及深度学习算法（如前馈神经网络和长短期记忆网络）也在文本分类任务中得到了广泛应用。每种算法都有其独特的优点和适用场景。例如，KNN 算法简单有效，重新训练的代价较低，对类域交叉或重叠较多的待分样本集来说较为适合。而朴素贝叶斯算法则基于贝叶斯定理和特征条件独立假设进行分类，对于某些特定类型的数据集，其分类性能可以非常出色。下面主要介绍朴素贝叶斯算法和支持向量机。

4.2.1 朴素贝叶斯算法

贝叶斯分类是统计学的分类方法，其分析方法的特点是使用概率表示所有形式的不确定性，学习或推理都用概率规则来实现。贝叶斯分类器是在具有模式完整的统计知识条件下，按照贝叶斯决策理论进行设计的一种最优分类器。贝叶斯分类器是分类错误概率最小或者在预给定代价的情况下平均风险最小的分类器，其分类原理是通过某对象的先验概率，利用贝叶斯公式计算其后验概率，即该对象属于某一类的概率，然后选择具有最大后验概率的类作为该对象所属的类。

4.2.1.1 概率论基础知识

1. 条件概率和乘法定理

在事件 A 已经发生的条件下，事件 B 发生的概率称为事件 B 在给定事件 A 的条件概率（也称为后验概率），条件概率表示为 $P(B|A)$，相应地，$P(A)$ 称为无条件概率（也称为先验概率）。

设 X 为一个类别未知的数据样本，H 为某个假设，如果数据样本 X 属于一个特定的类别 C，那么分类问题就是决定 $P(H|X)$，即求在获得数据样本 X 时，H 假设成立的概率。

$P(H|X)$ 是后验概率，或为建立在 X(条件)之上的 H 成立的概率。

例 4.1 假设数据样本是学生，描述学生的属性有课程和等级。假设 X 为高等数学和 A，H 为 X 是一个大学生的假设，因此 $P(H|X)$ 就表示在已知 X 是高等数学和 A 时，确定 X 为一个大学生的 H 假设成立的概率；相反 $P(H)$ 为先验概率，在上述例子中，$P(H)$ 就表示任意一个数据对象是一个大学生的概率。无论它是哪门课程和什么等级。与 $P(H)$ 相比，$P(H|X)$ 是建立在更多信息基础之上的；而前者则与 X 无关。

条件概率定义为：设 A 与 B 是任意两个事件，且 $P(A)>0$，此时在事件 A 已经发生的条件下，事件 B 发生的条件概率公式为

$$P(B|A)=P(AB)/P(A) \tag{4.1}$$

定理 4.1 若对任意两个事件 A 与事件 B，都有 $P(A)>0$，$P(B)>0$，则有

$$P(AB)=P(A|B)P(B)=P(B|A)P(A) \tag{4.2}$$

定理 4.1 称为乘法定理。

因此，式（4.1）也可以写成式（4.3）的格式，即

$$P(B|A)=P(A|B)\times P(B)/P(A) \tag{4.3}$$

定理 4.2 设 $A_1, A_2, \cdots, A_n$ 为任意 n 个事件，$n \geq 2$，且 $P(A_1, A_2, \cdots, A_n)>0$，则有

$$P(A_1 A_2 \cdots A_n) = P(A_1)P(A_2|A_1)P(A_3|A_1 A_2)\cdots P(A_n|A_1 A_2 \cdots A_{n-1}) \tag{4.4}$$

2. 全概率公式

定理 4.3 设实验 E 的样本空间为 S，$A_1, A_2, \cdots, A_n$ 为 S 的一个划分，且 $P(A_i)>0$（$i=1,2,\cdots,n$），则对任意事件 B，有

$$P(B) = \sum_{i=1}^{n} P(A_i)P(B|A_i) \tag{4.5}$$

式（4.5）称为全概率公式。

由条件概率的定义及全概率公式有

$$P(A_i|B) = \frac{P(A_i B)}{P(B)} = \frac{P(B|A_i)P(A_i)}{P(B)} \tag{4.6}$$

$$P(B) = \sum_{i=1}^{n} P(A_i)P(B|A_i) \tag{4.7}$$

3. 事件的独立性

设 A、B 是试验 E 的两个事件，一般 A 的发生对 B 发生的概率有影响，这时 $P(B|A) \neq P(B)$，当这种影响不存在时，有 $P(B|A) = P(B)$，则称事件 A 与事件 B 相互独立。同理，对于 n 个事件 $A_1, A_2, \cdots, A_n$，如果 $P(A_1 A_2 \cdots A_n) = P(A_1)P(A_2)P(A_3)\cdots P(A_n)$，则称事件 $A_1, A_2, \cdots, A_n$ 相互独立。

4.2.1.2 朴素贝叶斯分类

对分类方法进行比较的有关研究结果表明：朴素贝叶斯分类器在分类性能上与决策树和神经网络都是可比的。在处理大规模数据库时，朴素贝叶斯分类器表现出较高的分类准确性和运算性能。

朴素贝叶斯分类器假设一个指定类别中各属性的取值是相互独立的。这一假设也称为类别条件独立，它可以有效减少在构造贝叶斯分类器时所需的计算量。

朴素贝叶斯分类器进行分类操作处理的步骤如下。

第 1 步，每个数据样本均由一个 n 维特征向量 $X = \{x_1, x_2, \cdots, x_n\}$ 来描述样本 n 个属性 $A_1, A_2, \cdots, A_n$ 的具体取值。

第 2 步，假设有 m 个不同类别，即 $C_1, C_2, \cdots, C_m$。给定一个未知类别的数据样本 X，分类器在已知 X 的情况下，预测 X 属于事后概率最大的那个类别。朴素贝叶斯分类器将未知类别的样本 X 归属到类别 C_i 中，当且仅当

$$P(C_i|X) > P(C_j|X) \quad 1 \leq j \leq m, j \neq i \tag{4.8}$$

也即 $P(C_i|X)$ 最大时。其中，类别 C_i 称为最大事后概率的假设，即

$$P(C_i|X) = \frac{P(X|C_i)P(C_i)}{P(X)} \tag{4.9}$$

第 3 步，由于 $P(X)$ 对于所有类别均是相同的，因此只需要 $P(X|C_i)P(C_i)$ 取最大即可。由于各类别的事前概率是未知的，因此通常假设各类别的出现概率相同，即 $P(C_1) = P(C_2) = \cdots = P(C_m)$，这样式（4.9）取最大值就可以转换为 $P(X|C_i)$ 取最大值；如果各类别的出现概率不同，一般可以通过 $P(C_i) = s_i/s$ 进行估算，其中，s_i 为训练样本集合中类别 C_i 的个数，s 为整个训练样本集合的大小，这样就是 $P(X|C_i)P(C_i)$ 取最大值。

第 4 步，根据给定的包含多个属性的数据集，直接计算 $P(X|C_i)$ 的运算量非常大。为实现对 $P(X|C_i)$ 的有效估算，朴素贝叶斯分类器通常都假设各类别是相互独立的，即各属性的取值是相互独立的。对于特定的类别，其各属性相互独立，有

$$P(X|C_i) = \prod_{k=1}^{n} P(x_k|C_i) \tag{4.10}$$

可以根据训练样本估算 $P(x_1|C_i), P(x_2|C_i), \cdots, P(x_n|C_i)$ 值，具体处理方法说明如下：

若属性 A_k 取值是离散型的，则 $P(x_k|C_i) = s_{ik}/s_i$，其中，s_{ik} 为训练样本中类别为 C_i 且属性 A_k 取 x_k 值的样本数，s_i 训练样本中类别为 C_i 的样本数。

若属性 A_k 取值是连续型的，通常假设属性具有高斯分布，因此有

$$P(x_k|C_i) = g(x_k, \mu_{C_i}, \sigma_{C_i}) = \frac{1}{\sqrt{2\pi}\sigma_{C_i}} \exp\left(-\frac{(x_k - \mu_{C_i})^2}{2\sigma_{C_i}^2}\right) \tag{4.11}$$

其中，$g(x_k, \mu_{C_i}, \sigma_{C_i})$ 是高斯分布函数，μ_{C_i} 是均值，σ_{C_i} 是标准差。

第 5 步，为预测未知样本 X 的类别，可对每个类别 C_i 估算相应的 $P(X|C_i)P(C_i)$。样本 X 归属类别 C_i，当且仅当

$$P(C_i|X) > P(C_j|X) \quad 1 \leq j \leq m, j \neq i \tag{4.12}$$

例 4.2 假定对语句{'我喜欢吃苹果', '今天天气真好', '我喜欢看电影', '今天是个好日子', '我喜欢吃香蕉', '今天天气不好'}进行文本分类，这些句子可以被分类为以下几类。

表达个人喜好的句子：'我喜欢吃苹果', '我喜欢看电影', '我喜欢吃香蕉'。

描述天气的句子：'今天天气真好', '今天天气不好'。

表达对当天情绪或评价的句子：'今天是个好日子'。

可通过如下语句实现：

```python
import numpy as np
from sklearn.feature_extraction.text import CountVectorizer
from sklearn.model_selection import train_test_split
from sklearn.naive_bayes import MultinomialNB
from sklearn.metrics import accuracy_score, confusion_matrix
X = ['我喜欢吃苹果', '今天天气真好', '我喜欢看电影', '今天是个好日子', '我喜欢吃香蕉', '今天天气不好']
y = [1, 1, 2, 1, 2, 0]
#文本向量化
vectorizer = CountVectorizer()
X_vec = vectorizer.fit_transform(X)
#划分训练集和测试集
X_train, X_test, y_train, y_test = train_test_split(X_vec, y, test_size=0.3, random_state=42)
#使用朴素贝叶斯分类器进行训练
clf = MultinomialNB()
clf.fit(X_train, y_train)
#预测
y_pred = clf.predict(X_test)
#计算准确率
accuracy = accuracy_score(y_test, y_pred)
print("准确率:", accuracy)
#计算混淆矩阵
cm = confusion_matrix(y_test, y_pred)
print("混淆矩阵:", cm)
```

4.2.1.3 朴素贝叶斯的性能分析

朴素贝叶斯分类器是一系列在假设特征之间独立的条件下以贝叶斯定理为基础的一种简单的概率分类器，具体优点如下。

（1）计算简单，速度快，预测结果良好。

（2）当独立性假设成立时，朴素贝叶斯分类器与其他分类器相比，需要的训练数据量较少。

（3）相对于离散型数值变量，朴素贝叶斯分类器在多个分类变量的情况下性能更好。如果是连续型数值变量，则需要满足正态分布。

朴素贝叶斯分类器也存在一些缺点，具体如下。

（1）如果在测试集上出现了在训练集中未出现过的样本，那么朴素贝叶斯分类器将无法预测此类别。

(2) 朴素贝叶斯要求各属性相互独立,但是在现实中,这个假设几乎是不可能的,各属性之间大都会呈现出一定的相关性。

总的来说,虽然朴素贝叶斯分类器具有许多优点,但在应用时也需要注意使用条件。

4.2.2 支持向量机

支持向量机(Support Vector Machine,SVM)是一种有监督的机器学习算法,可用于离散因变量的分类和连续因变量的预测,可以将低维线性不可分的空间转换为高维线性可分的空间。因此在通常情况下,与其他算法(如决策树、朴素贝叶斯、逻辑回归等)相比有更好的预测准确率。

4.2.2.1 支持向量机的原理

支持向量机的基本思想是求解能够正确划分数据集并且几何间隔最大的分离超平面,利用该超平面可将任何一类数据划分得相当均匀。

支持向量机巧妙利用向量内积的回旋,通过非线性核函数将问题变为高维特征空间与低维输入空间的转换,解决了数据挖掘中的维数灾难。由于计算问题最终转化为凸二次规划问题,因此算法可能是无解或有全局最优解的。

支持向量机的目标是找到一个超平面,使得它能够尽可能多地将两类数据点正确分开,同时使分开的两类数据点距离超平面最远。

4.2.2.2 线性可分支持向量机

支持向量机可分为3种模型:线性可分支持向量机、线性支持向量机和非线性支持向量机。若训练数据是线性可分的,则通过硬间隔最大化,可学习得到一个线性分类器即线性可分支持向量机,也称硬间隔支持向量机;若训练数据是近似线性可分的,则通过软间隔最大化,可学习得到一个线性分类器即线性支持向量机,也称软间隔支持向量机;若训练数据是不可分的,则通过使用核技巧及软间隔最大化,可学习得到一个非线性支持向量机。这里重点介绍线性可分支持向量机。

假定训练数据集

$$T = \{(x_1, y_1), (x_2, y_2), \cdots, (x_n, y_n)\}$$

其中,$x_i \in \mathbb{R}^n$,$y_i \in \{1, -1\}$,$i = 1, 2, \cdots, n$,x_i 是第 i 个特征向量,y_i 是第 i 个特征向量的类标记,1表示正类,−1表示负类。

学习的目标是找到一个超平面,该超平面能正确地将实例分到不同的类。假设超平面对应方程 $\boldsymbol{w} \cdot \boldsymbol{x} + b = 0$,该方程由法向量 $\boldsymbol{w}$ 及截距 b 确定。超平面将特征空间分为正类和负类两个部分,法向量指向的一边是正类,另一边是负类。理想的线性可分的二分类问题如图4.2所示。

在图 4.2 中，圆和三角形代表两个不同的类，黑线是一个超平面，可以准确地将两个类区分开。图 4.2 中的超平面有无穷多个，线性可分支持向量机利用间隔最大化求分离超平面，这时就只有唯一的解了。

给定线性可分数据集，通过间隔最大化或等价的方法求解相应的凸二次规划问题，从而得到分离超平面。线性可分支持向量机的超平面如图 4.3 所示。

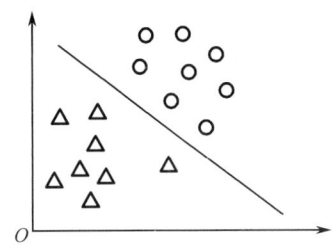 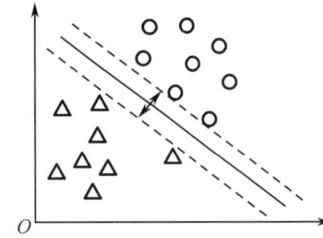

图 4.2　理想的线性可分的二分类问题　　　图 4.3　线性可分支持向量机的超平面

图 4.3 中的实线为分离超平面，两条虚线之间的距离是两个类之间的间距，虚线上的点即支持向量，线性可分支持向量机就是找出间隔最大的分离超平面，即具有最小分类误差的超平面。

超平面公式为

$$\boldsymbol{w} \cdot \boldsymbol{x} + \boldsymbol{b} = 0 \tag{4.13}$$

如果能确定这样的参数对 $(\boldsymbol{w}, \boldsymbol{b})$，就可以构造决策函数来识别新样本，即

$$f(\boldsymbol{x}) = \mathrm{sgn}((\boldsymbol{w} \cdot \boldsymbol{x}) + \boldsymbol{b}) \tag{4.14}$$

但是，这样的参数还有很多，因此引入最大间隔原则。

选择使得训练集 T 对于线性函数 $(\boldsymbol{w} \cdot \boldsymbol{x}) + \boldsymbol{b}$ 的几何间隔取最大值的参数对 $(\boldsymbol{w}, \boldsymbol{b})$，并由此构造决策函数。在规范化下，超平面的几何间隔为 $1/\|\boldsymbol{w}\|$，于是，找最大几何间隔的超平面可表述成如下优化问题：

$$\min_{\boldsymbol{w},\boldsymbol{b}} \frac{1}{2}\|\boldsymbol{w}\|^2, \quad y_i((\boldsymbol{w} \cdot \boldsymbol{x}_i) + \boldsymbol{b}) \geq 1, \quad i = 1, 2, \cdots, n \tag{4.15}$$

使用 Lagrange 乘子法求解问题，并将其转化为对偶问题，Lagrange 函数为

$$L(\boldsymbol{w}, \boldsymbol{b}, \boldsymbol{a}) = \frac{1}{2}\|\boldsymbol{w}\|^2 - \sum_{i=1}^{n} a_i (y_i((\boldsymbol{w} \cdot \boldsymbol{x}_i) + \boldsymbol{b}) - 1) \tag{4.16}$$

其中，$\boldsymbol{a} = [a_1, a_2, \cdots, a_n]^\mathrm{T} \in \mathbb{R}_+^n$，称为 Lagrange 乘子。

首先求 Lagrange 函数关于 $\boldsymbol{w}, \boldsymbol{b}$ 的极小值。由极值条件有

$$\nabla_b L(\boldsymbol{w}, \boldsymbol{b}, \boldsymbol{a}) = 0, \nabla_w L(\boldsymbol{w}, \boldsymbol{b}, \boldsymbol{a}) = 0$$

得到

$$\sum_{i=1}^{n} y_i a_i = 0 \tag{4.17}$$

$$\boldsymbol{w} = \sum_{i=1}^{n} y_i a_i \boldsymbol{x}_i \tag{4.18}$$

代入 Lagrange 函数，并利用式（4.18），将原始的优化问题转化为如下对偶问题：

$$\min_{a} \frac{1}{2}\sum_{i=1}^{n}\sum_{j=1}^{n}y_i y_j a_i a_j(\boldsymbol{x}_i \cdot \boldsymbol{x}_j) - \sum_{j=1}^{n} a_j, \quad \sum_{i=1}^{n} y_i a_i, a_i \geq 0, i=1,2,\cdots,n \quad (4.19)$$

求解式（4.19），得 a，则通过参数对 $(\boldsymbol{w},\boldsymbol{b})$ 的计算得到决策函数的计算过程如下：

$$\boldsymbol{w}^* = \sum_{i=1}^{n} a_i^* y_i \boldsymbol{x}_i$$

$$\boldsymbol{b}^* = -\left(\boldsymbol{w}^*\sum_{i=1}^{n} a_i^* \boldsymbol{x}_i\right) \bigg/ \left(2\sum_{y_i=1}^{n} a_i^*\right)$$

$$f(\boldsymbol{x}) = \mathrm{sgn}\left(\sum_{i=1}^{n} a_i^* y_i (x \cdot x_i) + \boldsymbol{b}^*\right) \quad (4.20)$$

称训练集 T 中的样本 $\boldsymbol{x}_i$ 为支持向量，如果它对应的 $a_i^* > 0$，则有

$$a_i^*(y_i((\boldsymbol{w}^* \cdot \boldsymbol{x}_i) + \boldsymbol{b}^*) - 1) = 0 \quad (4.21)$$

于是，支持向量正好在间隔边界上。

例 4.3 利用支持向量机对语句{'我喜欢吃苹果', '今天天气真好', '我喜欢看电影', '今天是个好日子', '我喜欢吃香蕉', '今天天气不好'}进行文本分类。

```
from sklearn.feature_extraction.text import TfidfVectorizer
from sklearn.model_selection import train_test_split
from sklearn.svm import SVC
from sklearn.metrics import accuracy_score, confusion_matrix
#文本数据
texts = ['我喜欢吃苹果', '今天天气真好', '我喜欢看电影', '今天是个好日子', '我喜欢吃香蕉', '今天天气不好']
labels = [0, 1, 2, 3, 4, 5]   #假设这些文本分别属于 6 个类
#将文本数据转换为数值特征向量
vectorizer = TfidfVectorizer()
X = vectorizer.fit_transform(texts)
#划分训练集和测试集
X_train, X_test, y_train, y_test = train_test_split(X, labels, test_size=0.3, random_state=42)
#使用支持向量机进行分类
clf = SVC()
clf.fit(X_train, y_train)
#预测
y_pred = clf.predict(X_test)
#评估模型性能
accuracy = accuracy_score(y_test, y_pred)
confusion = confusion_matrix(y_test, y_pred)
print("准确率:", accuracy)
print("混淆矩阵:", confusion)
```

例 4.3 中的文本数据非常有限，实际应用中需要更多文本数据进行训练和评估。此外，为了获得更好的分类效果，可以尝试调整支持向量机的参数，如核函数、正则化参数等。

4.2.2.3 支持向量机的性能分析

1. 优点

（1）能够处理高维数据。支持向量机算法的核心思想是将数据映射到高维空间中，使得数据在该空间中更容易被分离。这种映射方式可以通过选择不同的核函数来实现，如线性核函数、多项式核函数、高斯核函数等。因此，支持向量机能够处理高维数据，不受维度灾难的影响。

（2）具有较强的泛化能力。支持向量机采用结构风险最小化原则进行模型选择，即在保证训练误差最小的同时，尽可能地减小泛化误差。这种原则能够有效避免过拟合现象的发生，使得支持向量机具有较强的泛化能力。

（3）适用于小样本数据。由于支持向量机采用间隔最大化原则进行分类，因此其分类效果不仅与训练样本的数量有关，还与训练样本的分布情况有关。当训练样本数量较少时，支持向量机能够更好地处理数据分布不均匀的情况。

（4）可以处理非线性问题。支持向量机通过对核函数的选择，可以将非线性问题转化为线性问题处理。例如，通过选择高斯核函数，可以将数据映射到 N 维空间中，从而实现对非线性问题的分类。

（5）具有较好的健壮性和可解释性。支持向量机对异常点的健壮性较好，可以有效避免异常点对分类结果的影响。此外，支持向量机的分类结果具有较好的可解释性，能够清晰描述不同类之间的区别。

2. 缺点

（1）对参数的敏感性。支持向量机中存在多个参数需要调节，如核函数的选择、正则化参数的选择等。这些参数的选择对分类结果有较大的影响，需要进行反复试验和调整。如果参数选择不当，分类效果可能会较差。

（2）计算复杂度高。支持向量机的计算复杂度较高，尤其是对于大规模数据集和高维数据集，支持向量机的计算时间长、计算空间大。此外，支持向量机的训练过程需要多次迭代，也会增加计算的复杂度。

（3）对数据的缩放敏感。支持向量机对数据的缩放敏感，如果数据没有进行归一化处理，分类结果可能会产生偏差。

（4）对噪声数据敏感。支持向量机对噪声数据敏感，如果数据中存在噪声数据，分类结果可能会产生偏差。因此，在使用支持向量机进行分类之前，需要对数据进行预处理，去除噪声数据。

（5）仅适用于二分类问题。支持向量机仅适用于二分类问题，对于多分类问题需要进行多次二分类处理。此外，对于不平衡的数据集，支持向量机可能会出现分类偏差的问题。

总的来说，支持向量机具有很多优点和缺点，需要根据具体应用场景进行选择和调整。在实际应用中，可以通过对支持向量机进行改进和优化，来提高其性能和效果。

4.3 文本聚类的概念和任务

文本聚类（Text Clustering）是一种将文本集合分为若干个簇的方法，使同簇内的文本具有较高的相似度，不同簇内的文本具有较高的相异度。通过挖掘分析整个文本集的综合布局，可以发现文本之间的关联性和组织结构。例如，用户在浏览网页时，通常会发现与自己感兴趣的内容相关的文本会离得比较近，而与自己不感兴趣的内容则会离得比较远。这是因为聚类算法会根据文本之间的相似性将其划分到不同的簇中。用户可以利用聚类算法将需要筛选的文本内容聚成若干簇，然后去除与用户浏览内容相关性不高的簇，只保留与用户浏览内容相关性高的簇。这样，用户就能更高效地浏览并获取所需的信息。文本聚类的应用非常广泛，除了网页浏览，它还可以用于文本分类、信息检索和推荐系统等领域。例如，在一个新闻聚合网站中，可以使用文本聚类算法将新闻按照不同的主题进行分类，从而方便用户根据自己的兴趣选择内容进行阅读。在一个电子商务网站上，可以使用文本聚类算法对商品评论进行分类，从而帮助用户更好地了解商品的优缺点。

文本聚类通过将相似的文本数据归类，还可以实现数据的降维、去重、压缩和总结等功能。这一技术不仅有助于简化信息管理的复杂性，为快速检索提供了基础，还可以使人们能够发现数据中隐藏的模式，抽取有价值的见解并简化大量非结构化文本数据。

4.3.1 文本聚类的概念

聚类分析的输入可以用一组有序对(X, s)或(X, d)表示，这里X表示一组样本，s和d分别是度量样本间相似度或相异度（距离）的标准。聚类系统的输出是一个分区，若$C = \{C_1, C_2, \cdots, C_k\}$，其中$C_i$（$i=1, 2\cdots, k$）是$X$的子集，且满足式（4.22）和式（4.23）：

$$C_1 \cup C_2 \cup \cdots \cup C_k = X \tag{4.22}$$

$$C_i \cap C_j = \varnothing \quad i \neq j \tag{4.23}$$

C中的成员$C_1, C_2, \cdots, C_k$称为类或簇（Cluster），每个类或簇都是通过一些特征描述的，通常有如下几种表示方式。

（1）通过它们的中心或类中关系远的（边界）点表示空间的一类点。

（2）使用聚类树中的节点图形化地表示一个类。

（3）使用样本属性的逻辑表达式表示类。

文本聚类示意图如图 4.4 所示。

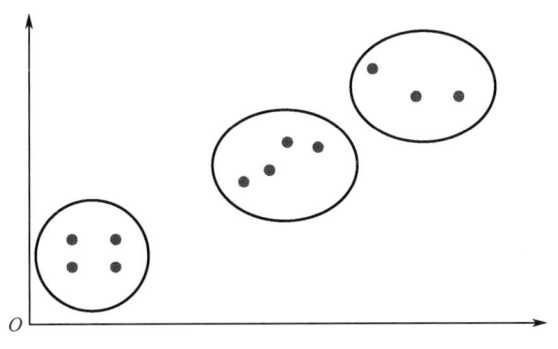

图 4.4　文本聚类示意图

4.3.2　文本聚类的过程

文本聚类过程包括分词处理、词频统计、停用词过滤、特征词提取、聚类算法、聚类评估与调整参数等步骤，如图 4.5 所示。

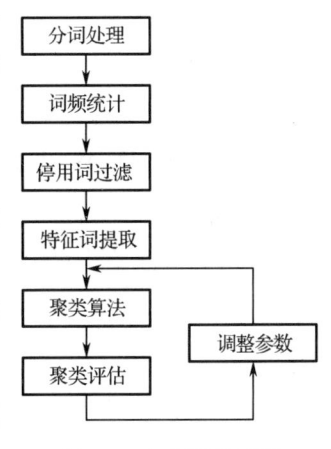

图 4.5　文本聚类过程

文本聚类过程如下。

（1）分词处理：对原始文本进行清洗和标准化，包括去除停用词、标点符号、数字等，并进行分词或词干化等操作。

（2）词频统计：统计每个词语在文本中出现的频率，了解文本中的词汇分布情况，为后续的特征提取和聚类提供基础数据。

（3）停用词过滤：过滤掉在文本中出现频率很高，但对文本的主题和语义贡献较小的词语，如"的""是""在"等。过滤停用词可以减少噪声干扰，提高聚类的效果和效率。

（4）特征词提取：将预处理后的文本转换为计算机可读的特征向量表示，常用的方法包括词袋模型、TF-IDF、Word2Vec 等。

（5）聚类算法：根据文本的特征向量，将相似的文本归为一类，常见的聚类算法包括 K-Means、层次聚类、DBSCAN 等。

（6）聚类评估：使用评价指标来评估聚类结果的质量，如轮廓系数、互信息、Davies-Bouldin 指数等。

在实际应用中，需要注意以下几点。

（1）数据集的选择和划分。选择合适的数据集对聚类器进行训练和测试，并采用交叉验证等方法来避免过拟合和欠拟合问题。

（2）特征选择和降维。对于高维特征向量，可以使用特征选择和降维技术来减少维度和提高模型性能。

（3）距离度量的选择。不同的距离度量方法会对聚类结果产生不同的影响，需要根据具体应用场景选择合适的方法。

（4）聚类算法的选择和调整参数。不同的聚类算法具有各自的优缺点和适用场景，需要根据具体需求选择合适的算法，并通过调整参数和使用优化算法来提高模型性能和泛化能力。

总之，文本聚类是自然语言处理中的重要应用，具有广泛的应用前景和研究价值。

4.4 文本聚类算法

4.4.1 文本聚类中的数据类型及规范化

文本聚类主要是从杂乱的文本集合中挖掘对用户有价值的信息，这些蕴含在文本集合中未被发现的信息能够用于更合理地组织文本集合。文本聚类的主要思想是对无类别标识的文本文档集合进行分析，通过对文本特性的分析，探索其应有的信息，再对集合中的文本按照特性分析的结果标识类别，发现文本内容中潜在的信息。文本聚类是对文本数据进行组织、过滤的有效手段，广泛应用于主题发现、社团发现、网络舆情监测和网络信息内容安全监测等领域。

传统的文本聚类方法使用 TF-IDF 方法对文本进行向量化，然后使用 K-means 算法等聚类手段对文本进行聚类处理。文本向量化表示和聚类算法是提升文本聚类精度的重要环节，选择恰当的文本向量化表示和聚类算法是文本聚类的关键。

聚类算法是机器学习中的一种无监督学习算法，它不需要对数据进行标记，也不需要训练过程。通过数据内在的相似性，将数据点划分为多个子集，每个子集称为一个簇，对应潜在的类别。同一类别中的数据相似性较高，而不同类别之间的数据相异性较高。聚类实质上就是将相似度高的样本聚为一类，并且期望同类别样本之间的相似度尽可能高，不同类别样本之间的相异度尽可能高。

聚类分析主要针对的数据类型有二元变量、标称变量、序数型变量、比例标度型变量，以及由这些变量构成的复合型变量等。

4.4.1.1 数据类型

聚类分析中常使用的数据结构主要有数据矩阵和相异度矩阵。

1. 数据矩阵（Data Matrix）

数据矩阵是被聚类的数据的一种表示方式，设有 n 个对象，可用 p 个变量或属性描述每个对象，则 $n \times p$ 矩阵可表示为

$$\text{Data} = \begin{bmatrix} x_1 \\ x_2 \\ \vdots \\ x_n \end{bmatrix} = \begin{bmatrix} x_{11} & x_{12} & \cdots & x_{1p} \\ x_{21} & x_{22} & \cdots & x_{2p} \\ \vdots & \vdots & & \vdots \\ x_{n1} & x_{n2} & \cdots & x_{np} \end{bmatrix} \quad (4.24)$$

2. 相异度矩阵（Dissimilarity Matrix）

相异度矩阵用于存放 n 个对象两两之间的相异程度，是一个 $n\times n$ 的矩阵，但是相异度需要满足一定条件，相异度矩阵为对称矩阵，只需写出上三角或下三角即可。

$$\begin{bmatrix} 0 & & & \\ d_{21} & 0 & & \\ \vdots & \vdots & \ddots & \\ d_{n1} & d_{n2} & \cdots & 0 \end{bmatrix} \tag{4.25}$$

很多聚类算法都是建立在相异度矩阵基础上的，如果数据是以矩阵形式给出的，就要将数据矩阵转换为相异度矩阵。

4.4.1.2 数据规范化

由于原始数据各个属性的范围、单位等各不相同，为了将变量的观测值调整到相同的基点，通常在原始数据上减去对应变量的均值，即

$$x'_{ij} = x_{ij} - \overline{x}_j \tag{4.26}$$

其中，

$$\overline{x}_j = \frac{1}{n}\sum_{i=1}^{n} x_{ij} \tag{4.27}$$

规范化是在中心化的基础上再进行变换，确保变量的变化范围相等。常用的数据规范化方法有最大值归一化、总和规范化、均值标准差规范化及极差规范化。

1. 最大值归一化

最大值归一化方法对于数据服从均匀分布的效果较好，但是对于噪声的处理能力不强。其基本思想就是将数据对象的每一维属性除以该属性上的最大值。这种方法将数据归一化到[-1,1]。

$$x'_{ij} = \frac{x_{ij}}{\max_{i}|x_{ij}|} \tag{4.28}$$

2. 总和规范化

将数据对象的各个分量除以全体数据在这个分量的总和。这种方法得到的结果使得全体数据在每个分量上的和都为1。

$$x'_{ij} = \frac{x_{ij}}{\sum_{i=1}^{n} x_{ij}} \tag{4.29}$$

3. 均值标准差规范化

这种方法特别适用于数据服从正态分布的情况，规范化后得到的数据均值为0，标准差为1，即转换为标准正态分布。

$$x'_{ij} = \frac{x_{ij} - \mu_j}{\sigma_j} \tag{4.30}$$

4. 极差规范化

这种规范化方法使数据的最大值为 1，最小值为 0。

$$x'_{ij} = \frac{x_{ij} - \overline{x}_j}{R_j} \tag{4.31}$$

其中，

$$R_j = \max_{1 \leq i \leq n} x_{ij} - \min_{1 \leq i \leq n} x_{ij} \tag{4.32}$$

通过这些数据规范化后的数据可以消除特征之间的差异，便于特征学习。标准化处理可以使不同的特征具有相同的尺度，这样目标变量就可以由多个相同尺寸的特征变量进行控制。当原始数据不同维度上的特征的尺度不一致时，需要进行标准化步骤对数据进行预处理，反之则不需要进行数据标准化。

4.4.1.3 类间距离

设有两个类 C_a 和 C_b，它们分别有 m 个和 h 个元素，它们的中心分别为 γ_a 和 γ_b。设元素 $x \in C_a$，$y \in C_b$，这两个元素间的距离通常通过类间距离来刻画，记为 $D(C_a, C_b)$。

类间距离的度量主要有以下几种方法。

（1）最短距离法：定义两个类中最近的两个元素间的距离为类间距离。

（2）最长距离法：定义两个类中最远的两个元素间的距离为类间距离。

（3）中心法：定义两个类的两个中心间的距离为类间距离。

设 C_i 是一个类，x 是 C_i 内的一个数据点，那么类中心定义为

$$\overline{x}_i = \frac{1}{n_i} \sum_{x \in C_i} x \tag{4.33}$$

其中，n_i 是第 i 个类中点的个数，两个类 C_a 和 C_b 的类间距离定义为

$$D_C(C_a, C_b) = d(\gamma_a, \gamma_b) \tag{4.34}$$

其中，γ_a 和 γ_b 是类 C_a 和 C_b 的中心点，d 是某种形式的距离公式。

（4）类平均法。计算两个类中任意两个元素间的距离，并且综合它们为类间距离：

$$D_G(C_a, C_b) = \frac{1}{mh} \sum_{x \in C_a} \sum_{y \in C_b} d(x, y) \tag{4.35}$$

（5）离差平方和法。这种方法用到了类的直径的概念，类的直径反映了类中各元素间的差异，可定义为类中各元素至类中心的欧氏距离之和，其量纲为距离的平方：

$$r_a = \sum_{i=1}^{m} (x_i - \overline{x}_a)^{\mathrm{T}} (x_i - \overline{x}_b) \tag{4.36}$$

根据式（4.36）得到类 C_a 和 C_b 的直径分别为 r_a 和 r_b，类 $C_{a+b} = C_a \cup C_b$ 的直径为 r_{a+b}，则可定义类间距离的平方为

$$D_W^2(C_a, C_b) = r_{a+b} - r_a - r_b \tag{4.37}$$

在聚类分析中，具体选择哪种距离函数比较合适，要根据数据的类型、应用目标等进行选择。

4.4.2 文本聚类中的聚类算法

传统的文本聚类方法使用 TF-IDF 方法对文本进行向量化，然后使用 K-means 算法等聚类手段对文本进行聚类处理。文本向量化表示和聚类算法是提升文本聚类精度的重要环节，选择恰当的文本向量化表示和聚类算法是文本聚类的关键。聚类算法主要包括基于划分的聚类算法、基于层次的聚类算法、基于密度的聚类算法、基于网格的聚类算法、基于模型的聚类算法和基于模糊的聚类算法，本节主要介绍 K-means 算法和主成分分析法。

4.4.2.1 K-means 算法

1. K-means 算法的原理

K-means 算法是一种基于距离的聚类算法，采用距离作为相似性的评价指标，认为两个对象的距离越短，相似度就越大。将距离短的对象组成簇，将得到紧凑且独立的簇作为最终目标。对于给定的 k，算法首先给出一个初始的划分方法，然后通过反复迭代的方法改变划分方案，使得每次改进之后的划分方案都比前一次更好。通常采用的目标函数形式为平方误差准则函数。

一种直接方法就是观察聚类的类内差异（Within Cluster Variation）和类间差异（Between Cluster Variation）。

（1）类内差异：采用欧氏距离，最小化的目标就是簇中的每个对象和离它最近的簇的中心之间的欧氏距离的平方和最小，即式（4.38）的值最小。

$$W(C) = \sum_{i=1}^{k} W(C_i) = \sum_{i=1}^{k} \sum_{x \in C_i} d(x, \overline{x_i})^2 \tag{4.38}$$

其中，C_i 为第 i 个簇，$\overline{x_i}$ 为 C_i 的中心，x 为 C_i 中的对象，$d(x, \overline{x_i})$ 为对象 x 与 $\overline{x_i}$ 的欧氏距离，通常情况下，$\overline{x_i}$ 为 C_i 中所有对象的均值，即

$$\overline{x_i} = \frac{1}{|C_i|} \sum_{x \in C_i} x \tag{4.39}$$

其中，$|C_i|$ 为 C_i 中的对象个数。

（2）类间差异：用来衡量不同聚类之间的距离，是不同聚类的中心点之间的距离，计算公式如式（4.40）所示：

$$B(C) = \sum_{1 \leq j \leq i \leq k} d(\overline{x_j}, \overline{x_i})^2 \tag{4.40}$$

其中，$\overline{x_j}$ 与 $\overline{x_i}$ 分别为簇 C_j 与 C_i 的中心。

聚类的总体质量可被定义为 $W(C)$ 和 $B(C)$ 的单调组合，如 $W(C)/B(C)$。

K-means 算法是一种最广泛使用的聚类算法。相似度根据一个簇中对象的平均值进行计算。

K-means 算法首先随机选择 k 个对象，每个对象初始地代表了一个簇的平均值或中心。对剩余的每个对象根据其与各簇中心的距离，将它赋给最近的簇。然后重新计算每个簇的平均值。这个过程不断重复，直到准则函数收敛。准则函数试图使生成的结果簇尽可能地紧凑和独立。

2. K-means 算法的基本过程

K-means 算法的基本过程如下。

第 1 步，输入 k 值，即具有 n 个对象的数据集 D，经过聚类后将得到 k 个簇。

第 2 步，从数据集 D 中随机选择 k 个对象作为簇的中心，每个中心代表一个簇，得到簇的中心集合为 Centroid = $\{m_1, m_2, \cdots, m_k\}$。

第 3 步，对数据集中每个对象 x，计算 x 与 m_i ($i=1,2,\cdots,k$) 的距离，得到一组距离值，选择最小距离值对应的簇中心 m_i，将对象 x 划分到以 m_i 为中心的簇中。

第 4 步，根据每个簇包含的对象集合，重新计算簇中所有对象的平均值，得到一个新的簇中心，返回第 2 步，直到簇中心不再变化，或者准则函数式（4.41）不再变化。

$$E = \sum_{i=1}^{k} \sum_{x \in C_i} (x - m_i)^2 \tag{4.41}$$

例 4.4 利用 K-means 算法对语句{'我喜欢吃苹果', '今天天气真好', '我喜欢看电影', '今天是个好日子', '我喜欢吃香蕉', '今天天气不好'}进行文本聚类。

```
import jieba
from sklearn.feature_extraction.text import TfidfVectorizer
from sklearn.cluster import KMeans
#预处理函数
def preprocess(text):
    words = jieba.cut(text)
    return ' '.join(words)
#文本数据
texts = ['我喜欢吃苹果', '今天天气真好', '我喜欢看电影', '今天是个好日子', '我喜欢吃香蕉', '今天天气不好']
#预处理文本
preprocessed_texts = [preprocess(text) for text in texts]
#计算 TF-IDF 特征向量
vectorizer = TfidfVectorizer()
X = vectorizer.fit_transform(preprocessed_texts)
#使用 K-means 算法进行聚类
kmeans = KMeans(n_clusters=2, random_state=0).fit(X)
#输出聚类结果
for i, label in enumerate(kmeans.labels_):
    print(f"文本{i + 1}属于类别{label + 1}")
```

首先，需要对文本进行预处理，包括分词、去除停用词等。然后，将处理后的文本转换为特征向量。接下来，使用 K-means 算法对特征向量进行聚类。最后，根据聚类结果对原始文本进行分类。

注意：这里使用 jieba 分词库进行分词，需要提前完成安装。此外，K-means 算法的聚类数量（n_clusters）需要根据实际情况进行调整。

3. K-means 算法的性能分析

由于 K-means 算法简单且易于实现，而且算法具有一定的可伸缩性，因此 K-means 算法得到了很多的应用。但是从观察 K-means 算法的过程中发现，K-means 算法中聚类中心的个数需要事先指定，这对于未知数据集存在很大的局限性。其次，在利用 K-means 算法进行聚类前，需要初始化 k 个聚类中心，通常情况下从数据集中任意选 k 个点作为 k 个簇的初始中心，如果初始中心选择不好，对于 K-means 算法有很大的影响，同时，初始中心选得不一样，可能聚类得到的结果也不一样。K-means 算法不适用于发现非凸面形状的簇或者大小差别很大的簇，且对于噪声和孤立点数据是敏感的。

4.4.2.2 主成分分析法

主成分分析法（Principal Component Analysis，PCA）是一种线性降维算法，也是一种常用的数据预处理方法。它的目标是用方差来衡量数据的差异性，并将差异性较大的高维数据投影到低维空间中进行表示。即将 n 维特征映射到 k 维上，k 维特征是全新的正交特征，也就是主成分，是在原有的 n 维特征基础上重新构造出来的 k 维特征，并且 $k<n$。主成分分析法就是从原始的空间中顺序地找一组正交的坐标轴，新的坐标轴的选择与数据本身密切相关。其中，第一个新坐标轴选择是原始数据中方差最大的方向，第二个新坐标轴选择是与第一个坐标轴正交的平面中使得方差最大的方向，第三个轴是与第一个坐标轴和第二个坐标轴正交的平面中方差最大的方向。以此类推，可以得到 n 个这样的坐标轴。通过这种方式获得新的坐标轴，可以发现，大部分方差都包含在前 k 个坐标轴中，后面的坐标轴所含的方差几乎为零。于是，可以忽略余下的坐标轴，只保留前面 k 个含有绝大部分方差的坐标轴。也就是只保留了包含绝大部分方差的维度特征，而忽略了包含方差几乎为零的特征维度，从而实现对数据特征的降维处理。

在自然语言处理中，主成分分析法可以用于词向量的降维，以减少计算量和内存占用。此外，主成分分析法还可以用于文本分类、情感分析和主题建模等任务。

主成分分析法通过对协方差矩阵进行特征分解，以得出数据的主要成分，即特征向量及其特征值。主成分分析法的基本步骤如下。

第 1 步，计算相关系数矩阵。

第 2 步，求出相关系数矩阵的特征值及相应的正交化单位特征向量。

第 3 步，选择主成分。

第 4 步，计算主成分得分。

下面通过一个例子来说明主成分分析法的应用。

例 4.5 利用主成分分析法构造样例数据的特征，样例数据如表 4.1 所示。

表 4.1 样例数据

X	Y
0.5	0.7
2.1	1.6
2.5	2.4
2.2	2.8
3	3.1
2	1.8
1.3	1.4
1.5	1.5
1.1	0.9
2.3	2.2

第 1 步，计算两组数据的均值。

$$\bar{X} = \frac{0.5+2.1+2.5+2.2+3+2+1.3+1.5+1.1+2.3}{10} = 1.85$$

$$\bar{Y} = \frac{0.7+1.6+2.4+2.8+3.1+1.8+1.4+1.5+0.9+2.2}{10} = 1.84$$

第 2 步，计算每组数据的方差。

$$S_{XX} = [(0.5-1.85)^2 + (2.1-1.85)^2 + \cdots + (2.3-1.85)^2]/9 = 0.552$$

$$S_{YY} = [(0.7-1.84)^2 + (1.6-1.84)^2 + \cdots + (2.2-1.84)^2]/9 = 0.612$$

第 3 步，计算两组数据的协方差。

$$\text{Cov}_{XY} = [(0.5-1.85)\times(0.7-1.84) + \cdots + (2.3-1.85)\times(2.2-1.84)]/9 = 0.539$$

第 4 步，得到两组数据的协方差矩阵为

$$\begin{bmatrix} 0.55166667 & 0.53888889 \\ 0.53888889 & 0.61155556 \end{bmatrix}$$

第 5 步，计算协方差矩阵的特征值和特征向量矩阵。

特征值：$\lambda_1 = 0.0418909$，$\lambda_2 = 1.12133132$

特征向量矩阵：$\begin{bmatrix} -0.72645765 & -0.68721124 \\ 0.68721124 & -0.72645765 \end{bmatrix}$

第 6 步，将特征值按照从大到小的顺序排列，选择其中最大的 k 个，然后将对应的 k 个特征向量分别作为列向量组成特征向量矩阵。因为本例中只有两个特征值，选择最大的 1.12133132，对应的特征向量为 $[-0.68721124, -0.72645765]^{\text{T}}$。

第 7 步，将原始样本点分别向特征向量对应的坐标轴投影。因为本例中只有两个特征，所以若取 $k=2$，则最终结果如表 4.2 所示。

表 4.2　最终结果

X	Y
1.755897	0.197297
0.002547	−0.34655
−0.8535	−0.08736
−0.93792	0.405463
−1.70563	0.03046
−0.07402	−0.13646
0.697608	0.097179
0.48752	0.020608
1.198279	−0.10114
−0.57077	−0.07951

至此给出了如何利用主成分分析法重新构造新的 k 维特征的过程。

例 4.6　对 ""这是一篇关于自然语言处理的文章", "自然语言处理是一种计算机科学领域的方法", "这篇文章介绍了自然语言处理的基本概念和技术", "自然语言处理在人工智能领域有着广泛的应用", "自然语言处理技术可以帮助人们更好地理解和交流"" 进行聚类。

```
import numpy as np
from sklearn.feature_extraction.text import TfidfVectorizer
from sklearn.decomposition import PCA
from sklearn.cluster import KMeans
#示例文本数据
documents = [
    "这是一篇关于自然语言处理的文章",
    "自然语言处理是一种计算机科学领域的方法",
    "这篇文章介绍了自然语言处理的基本概念和技术",
    "自然语言处理在人工智能领域有着广泛的应用",
    "自然语言处理技术可以帮助人们更好地理解和交流",
]
#使用 TF-IDF 方法将文本转换为向量
vectorizer = TfidfVectorizer()
X = vectorizer.fit_transform(documents)
#使用主成分分析法降维
pca = PCA(n_components=2)
X_pca = pca.fit_transform(X.toarray())
#使用 K-means 算法进行聚类
kmeans = KMeans(n_clusters=2, random_state=0).fit(X_pca)
#输出聚类结果
print("聚类标签:", kmeans.labels_)
print("聚类中心:", kmeans.cluster_centers_)
```

在这个例子中，首先使用 TfidfVectorizer 将文本转换为 TF-IDF 向量，然后使用 PCA 将向量降维到二维空间，最后使用 K-Means 算法对降维后的向量进行聚类。

本章小结

本章详细阐述了文本分类与文本聚类的基本概念、核心任务及与之相关的算法。

在文本分类领域，探讨了其定义及应用，即依据预定义的类别标签，将文本文档或句子自动归类至相应的类别中。在此过程中，学习了朴素贝叶斯算法、支持向量机等广泛应用的文本分类算法，这些算法为文本分类提供了有力的技术支撑。

而在文本聚类方面，明确了其定义和主要任务，即按照文本的相似性，将文本数据划分为多个具有实际意义的簇或类别，确保同一簇内的文本相似度高，而不同簇间的相似度低。此外，还详细解析了文本聚类中涉及的关键概念，如数据类型及其规范化处理，并介绍了多种常用的聚类算法。

本章不仅涵盖了文本分类与文本聚类的基础知识，还深入探讨了相关算法，为后续的学习和实践奠定了坚实的基础。

第 5 章

信息抽取

(1) 掌握信息抽取的基本概念,理解其在自然语言处理中的作用并认识其重要性。
(2) 熟悉信息抽取的主要任务,如实体识别、关系抽取和事件抽取等。
(3) 了解信息抽取的 4 种主要方法:基于规则、有监督学习、无监督学习和半监督学习,并掌握它们的原理和适用场景。
(4) 能够运用所学方法和技术解决简单的信息抽取任务,如从文本中抽取关键信息或构建实体关系图。
(5) 培养对信息抽取技术的兴趣,关注其最新发展和应用趋势。

通过对本章的学习,读者将对信息抽取有全面且深入的了解,掌握其基本概念、方法和技术,并能够运用所学知识解决实际问题。同时,通过培养对信息抽取技术的兴趣和探索精神,为未来的学习和实践打下坚实的基础。

信息抽取与实体识别,作为自然语言处理领域的核心任务,对于文本数据的处理、分析与挖掘具有不可或缺的作用。随着互联网的广泛普及与大数据时代的迅猛来临,面临着从海量的文本数据中提炼有价值信息与知识的挑战。这些抽取的信息和知识对于辅助决策、揭示新见解与洞察至关重要,有助于更好地理解和利用文本数据,推动信息时代的发展。

5.1 信息抽取的概念和任务

信息抽取是一种自动化过程,旨在从非结构化或半结构化的文本数据中,精准地抽取出预先定义好的信息或结构化的知识。例如,对于一则新闻报道,信息抽取技术能够迅速识别并抽取出事件的关键信息,包括事件发生的时间、地点和涉及的人物等。同样,对于一组论文,信息抽取也可以高效地提炼出作者、所属的机构及论文的关键词等重要信息。

通过信息抽取技术，能够更快速地了解文本数据的主要内容和结构，进而更深入地理解并有效利用这些数据。

5.1.1 信息抽取的相关概念

1. 信息

信息的定义比较抽象，在日常生活中常会提到某件事的信息量多少，但难以准确量化信息的确切数量。通常而言，信息可以被理解为对事物的描述或表达，它代表着人们对客观世界的认识与理解。在自然语言处理的语境下，信息特指对某个事件或事物的描述中所蕴含的知识量。例如，在机器翻译中，源语言文本中的信息需要精准地转化为目标语言文本中的对应信息；而在文本分类任务中，则需要从文本中提炼出有用的信息，以便对文本进行准确的分类。通过这样的过程，可以更好地理解并利用文本中所蕴含的信息。

2. 信息熵

信息熵是衡量一个数据集不确定性或随机性的指标。信息熵的概念最初由著名科学家香农（C. E. Shannon）在20世纪40年代提出，他借鉴了热力学的概念，将信息中去除冗余后所剩余的平均信息量命名为"信息熵"。这一度量提供了量化信息不确定性的方法，并通过具体的数学表达式，如式（5.1）所示，来精确计算信息熵 $H(x)$。

$$H(x) = -\sum_{x \in X} P(x) \log_2 P(x) \tag{5.1}$$

其中，$P(x)$ 表示事件 x 出现的概率。当 $P = 0$ 或 1 时，$H(x) = 0$，即随机变量是完全确定的。当 $P = 0.5$ 时，$H(x) = 1$，即随机变量的不确定性是最大的。

信息熵具有如下3条性质。

（1）单调性。信息熵越小，信息量越大；反之，信息熵越大，信息量越小。

（2）非负性。信息熵的值大于等于零。

（3）可加性。多个事件发生总的信息熵等于各个事件的信息熵之和；信息熵不能相减。

例5.1 假设有一个包含3种不同结果（A、B、C）的数据集，每个结果出现的概率分别为0.5、0.3和0.2。则信息熵为

$$H(x) = -[0.5 \times \log_2(0.5) + 0.3 \times \log_2(0.3) + 0.2 \times \log_2(0.2)]$$
$$= -(-0.5 - 0.52109 - 0.46439)$$
$$= 1.48548$$

所以，这个数据集的信息熵为1.48548。

3. 霍夫曼编码

霍夫曼编码，亦称为哈夫曼编码，是一种广泛应用于数据压缩领域的可变长编码技术。这一编码方法由大卫·A. 霍夫曼（David A. Huffman）在1952年首次提出，其核心思想是依据字符出现的概率来构建一种异字头平均长度最短的编码方式。通过霍夫曼编码，可以实现对数据的高效压缩，进而节省存储空间并提升数据传输效率。

具体来说,霍夫曼编码的步骤如下。

(1)构建一个优先队列,其中包含所有字符及其对应的出现频率。

(2)不断从队列中选取两个频率最小的节点,将它们合并成一个新的节点,新节点的频率即为这两个节点频率之和;重复这一过程,直至队列中只剩下一个节点,这个节点即为霍夫曼树的根节点。

(3)将每个字符与霍夫曼树中从根节点到该字符的路径进行映射,这条路径上的每条边都代表一个特定的编码方向,这些方向组合起来就构成了该字符的霍夫曼编码。通过这样的方式,就实现了对字符的高效编码,从而实现了数据的压缩。

例5.2 运行如下代码,可以得到"我喜欢自然语言处理这门课程"的霍夫曼编码。

```python
import heapq
from collections import defaultdict, Counter
def calculate_frequencies(text):
    #计算文本中每个字符的频率
    freq = Counter(text)
    return freq
def build_huffman_tree(freq):
    #创建一个优先队列,并将字符及其频率作为元组加入
    priority_queue = [[weight, [char, ""]] for char, weight in freq.items()]
    heapq.heapify(priority_queue)
    while len(priority_queue) > 1:
        lo = heapq.heappop(priority_queue)
        hi = heapq.heappop(priority_queue)
        for pair in lo[1:]:
            pair[1] = '0' + pair[1]
        for pair in hi[1:]:
            pair[1] = '1' + pair[1]
        heapq.heappush(priority_queue, [lo[0] + hi[0]] + lo[1:] + hi[1:])
    #最后一个元素就是霍夫曼树的根
    huffman_tree = priority_queue[0]
    return huffman_tree
def huffman_encoding(text):
    #计算字符频率
    freq = calculate_frequencies(text)
    #构建霍夫曼树
    huffman_tree = build_huffman_tree(freq)
    #创建一个字典,用于映射字符到其编码
    huffman_codes = {pair[0]: pair[1] for pair in huffman_tree[1:]}
    #返回霍夫曼编码字典
    return huffman_codes
#示例文本
text = "我喜欢自然语言处理这门课程。"
#计算霍夫曼编码
```

```
huffman_codes = huffman_encoding(text)
#打印每个字符的霍夫曼编码
for char, code in huffman_codes.items():
    print(f"{char}: {code}")
```

在这个例子中,首先计算文本中每个字符的频率;然后基于这些频率构建一个霍夫曼树;最后创建一个字典,将每个字符映射到其在霍夫曼树中的路径编码,生成了每个字符的霍夫曼编码字符串。在实际应用中,可能需要将霍夫曼编码转换为二进制格式以便存储和传输。

4. 互信息

互信息是度量两个随机变量之间相互依赖程度的一种方法,被广泛应用于各种领域。它是信息论中的一个重要概念,用于衡量两个随机变量之间的相关性或依赖性。

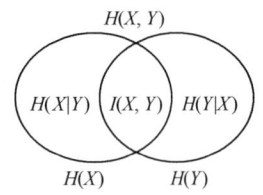

图 5.1 互信息计算的韦恩图

互信息的计算公式如下:$I(X,Y)=H(X)-H(X|Y)$,其中 $I(X,Y)$ 表示随机变量 X 和 Y 的互信息,$H(X)$ 和 $H(Y)$ 分别表示随机变量 X 和 Y 的信息熵,$H(X|Y)$ 则表示在已知随机变量 Y 的条件下随机变量 X 的条件熵。互信息计算的韦恩图如图 5.1 所示。

在图 5.1 中,左边的圆圈是 X 的信息熵 $H(X)$,右边的圆圈是 Y 的信息熵 $H(Y)$,并集是联合分布的信息熵 $H(X,Y)$,差集是条件熵 $H(X|Y)$ 或 $H(Y|X)$,交集为互信息 $I(X,Y)$。互信息越大,意味着两个随机变量之间的关联越密切。

例 5.3 假设有两个事件 X 和 Y,其中 $X=\{今天下雨\}$,$Y=\{今天阴天\}$。设定 $p(X)=0.6$ 为下雨的概率,$p(Y)=0.7$ 为阴天的概率,$p(X,Y)=0.2$ 为既下雨又阴天的概率。计算 X 和 Y 互信息的过程如下:

$$I(X,Y) = p(X,Y)\log_2\left(\frac{p(X,Y)}{p(X)p(Y)}\right)$$
$$= 0.2 \times \log_2\left(\frac{0.2}{0.6 \times 0.7}\right)$$
$$= -0.21408$$

互信息可以进一步分为平均互信息和平方互信息,具有丰富的物理含义和应用。例如,在特征选择中,可以利用互信息度量特征与目标之间的关系,去除无关紧要或冗余的特征,从而提高模型的性能。

5.1.2 信息抽取的任务

信息抽取任务致力于根据预设的抽取要求,自动从非结构化文本中提炼出结构化的信息。这一过程涵盖了多个子任务:实体识别,标识文本中的特定实体;关系抽取,识别并抽取实体间的关联关系;事件抽取,抽取文本中描述的事件及其相关元素;属性抽取,从文本中挖掘实体的属性信息；情感分析，分析文本表达的情感倾向；文本分类，对文本内容进行分类；关键词抽取，抽取文本中的核心词汇。这些子任务共同构成了信息抽取的完整框架，有助于更有效地从非结构化文本中获取有价值的信息。

1. 实体识别

实体识别（Entity Recognition）是信息抽取任务中的一个重要子任务，旨在从文本中自动识别并标注出具有特定意义的实体。这些实体可以是人名、地名、组织名、产品名等，也可以是抽象的概念或术语。实体识别技术能够快速准确地定位并了解文本中的关键信息，为后续的信息处理和利用提供基础。

在实际应用中，实体识别技术广泛应用于多个领域。例如，在新闻报道中，实体识别可以快速识别出涉及的人物、地点和事件；在电商领域，实体识别可以用于识别商品名称、品牌、类别等信息，为推荐系统和搜索引擎提供优化；在医疗领域，实体识别可以辅助医生从病历中抽取关键信息，提高诊断效率和准确性。实体识别是信息抽取的基础任务之一，其目的是将文本中的非结构化信息转化为结构化信息，更好地理解和利用文本数据，为各个领域的应用提供有力支持。

2. 关系抽取

关系抽取（Relation Extraction）是从自然语言文本中抽取实体及其之间关系的信息技术，是信息检索、智能问答、智能对话等人工智能应用的重要基础。关系抽取的主要任务是，给定一段句子文本，抽取句子中的两个实体及实体之间的关系，以构成一个三元组 (s, p, o)，其中 s 为 subject 表示主实体，p 为 predicate 表示两实体间的关系，o 为 object 表示客实体。例如，在句子"华为公司总部位于广东省深圳市"中，关系抽取可以识别出"华为公司"和"广东省深圳市"之间的"总部所在地"关系。关系抽取可以更好地理解文本中的信息。

关系抽取在各种应用中发挥着重要作用。在知识图谱构建中，关系抽取有助于自动构建和扩展图谱，提高知识发现和推理的效率；在情感分析中，关系抽取可以识别文本中的情感关系，有助于情感挖掘和推理；在文本摘要中，关系抽取可以自动生成文本摘要，提高信息检索和传播效率；在问答系统中，关系抽取有助于回答自然语言问题，提高问答系统的准确性和效率。

3. 事件抽取

事件抽取（Event Extraction）是自然语言处理领域中的一项重要任务，旨在从非结构化文本中自动识别和抽取与事件相关的信息。事件通常包含触发词、事件类型、事件论元等元素，触发词指引发事件的词或短语，事件类型描述事件的性质，而事件论元则提供了事件的参与者、时间、地点等详细信息。例如，在句子"北京时间 2024 年 4 月 8 日上午 10 时 33 分，张三和李四举办了婚礼"中，事件抽取系统从文本中识别出了"婚礼"这一事件类型，并找到了触发该事件的动词"举办"。同时，系统还确定了婚礼的主体是张三和李四，婚礼的时间是在北京时间 2024 年 4 月 8 日上午 10 时 33 分。

在实现事件抽取的过程中，通常需要先进行文本预处理，包括分词、词性标注等步骤。然后，利用命名实体识别技术来识别文本中的实体，为后续的事件抽取提供基础。接下来，通过事件触发词识别和事件类型分类来确定事件的存在和类型。最后，通过事件论元识别来抽取事件的详细信息，完成整个事件抽取过程。

4. 属性抽取

属性抽取（Attribute Extraction）是从不同信息源中采集特定实体属性信息的过程。它旨在从原始的非结构化和半结构化数据中获取实体的属性信息，这些信息对于理解和描述实体至关重要。

在属性抽取的过程中，实体的属性被视作实体与属性值之间的一种名词性关系，从而将属性抽取任务转化为关系抽取任务。一种常见的方法是基于百科类网站的半结构化数据，通过自动抽取生成训练语料，用于训练实体属性标注模型，然后将此模型应用于非结构化数据的实体属性抽取。此外，数据挖掘方法也被用于直接从文本中挖掘实体属性和属性值之间的关系模式，以实现对属性名和属性值在文本中的定位。

例如，对文本"华为 Mate 50 智能手机，采用 6.7 英寸 OLED 曲面屏，搭载第一代骁龙 8+4G 处理器，拥有 8 GB 运行内存和 256 GB 机身内存。其后置摄像头为 5000 万像素超光变摄像头+1300 万像素超广角摄像头+800 万像素长焦摄像头，支持 5G 网络，电池容量为 4460 mAh，支持 66 W 有线快充和 50 W 无线快充。手机颜色有昆仑霞光、昆仑破晓、冰霜银、曜金黑、流光紫可选。"进行属性抽取。属性抽取结果如下。

> 商品名称：华为 Mate 50 智能手机
> 屏幕尺寸：6.7 英寸
> 屏幕类型：OLED 曲面屏
> 处理器型号：第一代骁龙 8+4G
> 运行内存：8 GB
> 机身内存：256 GB
> 后置摄像头配置：5000 万像素超光变摄像头+1300 万像素超广角摄像头+800 万像素长焦摄像头
> 网络支持：5G 网络
> 电池容量：4460 mAh
> 充电方式：66 W 有线快充、50 W 无线快充
> 颜色选项：昆仑霞光、昆仑破晓、冰霜银、曜金黑、流光紫

在这个例子中，属性抽取系统从商品描述文本中识别并抽取出了华为 Mate 50 智能手机的各种属性信息。这些属性包括商品的基本规格（屏幕尺寸、处理器型号等）、硬件配置（如运行内存、机身内存等）、摄像头配置、网络支持、电池、充电方式，以及可选的颜色等。

通过属性抽取，电商平台可以方便地展示商品的详细信息，帮助消费者了解商品的特点和性能，从而做出更明智的购买决策。同时，这些属性信息也可以用于商品推荐、比价、

评价分析等多个方面，提升电商平台的运营效率并优化用户体验。

5. 情感分析

情感分析（Sentiment Analysis）是指从文本数据中自动识别出作者的情感倾向，如积极、消极或中立。情感分析可以了解人们对某个主题或产品的看法，从而做出更好的决策。其广泛应用于社交媒体监控、产品评论分析、电影评论打分等多个领域。

情感分析是一个不断发展的领域，随着技术的进步和数据的积累，情感分析的准确性不断提高，应用范围不断扩大。

6. 文本分类

文本分类（Text Classification）是指将文本数据自动归类到预定义的类别中。例如，在过滤垃圾邮件时，可以将邮件分为垃圾邮件和非垃圾邮件两类。文本分类是许多自然语言处理任务的基础，如情感分析、主题建模等。

文本分类是一个重要的自然语言处理任务，随着深度学习技术的发展，文本分类的准确性和效率不断提高，为实际应用提供了有力支持。

7. 关键词抽取

关键词抽取（Keyword Extraction）是指从文本中自动识别并抽取出最重要的词汇或短语，这些词汇或短语能够概括文本的主要内容或主题。关键词抽取在多个领域都有广泛的应用，如搜索引擎优化、文档摘要生成和社交媒体分析等。

信息抽取不仅是自然语言处理的核心组成部分，也是许多实际应用的关键技术。例如，在医疗领域，信息抽取技术可以用于从临床文档中抽取病人的重要信息，以便医生做出更准确的诊断。

5.2 信息抽取的方法和技术

随着互联网技术的广泛普及和持续进步，大量的数据得以生成、储存与分享。这些数据中潜藏着丰富的信息与知识，而信息抽取技术正是为了精准地提炼出这些数据中的关键或有价值的信息。当前，信息抽取的主要方法包括基于规则的方法、有监督学习方法、无监督学习方法和半监督学习方法等，这些方法各具特色，可根据实际应用场景灵活选择。

5.2.1 基于规则的方法

基于规则的方法（Rule-based Methods）通过预先编写一系列明确的规则来从文本中抽取信息，这些规则可以表现为正则表达式、语法规则或专家知识等。这种方法在处理结构化程度较高的文本（表格、列表等）时，通常能展现出良好的效果。然而，它的不足之处在于规则需要人工编写，这既耗时又可能引入主观偏见。此外，面对复杂的语言结构和深层次的语义关系，基于规则的方法往往难以应对，其抽取的准确度和效率可能会受到较大影响。

5.2.1.1 正则表达式

正则表达式，也被称为规则表达式（Regular Expression，在代码中常简写为 regex、regexp 或 RE），是一种强大的文本处理工具。它是由普通字符（如 a 到 z 之间的字母）和特殊字符（称为"元字符"）组成的模式，用于描述、匹配和操作文本模式。

正则表达式的主要功能是在文本中查找、替换、抽取和验证特定的模式。例如，要判断一个文档中是否包含"自然语言处理"，就需要创建一个匹配"自然语言处理"的正则表达式，然后通过该正则表达式判断过滤。

1. 元字符表

正则表达式中的元字符如表 5.1 所示。

表 5.1 正则表达式中的元字符

元字符	含义	输入	输出
.	匹配任意字符	a.	a;ab;abc
^	匹配开始位置	^abc	abc
$	匹配结束位置	abc$	abc
*	匹配前一个字符 0 到多次	ab*	a;ab;abbb
+	匹配前一个字符 1 到多次	abc+	abc;abccc
?	匹配前一个字符 0 到 1 次	abc?	ab;abc
{}	{m,n}匹配前一个字符 $m\sim n$ 次，若省略 n，则匹配 m 至无限次	ab{1,2}c	abc 或 abcc
[]	字符集中任意字符，可以逐个列出，也可以给出范围	a[bcd]e	abe、ace 或 ade
|	逻辑表达式"或"	ab|ac	ab 或 ac
()	匹配括号中任意表达式	a（12|23）bc	a12bc、a23bc
\A	匹配任意字符串的开始位置	\Aabc	abc
\Z	只在字符串结尾进行匹配	Abc\Z	Abc
\b	匹配位于单词开始或结束位置的空字符串	\bab\b	空格 ab 空格
\B	匹配不位于单词开始或结束位置的空字符串	\Ba\Bb	ab
\d	匹配[0, 9]中的一个数字	a\dc	a1c
\D	匹配非数字	a\Dc	abc
\w	匹配数字、字母、下画线中任意一个字符	a\wc	abc
\W	匹配非数字、字母、下画线中任意一个字符	a\Wc	a c

2. re 模块

re 模块提供 compile( )、findall( )、search( )、match( )、split( )、replace( )、sub( )等函数用于实现正则表达式的相关功能，如表 5.2 所示。

表 5.2　re 模块函数

函　数	描　述
compile( )	根据包含正则表达式的字符串创建模式对象
findall( )	搜索字符串，以列表类型返回全部能匹配的子串
search( )	在一个字符串中搜索匹配正则表达式的第一个位置，返回匹配对象
match( )	从一个字符串的开始位置起匹配正则表达式，返回匹配对象
replace( )	用于执行查找并替换的操作，将正则表达式匹配到的子串，用字符串替换
split( )	将一个字符串按照正则表达式匹配结果进行分隔，返回列表类型
sub( )	在一个字符串中替换所有匹配正则表达式的字串，返回替换后的字符串

1）compile( )函数

功能：编译一个正则表达式语句，并返回编译后的正则表达式对象。

格式：re.compile(string[,flags])

说明：string 为要匹配的字符串；flags 为标志位，用于控制正则表达式的匹配方式，如是否区分大小写。

示例：

```
import re
s="I like NLP"
p=re.compile('\w+')
res=p.findall(s)
print(res)            #输出：['I', 'like', 'NLP']
```

2）findall( )函数

功能：用于匹配所有符合规律的内容，返回包含结果的列表。

格式：re.findall(pattern,string[,flags])

说明：pattern 为匹配的正则表达式。

示例：

```
import re
s="I like NLP"
p=re.compile(r'\D+')
res=p.findall(s)
print(res)            #输出：['I like NLP']
```

3）search( )函数

功能：用于匹配并抽取第一个符合规则的内容，返回一个正则表达式对象。

格式：re.search(pattern,string[,flags])

示例：

```
import re
s="123abc456"
print(re.search("([0-9]*)([a-z]*)([0-9]*)",s).group(0))    #输出：123abc456
print(re.search("([0-9]*)([a-z]*)([0-9]*)",s).group(1))    #输出：123
print(re.search("([0-9]*)([a-z]*)([0-9]*)",s).group(2))    #输出：abc
print(re.search("([0-9]*)([a-z]*)([0-9]*)",s).group(3))    #输出：456
```

4）match( )函数

功能：从字符串的开头开始匹配一个模式，如果匹配成功，则返回成功的对象，否则返回 None。

格式：re.compile(pattern,string[,flags])

示例：

```
import re
print(re.match('www','www.shufe.edu.cn').span())    #输出：(0,3)
print(re.match('cn','www.shufe.edu.cn'))            #输出：None
print(re.match('www','www.shufe.edu.cn').start())   #输出：0
```

需要注意的是，这里的 span( )与 start( )是与特定编程语言相关的函数，并非所有的自然语言处理工具或框架都支持这一功能。具体的使用方法和含义可能会因不同的编程语言和库而有所差异。

5）replace( )函数

功能：用于执行查找并替换的操作，将正则表达式匹配到的子串，用字符串替换。

格式：re.replace(regexp,replacement)

示例：

```
s="I love SHUFE"
print(s.replace('SHUFE','上海财经大学'))  #输出：I love  上海财经大学
```

6）split( )函数

功能：用于分隔字符串，用给定的正则表达式进行分隔，分隔后返回结果列表。

格式：re.split(pattern,string[,maxsplit,flags])

示例：

```
s="I love SHUFE"
print(s.split(' '))    #输出：['I', 'love', 'SHUFE']
```

7）sub( )函数

功能：使用 re 替换字符串中每个匹配的子串，返回替换后的字符串。

格式：re.sub(regexp,string)

示例：

```
import re
s="I love SHUFE"
ss=re.sub('S(.*?)E','sufe',s)
print(ss)                    #输出：I love sufe
```

此外，正则表达式在不同的编程语言中有不同的应用。例如，在 JavaScript 中，正则表达式被作为对象处理，这些模式被用于 regexp 的 exec 和 test 方法，以及 String 的 match、matchAll、replace、search 和 split 方法。而在处理空白行、HTML 标记或者首尾空白字符等问题时，常常需要用到一些具体的正则表达式。

总的来说，正则表达式提供了一种灵活且强大的方式来处理和分析文本数据。

5.2.1.2 语法规则

语法规则，即语言中自然形成并普遍遵循的习惯与规律，是人们在日常交流中不可或缺的基础。这些规则并非语言学家主观创造或随意规定的，而是基于人们长期的语言实践和经验总结而得出的客观存在。语法规则的存在，确保了语言的规范性和一致性，使得人们在交流时能够更为流畅地传达自己的意图。了解和掌握语法规则对于提升个人的语言素养至关重要。它不仅能够在写作时构建清晰、准确的句子，在阅读时理解文本的深层含义，还使表达更为得体、精确。因此，语法规则的学习和运用是提升语言能力的必经之路。语法规则是语言中的基本规范，包括组合规则和聚合规则两个重要的方面。组合规则关注于词语和句子成分如何组合成完整的句子，而聚合规则涉及词语的分类和替换。两者共同构成了语法规则的基础，在语言学习中提供了重要的帮助和指导。

1. 组合规则

组合规则是指语言中的各个单位，如词、短语等，按照特定的顺序和方式相互结合以形成完整句子的规则。这些规则是实际存在的，而且在日常言语交流中发挥着至关重要的作用。组合规则主要包括以下两个方面。

（1）语素组合成词的规则：语素是语言中最小的意义单位，如汉语中的"人""山"等。这些语素通过一定的组合方式构成词，如"人民""山水"等。这种将语素组合成词的规则称为构词法。

（2）词组合成句子的规则：词是语言中具有独立意义的基本单位，如汉语中的"学习""认真"等。这些词通过一定的组合方式构成句子，如"我认真学习"。这种将词组合成句子的规则称为句法。

组合规则与词的变化规则合在一起，统称为词法。词法研究的是词的形成、变化和用法等方面的问题。

2. 聚合规则

聚合规则是指语法单位的分类和变化规则。这种规则是潜在的，储存于人们的大脑里。潜存在大脑中的聚合是从大量的言语实践中归纳出来的。说话时，组合规则提出要求，聚合规则提供可能的选择。从聚合中选出的单位可以对组合的各个位置上可能出现的词进行替换，从而创造出新的句子。

聚合规则主要研究的是语法单位的类别、关系和变化等方面的问题。例如，英语中的名词可以分为可数名词和不可数名词，动词可以分为及物动词和不及物动词等。这些类别之间存在一定的关系，如可数名词和不可数名词在数量上的对立关系、及物动词和不及物动词在宾语方面的对立关系等。

总之，语法规则是语言组织和表达的基本规律，它包括组合规则和聚合规则两个方面。组合规则是现实的，存在于言语交流中；聚合规则是潜在的，储存于人们的大脑里。掌握语法规则，有助于更好地理解和运用语言。

下面是一个关于名词短语的简单例子。

例 5.4 假设有以下句子：

```
" I like NLP very much"
" I saw a white cat"
```

在这个例子中，名词短语是由形容词、名词或代词组成的短语。例如，NLP 和 cat 是名词。

可以使用 Python 实现一个简单的名词短语抽取器，如下所示。

```
import nltk
from nltk import pos_tag, word_tokenize
def extract_noun_phrases(sentence):
    words = word_tokenize(sentence)
    tagged_words = pos_tag(words)
    noun_phrases = []
    for i in range(len(tagged_words)):
        if tagged_words[i][1] in ['NN', 'NNS', 'NNP', 'NNPS']:
            phrase = tagged_words[i][0]
            j = i + 1
            while j < len(tagged_words) and (tagged_words[j][1] in ['JJ', 'JJR', 'JJS', 'NN', 'NNS', 'NNP', 'NNPS']):
                phrase += ' ' + tagged_words[j][0]
                j += 1
            noun_phrases.append(phrase)
    return noun_phrases
sentence1 = " I like NLP very much"
sentence2 = " I saw a white cat"
print(extract_noun_phrases(sentence1))    #输出：['NLP']
print(extract_noun_phrases(sentence2))    #输出：['cat']
```

这个简单的实现使用了 NLTK（Natural Language Toolkit）库来进行词性标注和分词。通过遍历标注后的单词，可以抽取出名词短语。请注意，这个实现仅适用于英文文本，对于其他语言可能需要进行相应的调整。

5.2.1.3 专家知识库

专家知识库是专家系统的核心之一，其主要功能是存储和管理专家系统中的知识。书本专家知识库是专家系统的核心之一，其主要功能是存储和管理专家系统中的知识，包括来自书本上的知识和各领域专家在长期的工作实践中所获得的经验知识等。在专家群体中，这些知识也可以被称为常识。这样的知识是非正式的，需要形式化，如人机界面。专家系统是一个智能计算机程序系统，其内部含有大量某个领域专家水平的知识与经验，它能够应用人工智能技术和计算机技术。根据系统中的知识与经验，专家系统进行推理和判断，模拟人类专家的决策过程，以便解决那些需要人类专家处理的复杂问题。

在自然语言处理中，专家知识库的应用十分广泛。例如，WordNet 就是一个著名的英语词汇知识库，其中包含大量同义词集、反义词集、名词短语等信息，这些信息对于自然语言处理中的文本分类、情感分析等任务有着重要的作用。除了 WordNet，还有一些其他语言知识库，如 FrameNet、PropBank 等，它们也都为自然语言处理提供了重要的支持。

对于一个专家知识库，通常包含如下几个部分。

1. 问题定义

必须清晰地界定专家系统所要解决的核心问题，这涵盖了问题涉及的领域、期望达成的目标，以及限制条件等。以医疗诊断专家系统为例，其主要目的是协助医生解决在疾病诊断过程中遇到的一系列难题，比如如何依据病人的临床表现和各项检查结果，做出正确的诊断等。

2. 知识获取

专家系统的基石在于知识，因此，需要通过多样化的渠道来获取相关知识。这些渠道可以包括查阅文献资料、进行专家深度访谈及分析实际案例等。在收集知识的过程中，需要特别关注知识的质量与准确性，以确保系统决策的正确性。以医疗诊断专家系统为例，它需要从医学书籍、期刊及专业医生那里，获取关于疾病的定义、症状描述及诊断标准等核心知识。

3. 知识表示

将获取到的知识以合适的形式表示出来，以便计算机能够理解和处理。常见的知识表示方法有规则、框架和语义网络等。在选择表示方法时，需要综合考虑其适用性、可扩展性及与推理机制的兼容性。以医疗诊断专家系统为例，可以将每种疾病视作一个类别，而症状与诊断标准则作为该类别的属性与方法进行表示。

4. 推理机制设计

推理机制是专家系统的核心组成部分，它决定了专家系统解决问题的能力。推理机制的设计需要考虑问题的复杂性、知识的结构特点及推理的效率等因素。常用的推理机制包括前向推理、后向推理和模糊推理等。例如，在医疗诊断专家系统中，如果采用前向推理,则可以根据病人的症状和检查结果,依次应用各个诊断规则,直到找到匹配的疾病为止。

5. 用户界面设计

用户界面是专家系统与用户之间沟通的桥梁,其设计应简洁直观、易于操作。用户界面的设计需要考虑用户需求和使用习惯等因素,以便提供良好的用户体验。例如,在医疗诊断专家系统中,用户可以通过界面输入病人的症状和检查结果,系统则输出相应的诊断结果。

6. 系统集成测试

完成系统构建后,需要对整个专家系统进行集成测试,以确保其稳定性和可靠性。测试过程中,需要模拟各种可能出现的情况与场景,发现并修复潜在的问题与漏洞。

7. 部署和维护

将专家系统部署到实际环境中后,还需要持续进行维护工作,包括更新知识库、优化算法和修复漏洞等。同时,还应定期对系统进行评估与改进,以提升其性能与效果,确保系统能够持续为用户提供准确、高效的决策支持。

例 5.5 下面是一个医疗诊断专家系统的示例。

```python
class Disease:
    def __init__(self, name, symptoms, diagnosis):
        self.name = name
        self.symptoms = symptoms
        self.diagnosis = diagnosis
class ExpertSystem:
    def __init__(self):
        self.diseases = []
    def add_disease(self, disease):
        self.diseases.append(disease)
    def diagnose(self, symptoms):
        for disease in self.diseases:
            if set(symptoms).issubset(set(disease.symptoms)):
                return disease.diagnosis
        return "无法诊断"
expert_system = ExpertSystem()
expert_system.add_disease(Disease("感冒", ["发热", "咳嗽", "流鼻涕"], "普通感冒"))
expert_system.add_disease(Disease("流感", ["高热", "头痛", "肌肉疼痛"], "流感"))
expert_system.add_disease(Disease("肺炎", ["咳嗽", "胸痛", "呼吸困难"], "肺炎"))
user_symptoms = input("请输入症状(用逗号分隔):").split(",")
diagnosis = expert_system.diagnose(user_symptoms)
print("诊断结果:", diagnosis)
```

在这个例子中,定义了一个 Disease 类来表示疾病,包含疾病名称、症状和诊断标准。然后定义了一个 ExpertSystem 类来表示专家系统,包含一个疾病列表和一个诊断方法。在诊断方法中，遍历疾病列表，判断用户输入的症状是否包含在疾病的症状列表中，如果包含则返回对应的诊断结果。

5.2.2 有监督学习方法

有监督学习方法（Supervised Learning Methods）是指通过训练一个分类器或回归模型来从文本中抽取信息。这些方法需要大量的标注数据作为训练集，以便模型能够学习到从输入到输出的映射关系。常见的有监督学习方法包括最大熵分类器、支持向量机、决策树、随机森林和逻辑回归等。有监督学习方法的优点是性能较高，但缺点是需要大量的标注数据和计算资源。这里主要对决策树与逻辑回归进行详细描述。

5.2.2.1 决策树

决策树（Decision Tree）是一种常见的分类方法，其表现形式类似流程图的树结构，采用自顶向下的递归方式，决策树的内部节点进行属性值的比较并根据不同的属性值判断从该节点向下的分支，在决策树的叶节点得到结论。因此，从决策树的根节点到叶节点的一条路径对应一条合取规则，整棵决策树对应一组析取表达式规则。

在决策树的基本算法中，有3种情形会导致递归返回。

（1）当前节点包含的样本全属于同一类别，无须划分。

（2）当前属性集为空，或所有样本在所有属性上取值相同，无法划分。

（3）当前节点包含的样本集为空集，不能划分。

在第（2）种情形下，将当前节点标记为叶节点，并将其类别设定为该节点所含样本最多的类别；在第（3）种情形下，也将当前节点标记为叶节点，但将其类别设定为其父节点所含样本最多的类别。

目前有多种决策树的方法，如ID3、C4.5、CN2、SLIQ和SPRINT等，本节主要详细介绍ID3与C4.5。

1. 决策树分类算法

决策树分类算法包含两个步骤：决策树生成算法和决策树修剪算法。

第1步，决策树生成算法。决策树构造的输入是一组带有类别标记的例子，构造的结果是一棵二叉树或多叉树。其中，树的每个内部节点代表对一个属性的测试，其分支就代表测试的每个结果，而树的每个叶节点就代表一个类别。树的最高层节点就是根节点。

构造好的决策树的关键在于如何选择好的属性进行树的拓展。研究结果表明，一般情况下或具有较大概率地说，树越小则树的预测能力越强。

第2步，决策树修剪算法。剪枝是一种解决噪声问题的基本技术，同时它也能使决策树得到简化而变得更容易理解。有两种基本的剪枝策略：预剪枝与后剪枝。

（1）预剪枝（Pre-Pruning）：在生成树的同时决定是继续对不纯的训练子集进行划分还是停止。

（2）后剪枝（Post-Pruning）：一种拟合+化简（Fitting-and-Simplifying）的两阶段方法。首先生成与训练数据完全拟合的一棵决策树，然后从树的叶子开始剪枝，逐步向根的方向剪。剪枝时要用到一个测试数据集，如果存在某个叶子剪去后能使得在测试集上的准确度或其他测度不降低，则剪去该叶子，否则停止。理论上讲，后剪枝好于预剪枝，但计算很复杂。

在剪枝过程中，通常需要涉及一些统计参数或阈值。同时还要防止过分剪枝（Over-Pruning）带来的副作用。

2. ID3 算法

ID3 算法是昆兰（Ross Quinlan）提出的一个著名决策树生成方法。

（1）决策树中每个内部节点对应一个非类别属性，树枝代表这个属性的值。一个叶节点代表从树根到叶节点之间的路径对应的记录所属的类别属性值。

（2）每个内部节点都将与属性中具有最大信息量的非类别属性相关联。

（3）采用信息增益来选择能够最好地将样本分类的属性。一般用熵来衡量一个内部节点的信息量。

设 S 是 s 个数据样本的集合，定义 m 个不同类 C_i（$i=1, 2, \cdots, m$），设 s_i 是 C_i 类中的样本数。对给定的样本 S 所期望的信息值如式（5.2）所示：

$$I(s_1, s_2, \cdots, s_m) = -\sum_{i=1}^{m} p_i \log_2(p_i) \tag{5.2}$$

其中，p_i 是任意样本属于 C_i 的概率 s_i/s。

设属性 A 具有 v 个不同值 $\{a_1, a_2, \cdots a_v\}$，可以用属性 A 将样本 S 划分为 $\{S_1, S_2, \cdots, S_v\}$，设 s_{ij} 是 S_j 中 C_i 类的样本数，则由 A 划分成子集的熵为

$$E(A) = \sum_{j=1}^{v} \frac{s_{1j} + s_{2j} + \cdots + s_{mj}}{s} I(s_{1j}, s_{2j}, \cdots, s_{mj}) \tag{5.3}$$

由 A 进行分枝，获得的信息增益为

$$Gain(A) = I(s_1, s_2, \cdots, s_m) - E(A) \tag{5.4}$$

3. ID3 算法性能分析

ID3 算法是以一种从简单到复杂的爬山算法遍历整个假设空间，从一棵空的树开始，逐步考虑更加复杂的假设，目的是搜索到一个正确分类训练数据的决策树。信息增益度量是引导这种爬山搜索的评估函数。分析 ID3 算法的优缺点。ID3 算法的优点具体如下。

（1）假设空间包含所有决策树，搜索的是现有属性有限离散值函数的完整空间，避免了搜索不完整空间的风险。

（2）稳定性好，噪声点对决策树没有影响。

(3）可以训练缺少属性值的样本。

ID3 算法的缺点具体如下。

（1）从计算过程可以看到，ID3 算法只能处理离散值的属性。首先，要预测的目标属性必须是离散的；其次，树的决策节点的属性也必须是离散的。

（2）信息增益度量存在一个内在偏置，它偏袒具有较多值的属性。例如，如果有一个属性为日期，那么将有大量取值，这个属性可能会有非常高的信息增益。假如它被选作树的根节点的决策属性则可能形成一棵非常宽的树，这棵树可以理想地分类训练数据，但是对于测试数据的分类性能可能会相当差。

（3）没有考虑缺失值的样本。

（4）没有考虑过拟合情况。ID3 算法增长了树的每个分支的深度，直到恰好能对训练样例完美地分类。当数据中有噪声或训练样例的数量太少时，产生的树会过度拟合训练样例。

（5）划分过程可能会由于子集规模过小而造成统计特征因不充分而停止。

4．C4.5 算法

C4.5 算法是机器学习算法中的一个分类决策树算法，由澳大利亚悉尼大学 Ross Quinlan 教授在 1993 年基于 ID3 算法改进。其目标是监督学习。也就是找到一个从属性值到类别的映射关系，并且可以通过这个映射，将新的类别未知的实体进行分类。C4.5 算法既能处理非离散的数据，也能处理不完整的数据，与 ID 算法相比，具有如下特点。

（1）引入了信息增益比例的概念。

（2）合并具有连续属性的值。

（3）可以处理具有缺少属性值的训练样本。

（4）使用不同的修剪技术以避免树的过度拟合。

（5）利用 K 折交叉验证。

（6）具有规则的生成方法等。

信息增益比例是在信息增益概念基础上发展起来的，一个属性的信息增益比例根据式（5.5）计算得到：

$$\text{GainRatio}(A) = \frac{\text{Gain}(A)}{\text{Split}(A)} \tag{5.5}$$

其中，$\text{Split}(A) = -\sum_{j=1}^{v} p_j \log_2(p_j)$。

属性 A 具有 v 个不同值 $\{a_1, a_2, \cdots, a_v\}$，可以用属性 A 将样本 S 划分为 $\{S_1, S_2, \cdots, S_v\}$。其中，$S_j$ 中包含 S 中这样一些样本：它们在属性 A 上具有值 a_j。如果以属性 A 的值为基准对样本进行分割，则 $\text{Split}(A)$ 就是属性 A 的熵。

对于连续属性值，C4.5 算法的处理过程如下。

（1）根据属性的值，对数据集进行排序。

（2）用不同的阈值将数据集动态地进行划分。

（3）当输出改变时确定一个阈值。

（4）取两个实际值的中点作为一个阈值。

（5）取两个划分，所有样本都在这两个划分中。

（6）得到所有可能的阈值、增益及增益比。

（7）每个属性会变为取两个值，即小于阈值或大于等于阈值。

简单地说，针对属性有连续数值的情况，则在训练集中可以按升序方式排列。如果属性 A 共有 n 种取值，则对每个取值 v_j（$j=1, 2, \cdots, n$），将所有的记录进行划分，一部分小于 v_j，另一部分大于或等于 v_j。针对每个 v_j 计算划分对应的增益比例，选择增益最大的划分对属性 A 进行离散化。

在 C4.5 算法处理的样本中，可以含有未知属性值，其处理方法是用最常用的值替代或者将最常用的值分在同一类中。

具体采用概率的方法，依据属性已知的值，对属性和每个值赋予一个概率，取得这些概率，这些概率依赖该属性已知的值。

规则的产生：一旦树被建立，就可以把树转换为 if-then 规则。

规则存储于一个二维数组中，每行代表树中的一个规则，即从根到叶之间的一个路径。表中的每列存放着树中的节点。

例 5.6 以鸢尾花数据集为例，进行决策树分类，执行代码如下。

```
from sklearn.datasets import load_iris
from sklearn.model_selection import train_test_split
from sklearn.tree import DecisionTreeClassifier
from sklearn.metrics import accuracy_score
#加载数据集
iris = load_iris()
X = iris.data
y = iris.target
#划分训练集和测试集
X_train, X_test, y_train, y_test = train_test_split(X, y, test_size=0.3, random_state=42)
#创建决策树分类器
clf = DecisionTreeClassifier()
#训练模型
clf.fit(X_train, y_train)
#预测
y_pred = clf.predict(X_test)
#计算准确率
accuracy = accuracy_score(y_test, y_pred)
print("Accuracy:", accuracy)          #输出：Accuracy: 1.0
```

在这个例子中,将数据集划分为训练集和测试集,然后创建一个决策树分类器,并使用训练集对其进行训练。最后,使用测试集对模型进行评估,计算准确率。

5.2.2.2 逻辑回归

逻辑回归,也称为逻辑回归分析,是一种广义的线性回归分析模型,其核心在于在线性回归的基础上融入了逻辑函数。具体而言,逻辑回归以线性回归模型的输出作为 Sigmoid 函数的输入,从而实现对结果的转换。这一过程实际上是将线性回归的输出值映射至(0, 1)区间,从而使得逻辑回归的输出结果可以被解读为某个事件发生的概率。这种映射功能主要得益于 Sigmoid 函数的特性,其表达式如式(5.6)所示:

$$\sigma(x) = 1/(1+\exp^{(-x)}) \tag{5.6}$$

这一函数使得逻辑回归在处理分类问题时具备了出色的性能。其中,函数 $\sigma(x)$ 的定义域为 $(-\infty, +\infty)$,值域为[0, 1],x 轴在 0 点的结果是 0.5。当 x 的值足够大时,可以将其视为 0 或 1 两类问题,大于 0.5 是 1 类问题,反之是 0 类问题,而如果刚好是 0.5,则可以划分至 0 类或 1 类。对于 0-1 型变量,$y=1$ 的概率分布公式定义如下:

$$P(y=1) = p \tag{5.7}$$

$y=0$ 的概率分布公式定义如下:

$$P(y=0) = 1-p \tag{5.8}$$

离散型随机变量期望值公式如下:

$$E(y) = 1 \times p + 0 \times (1-p) = p \tag{5.9}$$

在疾病自动诊断或经济预测等领域中,逻辑回归可以根据给定的自变量数据集来估计某一事件(如疾病发生或经济增长)的发生概率。

逻辑回归主要应用于处理二分类问题,如判断邮件是否为垃圾邮件、预测顾客是否购买商品等场景。其核心理念在于通过拟合一个逻辑函数,将线性组合的输入映射至 0 和 1 之间,从而得到对应的概率值。这一过程使得逻辑回归能够有效处理分类问题,并给出事件发生的概率预测。

例 5.7 以鸢尾花数据集为例,运用逻辑回归进行分类,执行如下代码。

```
from sklearn.datasets import load_iris
from sklearn.model_selection import train_test_split
from sklearn.preprocessing import StandardScaler
from sklearn.linear_model import LogisticRegression
from sklearn.metrics import confusion_matrix,accuracy_score
import pandas as pd
#加载数据集
iris = load_iris()
X = iris.data
y = iris.target
#特征缩放
```

```
scaler = StandardScaler()
X_scaled = scaler.fit_transform(X)
#划分训练集和测试集
X_train, X_test, y_train, y_test = train_test_split(X_scaled, y, test_size=0.3, random_state=42)
#创建逻辑回归模型，指定 multi_class 参数为'multinomial'
clf = LogisticRegression(multi_class='multinomial', solver='lbfgs', max_iter=1000)
#训练模型
clf.fit(X_train, y_train)
#预测
y_pred = clf.predict(X_test)
#计算准确率
accuracy = accuracy_score(y_test, y_pred)
print("Accuracy: {:.3f}".format(accuracy))
#计算混淆矩阵
conf_matrix = confusion_matrix(y_test, y_pred)
#获取鸢尾花的类别标签
class_names = iris.target_names
#打印混淆矩阵，带有类别标签
print("Confusion Matrix:")
print(pd.DataFrame(conf_matrix, index=class_names, columns=class_names))
```

在这个例子中，将数据集划分为训练集和测试集，然后创建一个逻辑回归模型，并使用训练集对其进行训练。最后，使用测试集对模型进行评估，计算准确率。

有监督学习方法是机器学习中的一种重要学习方式，依赖标记好的训练数据来推断功能，即通过一组已知类别的样本调整分类器的参数，以达到所要求的性能。

5.2.3 无监督学习方法

无监督学习方法（Unsupervised Learning Methods）在自然语言处理领域中展现出其强大的技术实力，通过该技术训练得到的模型被称为预训练模型。无监督学习主要涵盖两大类：浅层无监督学习和深层无监督学习。这两类学习方法各具特色，为自然语言处理提供了丰富的技术手段。

5.2.3.1 浅层无监督预训练模型

维数灾难是自然语言处理和其他学习领域面临的一大挑战，它指的是在高维空间中，随着维度的增加，所需的样本数量和计算量会急剧上升，呈现出指数级的增长。尤其在语言建模等任务中，这种挑战尤为明显。例如，当试图对大量离散随机变量（如句子中的单词或数据挖掘中的离散特征）的联合分布进行建模时，维数灾难会导致计算变得异常复杂，同时内存需求也会迅速膨胀。

以一个包含 10000 个单词的词汇表为例，如果使用 One-Hot 编码对这些单词进行离散表示，那么需要构建一个 10000×10000 的矩阵。然而，One-Hot 编码矩阵中存在大量的零值，这意味着大部分内存空间被浪费了。为了解决维数灾难带来的问题，研究人员开始采用低维向量空间来表示单词，从而降低了运算资源的消耗。这也为无监督预训练模型的设想奠定了基础。

随着深度学习技术的不断进步，众多方法被提出用以解决维数灾难问题。其中，词嵌入技术便是其中的佼佼者。它能够将每个单词映射到一个低维向量空间中，这些向量不仅能够有效捕捉单词间的语义关系，还大幅减少了内存占用和计算复杂度。目前，Word2Vec、GloVe 和 FastText 等词嵌入技术已被广泛应用，并在前面的章节中进行了详细介绍，此处不再赘述。

5.2.3.2 深层无监督预训练模型

深层无监督预训练模型在深度学习中占据重要地位，它采用无监督学习方式预先训练模型，再结合少量标注数据进行微调，以应对复杂的学习任务。该模型的核心思想在于，通过无标签数据学习有用的特征表示，进而服务于具体的下游任务。这不仅有助于解决深度网络训练中的梯度消失问题，还能在没有大量标注数据的情况下，充分利用未标注数据。

深层无监督预训练模型在无监督环境下学习数据的内在结构和特征，为深度网络提供了优良的初始状态，进而在后续的有监督学习中展现出更出色的性能。正因如此，它在深度学习领域中得到了广泛应用，特别是在自然语言处理和计算机视觉等任务中。

在本节中，将重点介绍 BERT 模型。通过在大规模文本数据上进行无监督预训练，BERT 能够捕捉双向上下文信息，生成深度的语言表征。这些表征可灵活应用于各种下游任务，如情感分析、命名实体识别和问题回答等。

BERT 模型结构主要由两部分构成：嵌入层和 Transformer 编码器。嵌入层负责将输入的词向量映射到模型的隐藏层中，每个词都被转换为一个固定维度的向量。而 Transformer 编码器作为 BERT 模型的核心，由多个相同的层堆叠而成。每层均包含自注意力机制和前馈神经网络两个子层。Transformer 的内部结构基于 Ashish Vaswani 等人提出的自注意力层和层归一化的堆叠，这种结构使得 BERT 模型能够高效处理语言信息，捕捉词与词之间的复杂关系。Transformer 结构图如图 5.2 所示。

编码器由一堆结构相同的编码组件构成，解码器由一堆结构相同的解码组件构成。

BERT 模型的训练主要分为两个阶段。

（1）预训练：在大量无标签文本上进行，目标是学习到一个通用的语言表示。这个过程通常使用 Masked Language Model（MLM）或 Next Sentence Prediction（NSP）两种任务。

（2）微调：在具体的下游任务上进行，如分类、命名实体识别等。这个阶段需要有标注的数据，并且模型会使用这些数据来微调预训练好的参数。

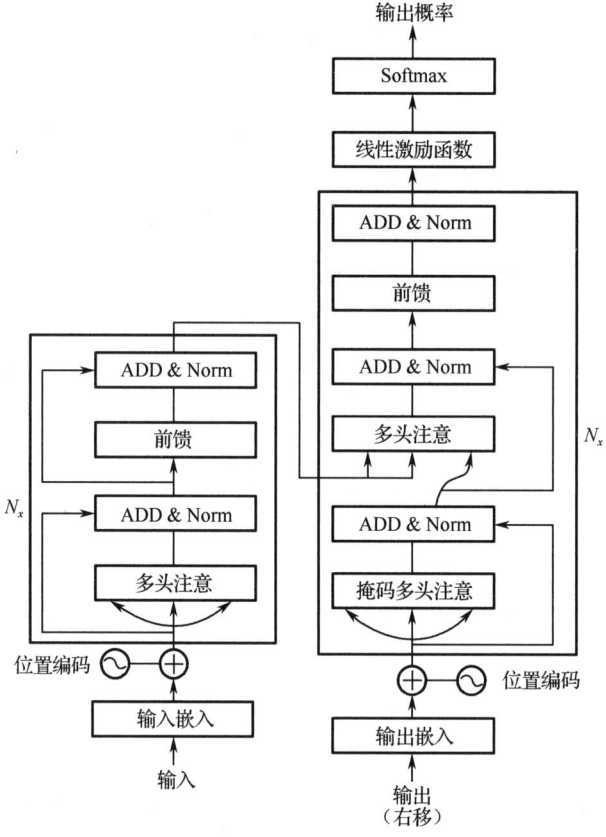

图 5.2 Transformer 结构图（左图为编码器，右图为解码器）

例 5.8 以"This is an example sentence."为例，运用 BERT 模型进行分类。

```
from transformers import BertTokenizer, BertForSequenceClassification
import torch
#加载预训练的 BERT 模型和分词器
tokenizer = BertTokenizer.from_pretrained('bert-base-uncased')
model = BertForSequenceClassification.from_pretrained('bert-base-uncased')
#确保模型在评估模式下
model.eval()
#如果有标签，可以加载标签
#labels = [...]   #这里应该是你的类别标签列表
#输入文本
texts = ["This is an example sentence.", "Another example text."]
#对文本进行编码
inputs = tokenizer(texts, return_tensors="pt", padding=True, truncation=True)
#获取模型输出
with torch.no_grad():   #不需要计算梯度，节省内存
    outputs = model(**inputs)
#计算预测概率
probabilities = torch.nn.functional.softmax(outputs.logits, dim=-1)
#获取预测类别索引
predicted_class_indices = torch.argmax(probabilities, dim=-1)
```

```
#如果有标签，可以转换为标签名
#predicted_labels = [labels[index] for index in predicted_class_indices]
#打印预测类别索引（或标签名）
for index in predicted_class_indices:
    print("Predicted class index:", index.item())
    #如果有标签，则打印标签名
    #print("Predicted label:", predicted_labels[index.item()])
```

BERT 模型能够捕捉到深层次的上下文信息，因此在很多任务上都达到了非常好的效果。BERT 模型的预训练过程可以在大量无标签数据上进行，这使得它在数据稀疏的场景下也能表现出色。面临的挑战主要体现在：BERT 模型的规模非常大，需要大量的计算资源和时间进行训练；BERT 模型的理解能力主要依赖预训练阶段的任务，如果预训练任务和实际任务不匹配，可能会影响模型的性能。

5.2.4 半监督学习方法

半监督学习方法（Semi-Supervised Learning Methods）是指在有限的标注数据和大量未标注数据的情况下，通过结合有监督学习和无监督学习的技术来提高信息抽取的性能。常见的半监督学习方法包括半监督支持向量机、图半监督学习等。半监督学习方法的优点是可以充分利用未标注数据，降低对标注数据的依赖，但缺点是需要设计合适的算法来平衡有监督和无监督部分的贡献。

5.2.4.1 半监督支持向量机

半监督支持向量机（Semi-Supervised Support Vector Machines，S3VM）是支持向量机的一种扩展，它结合了有标签数据和无标签数据来提高分类器的性能。这种算法主要用于处理具有大量未标记数据和少量标记数据的问题。

半监督支持向量机的核心思想是：在标记数据有限的情况下，通过充分整合大量未标记数据中的信息来提升学习性能。传统的监督学习中，支持向量机是一种不错的分类工具，它通过寻找能最大化不同类别数据点间隔的超平面，来实现对数据的精确划分。而在半监督学习的框架下，半监督支持向量机不仅充分利用有标记样本的已知信息，还深入挖掘未标记样本中潜在的有用信息，进而实现更为精准和高效的学习。半监督支持向量机的目标是找到一个既能将有标记的两类样本分开，又能穿过数据低密度区域的超平面，以此来利用未标记数据中的分布信息。这种方法的一个关键假设是，数据的结构可以通过未标记样本来揭示，从而帮助模型更好地理解数据的边界。

在半监督支持向量机中最为知名的算法是 TSVM（Transductive Support Vector Machine）。与标准的支持向量机一样，TSVM 也是一种解决二分类问题的学习算法。在标记数据稀缺的情境下，TSVM 能够利用大量未标记数据来优化学习性能。在模型训练过程中，TSVM 不仅依赖有标签的数据，还积极探索未标签数据中的潜在信息，以更精准地划分数据空间。

TSVM的核心目标是找到一个超平面,这个超平面不仅能够将已标记的两类样本有效分开,还能够穿越数据的低密度区域,充分利用未标记数据中的分布信息。该方法的一个关键前提是,未标记样本能够揭示数据的内在结构,进而协助模型更精确地把握数据的边界。至于具体的算法流程,TSVM首先会利用有标签的数据进行初步分类学习,然后结合未标签数据中的信息对超平面进行微调,通过迭代优化,最终得到一个既符合已标记数据分布,又能反映未标记数据潜在结构的超平面。具体的算法流程如下。

第1步,利用有标记样本训练一个支持向量机,再对未标记的样本进行标记指派。

第2步,寻找两个标记指派为不同类且可能指派错误的标记样本,交换它们的标记。

第3步,重新计算超平面,继续迭代第2步,寻求一个在所有样本上间隔最大化的划分超平面。

给定 $D_l = \{(x_1, y_1), (x_2, y_2), \cdots, (x_l, y_l)\}$ 与 $D_u = \{x_{l+1}, x_{l+2}, \cdots, x_{l+u}\}$,其中 $y_i \in \{-1, 1\}$,$l \ll u$,$l + u = m$,TSVM 的学习目标是为 D_u 中的样本给出预测标记 $\hat{y} = (\hat{y}_{l+1}, \hat{y}_{l+2}, \cdots, \hat{y}_{l+u})$,$\hat{y}_i \in \{-1, 1\}$,使得

$$\min_{\boldsymbol{\omega}, b, \hat{y}, \xi} \frac{1}{2}\|\boldsymbol{\omega}\|^2 + C_l \sum_{i=1}^{l} \xi_i + C_u \sum_{i=l+1}^{m} \xi_i \quad (5.10)$$

$$y_i(\boldsymbol{\omega}^T x_i + \boldsymbol{b}) \geq 1 - \xi_i, \quad i = 1, 2, \cdots, l$$

$$\hat{y}_i(\boldsymbol{\omega}^T x_i + \boldsymbol{b}) \geq 1 - \xi_i, \quad i = l+1, \quad l+2, \cdots, m$$

$$\xi_i \geq 0, \quad i = 1, 2, \cdots, m$$

其中,$(\boldsymbol{\omega}, b)$ 确定了一个划分超平面;$\boldsymbol{\xi}$ 为松弛向量,$\xi_i\ (i=1,2,\cdots,l)$ 对应有标记样本,$\xi_i\ (i=l+1,\ l+2,\cdots,m)$ 对应未标记样本;C_l 与 C_u 是由用户指定的用于平衡模型复杂度、有标记样本与未标记样本重要程度的折中参数。TSVM 采用局部搜索来迭代式(5.10)的近似解。

例5.9 以鸢尾花数据为例,运用 TSVM 进行分类。

```
from sklearn.datasets import load_iris
from sklearn.model_selection import train_test_split
from sklearn.preprocessing import StandardScaler
from sklearn.svm import SVC
from sklearn.metrics import accuracy_score
from tsvm import TSVM
#加载鸢尾花数据集
iris = load_iris()
X, y = iris.data, iris.target
#划分训练集和测试集
X_train, X_test, y_train, y_test = train_test_split(X, y, test_size=0.2, random_state=42)
#数据标准化
scaler = StandardScaler()
X_train = scaler.fit_transform(X_train)
X_test = scaler.transform(X_test)
```

```
#初始化 TSVM 模型
tsvm = TSVM(kernel='linear', C=1.0, max_iter=1000)
#训练 TSVM 模型
tsvm.fit(X_train, y_train)
#预测测试集结果
y_pred = tsvm.predict(X_test)
#计算准确率
acc = accuracy_score(y_test, y_pred)
print("Accuracy: {:.2f}%".format(acc * 100))
```

在这个例子中，首先，加载鸢尾花数据集，并将其划分为训练集和测试集。其次，对数据进行标准化处理，以便更好地适应 TSVM 模型。再次，初始化一个 TSVM 模型，并使用训练集对其进行训练。最后，使用测试集对模型进行评估，并输出分类准确率。

为了解决半监督支持向量机在实际应用中遇到的一些问题（如效率低下、性能下降和代价敏感等），研究者提出了多种改进算法。例如，meanS3VM 算法针对效率低下的问题进行优化；S4VM 算法则避免了在使用无标记数据时性能下降；CS4VM 算法则关注代价敏感问题的解决方案。

总的来说，半监督支持向量机是一种有效的机器学习方法，特别适用于那些标记数据稀缺但未标记数据丰富的应用场景。通过合理地结合有标记和无标记数据，半监督支持向量机能够在许多实际问题中取得良好的分类效果。

5.2.4.2 图半监督学习

图半监督学习是一种依赖图形结构并利用未标记数据来增强学习效果的机器学习方法。假设图中的标签信息在相邻节点之间是"平滑"传递的，即如果两个样本在图结构中存在较强的连接关系（如通过强边相连），那么它们的标签很可能相同。具体来说，基于图的半监督学习算法首先会构建一个图模型，其中，图中的节点与数据样本对应，而边则代表了样本之间的相似性或相关性。接着，这些算法会运用标签传播的策略，即依据节点间的相似性或相关性，一个已标记节点的标签信息会逐步传播到其相邻的未标记节点。在标签传播的过程中，每个节点都会根据自身的特征及邻居节点的特征和标签信息来更新自身的标签预测。这种过程迭代进行，直到达到一定的收敛条件或预设的迭代次数。

由于图结构可以自然地映射到矩阵表示，所以基于图的半监督学习算法还可以利用矩阵运算来进行高效的推导和分析。通过矩阵运算，可以方便地处理大规模的图数据，并实现高效的标签传播和节点标签更新。这种基于矩阵的方法不仅提高了计算效率，还使得算法能够更好地适应复杂的图结构和数据分布。下面给出了二分类问题的标记传播方法。

给定 $D_l = \{(x_1, y_1), (x_2, y_2), \cdots, (x_l, y_l)\}$ 和 $D_u = \{x_{l+1}, x_{l+2}, \cdots, x_{l+u}\}$，$l \ll u$，$l+u = m$。基于 $D_l \cup D_u$ 构建一个图 $G = (V, E)$，其中顶点集 $V = \{x_1, x_2, \cdots, x_l, x_{l+1}, \cdots, x_{l+u}\}$，边集 E 可表示为一个亲和矩阵，可以根据高斯函数定义为

$$(W)_{ij} = \begin{cases} \exp(-\|x_i - x_j\|_2^2/(2\sigma^2)), & i \neq j \\ 0, & \text{其他} \end{cases} \tag{5.11}$$

其中，$i, j \in \{1, 2, \cdots, m\}$；$\sigma > 0$ 是用户指定的高斯函数带宽参数。

假定从图 $G = (V, E)$ 学到一个实值函数 $f : V \to \mathbb{R}$，与其对应的分类规则为 $y_i = \text{sign}(f(x_i))$，$y_i \in \{-1, 1\}$，依此可以定义此实值函数的"能量函数"，如式（5.12）所示：

$$\begin{aligned} E(f) &= \frac{1}{2} \sum_{i=1}^m \sum_{j=1}^m (W)_{ij} (f(x_i) - f(x_j))^2 \\ &= \frac{1}{2} \left(\sum_{i=1}^m d_i f^2(x_i) + \sum_{j=1}^m d_j f^2(x_j) - 2 \sum_{i=1}^m \sum_{j=1}^m (W)_{ij} f(x_i) f(x_j) \right) \\ &= \sum_{i=1}^m d_i f^2(x_i) - \sum_{i=1}^m \sum_{j=1}^m (W)_{ij} f(x_i) f(x_j) \\ &= \boldsymbol{f}^\mathrm{T} (\boldsymbol{D} - \boldsymbol{W}) \boldsymbol{f} \end{aligned} \tag{5.12}$$

其中，$\boldsymbol{f} = (\boldsymbol{f}_l^\mathrm{T}, \boldsymbol{f}_u^\mathrm{T})$，$\boldsymbol{f}_l = (f(x_1); f(x_2); \cdots; f(x_l))$，$\boldsymbol{f}_u = (f(x_{l+1}); f(x_{l+2}); \cdots; f(x_{l+u}))$ 分别为函数 $\boldsymbol{f}$ 在有标记样本与未标记样本上的预测结果；$\boldsymbol{D} = \text{diag}(d_1, d_2, \cdots, d_{l+u})$ 是一个对角矩阵，其对角元素 $d_i = \sum_{j=1}^{l+u} (W)_{ij}$ 为矩阵 $\boldsymbol{W}$ 的第 i 行元素之和。

具有最小能量的函数 $\boldsymbol{f}$ 在有标记样本上满足 $f(x_i) = y_i$（$i = 1, 2, \cdots, l$），在未标记样本上满足 $\Delta \boldsymbol{f} = 0$，其中，$\Delta = \boldsymbol{D} - \boldsymbol{W}$ 为 Laplace 矩阵，以第 l 行与第 l 列为界。

例 5.10 以 Cora 数据集为例，运用图半监督学习进行分类。Cora 数据集由经过特定筛选的机器学习领域论文构成，其中每篇论文至少与另一篇论文存在引用关系（在最终数据集中，每篇论文要么引用别的论文，要么被别的论文引用）。这确保了语料库中的所有文档都通过引用网络相互连接，形成了一个无孤立点的连通图。整个数据集包含 2708 篇这样的论文。在进行词干抽取、词尾去除处理，并且移除出现频率低于 10 的所有单词后，数据集中剩余的独特单词数量为 1433 个。

Cora 数据集分为两个文件：cora.content 和 cora.cites。cora.content 文件共有 2708 行，每行代表一篇论文的信息。每行信息由 3 部分构成：第 1 列是论文的唯一编号，第 2 至 1433 列表示该论文的词向量（基于上述 1433 个独特单词），第 1434 列是该论文所属的类别标签。例如，一行数据可能是"31336　00…00 Neural_Networks"，其中"31336"是论文编号，后面的数字串是论文的词向量（这里以"00…00"示意，实际为 1432 个数值），最后的"Neural_Networks"是论文的分类。

cora.cites 文件则包含了 5429 行数据，每行记录了两篇论文之间的引用关系。具体来说，每行的前一个数字是先发表的论文编号，后一个数字是引用前者的论文编号。例如，一行数据可能是"35 1033"，表示论文编号为 35 的论文引用了编号为 1033 的论文。如果将这些论文视为图中的节点，那么 cora.cites 文件中的每行就代表了节点间的一条边。

```python
import torch
from torch_geometric.datasets import Planetoid
from torch_geometric.nn import GraphSAGEConv, global_mean_pool
from torch.nn import functional as F
#加载 Cora 数据集
dataset = Planetoid(root='/tmp/Cora', name='Cora')
data = dataset[0]
#定义 GraphSAGE 模型
class Net(torch.nn.Module):
    def __init__(self):
        super(Net, self).__init__()
        self.conv1 = GraphSAGEConv(dataset.num_features, 16)
        self.conv2 = GraphSAGEConv(16, dataset.num_classes)
    def forward(self, x, edge_index):
        x = F.relu(self.conv1(x, edge_index))
        x = F.dropout(x, training=self.training)
        x = self.conv2(x, edge_index)
        return global_mean_pool(x, data.batch)
#初始化模型和优化器
device = torch.device('cuda' if torch.cuda.is_available() else 'cpu')
model = Net().to(device)
optimizer = torch.optim.Adam(model.parameters(), lr=0.01, weight_decay=5e-4)
#训练模型
model.train()
for epoch in range(200):
    optimizer.zero_grad()
    out = model(data.x.to(device), data.edge_index.to(device))
    loss = F.cross_entropy(out[data.train_mask], data.y[data.train_mask])
    loss.backward()
    optimizer.step()
#测试模型
model.eval()
_, pred = model(data.x.to(device), data.edge_index.to(device)).max(dim=1)
correct=float(pred[data.test_mask].eq(data.y[data.test_mask]).sum().item())
acc = correct / data.test_mask.sum().item()
print('Accuracy: {:.4f}'.format(acc))
```

在这个例子中，首先加载了 Cora 数据集，并使用 Planetoid 类将其转换为 PyTorch Geometric 中的图像数据格式。然后，定义了一个 GraphSAGE 模型，该模型包含两个 GraphSAGE 卷积层和一个全局平均池化层。接下来，初始化模型和优化器，并在训练集上进行 200 个 epoch 的训练。最后，在测试集上评估模型的性能，并输出准确率。

然而，尽管基于图的半监督学习方法在理论上很有吸引力，但在实际应用中还存在一些挑战。例如，由于需要存储整个图的结构，此类算法往往需要大量存储空间，这可能使其难以直接处理大规模的数据集。此外，由于构图过程仅能考虑训练样本集，因此新的样本在图中的位置也难以判断。

近年来，研究者们提出了许多改进的图半监督学习算法来解决这些问题。例如，semi-GCN 是一种简单有效的 GCN 框架，它使用一阶切比雪夫多项式展开近似谱卷积，使每个卷积层仅处理一阶邻域信息，然后通过分层传播规则叠加一个个卷积层达到多阶邻域信息传播。这些新的方法为图半监督学习在各种领域的应用提供了可能性。

本章小结

本章核心内容聚焦信息抽取的全方位介绍，首先阐述了信息抽取的基本概念，明确了其在文本处理中的重要地位；接着详细探讨了信息抽取的主要任务，包括命名实体识别、关系抽取等，这些任务为从文本中抽取结构化信息提供了明确的方向。

在方法和技术层面，本章系统地介绍了 4 种主要的信息抽取方法：基于规则的方法、有监督学习方法、无监督学习方法和半监督学习方法。每种方法都有其独特的优点和适用场景，提供了丰富的选择。

通过本章的学习，读者可以对信息抽取有一个全面的认识，为后续的学习和研究打下坚实的基础。

第 6 章

命名实体识别

(1)理解命名实体识别技术的发展现状,包括命名实体识别技术的历史演变和最新进展。

(2)掌握命名实体识别的概念、任务和应用场景。

(3)熟悉不同的实体识别模型,包括循环神经网络、BI-LSTM-CRF 模型、Seq2Seq 模型和注意力机制。

(4)掌握循环神经网络在命名实体识别中的应用,了解循环神经网络的原理和结构,以及如何应用于命名实体识别任务。

(5)掌握 BI-LSTM-CRF 模型的结构、原理和训练过程,以及在命名实体识别中的优势和应用。

(6)掌握 Seq2Seq 模型的原理和结构,以及如何应用于命名实体识别任务。

(7)掌握注意力机制的原理和作用,以及如何结合其他模型应用于命名实体识别任务。

(8)实践和应用实体识别模型:通过实际案例和练习,将学到的知识和技能应用到命名实体识别任务中,提升实体识别的效果和准确性。

通过对本章的学习,读者能够全面了解命名实体识别技术的现状和发展,掌握不同实体识别模型的原理和应用,为进一步研究和实践命名实体识别打下坚实的基础。

在自然语言处理领域,抽取能够代表文本核心内容的关键词是目前的研究热点。因此,命名实体识别(Named Entity Recognition,NER)技术对于文本搜索、推荐系统、知识图谱构建及智能问答系统等应用至关重要。近年来,随着深度学习技术的发展,使分散的字符标记能够转换为维度更低、信息密度更高的词向量表示,使得命名实体识别技术在使用这些词向量时能够实现最优性能。本章将重点讨论预训练模型与命名实体识别技术结合的应用和进展。

6.1 命名实体识别技术的发展现状

命名实体识别技术正处于蓬勃发展的时期，其演进过程涵盖了从基于词典和规则的初步尝试，到传统机器学习方法的引入，再到如今深度学习的广泛应用。

在命名实体识别的早期阶段，基于词典和规则的方法占据了主导地位。这种方法依赖预先定义好的词典和一系列规则来识别文本中的实体。尽管操作简单，但面对复杂的文本结构和不断变化的实体时，其适应性却不尽如人意。例如，如果词典中未包含某个新出现的地名或人名，这种方法就无法有效识别。

随着机器学习技术的发展，命名实体识别领域开始引入条件随机场（CRF）等传统机器学习模型。这些模型能够利用丰富的特征信息来识别实体，展现出更强的泛化能力。然而，这些方法的性能往往受到特征工程质量的限制，且需要大量的标注数据进行训练。

近年来，深度学习技术的飞速发展极大地推动了命名实体识别技术的进步。借助神经网络的强大能力，基于深度学习的命名实体识别方法能够自动提取文本特征，有效处理复杂的自然语言处理任务，并在众多情况下都达到了接近甚至超越人类水平的性能。例如，循环神经网络和长短期记忆网络等模型能够捕捉文本中的长距离依赖关系，进一步提升实体识别的准确性。

当前的研究方向还涵盖了如何在数据稀缺的情况下训练高效的命名实体识别模型，以及如何将外部知识融入预训练模型中以提高其性能和准确性。此外，迁移学习也成为一个热门的研究领域，它探讨如何利用在其他任务上学到的知识来进一步提升命名实体识别系统的性能。

总的来说，命名实体识别技术正处于快速发展之中，其应用领域也在不断拓展。随着技术的不断进步和创新，相信 NER 将在未来取得更多突破性成绩。

6.2 命名实体识别的概念

命名实体识别（NER）专注于文本中具有显著意义或高度指代性的实体，如人名、地名、组织机构名和日期时间等。这些命名实体在文本中至关重要，对于深入理解文本内容和上下文都不可或缺。在信息抽取（Information Extraction）的过程中，命名实体识别是一个基础且关键的步骤。

信息抽取旨在从非结构化的自然语言文本中抽取出结构化的信息，以支持后续的处理和分析。命名实体识别通过精确识别文本中的命名实体，为后续的信息抽取任务提供基础数据，包括关系抽取、事件检测等。它不仅是信息抽取的基石，也是众多自然语言处理应用的重要组成部分。命名实体识别的性能直接影响这些应用的效果和用户体验。

例如，在新闻报道中，通过命名实体识别技术识别涉及的人物和地点，可以更准确地理解事件的发展脉络和潜在影响。此外，命名实体识别技术的识别结果还能为后续的机器翻译、问答系统等应用提供有力的支持，使这些系统能够更准确地理解和响应用户的查询。

随着深度学习技术的飞速发展，命名实体识别技术的准确性和应用范围得到了显著提升。通过利用深度学习的强大能力，命名实体识别系统能够自动学习和提取文本中的特征，从而更准确地识别各种命名实体。这不仅提高了命名实体识别的性能，也拓展了其在各个领域的应用范围。常见的命名实体及示例如表 6.1 所示。

表 6.1 常见的命名实体及示例

实 体 名	标 签	示 例
人名	PER	[朱元璋]$_{PER}$ 是明朝的开国皇帝
地名	LOC	2010 年的世界博览会是在[上海]$_{LOC}$ 举办的
组织机构名	ORG	[上海财经大学]$_{ORG}$ 源于 1917 年[南京高等师范学校]$_{ORG}$ 创办的商科
疾病名	DIS	[高血压]$_{DIS}$ 已成为影响全球死亡率的一个危险因素

在"张艺谋导演的电影《长城》在北京举行首映礼，该片由乐视影业和环球影业联合出品。"中，使用命名实体识别技术后，文本中的实体被标注为：

"张艺谋"（人名）

"《长城》"（电影名）

"北京"（地名）

"乐视影业"（公司名）

"环球影业"（公司名）

这个例子展示了如何利用命名实体识别技术从一段中文文本中准确地抽取关键信息，如人名、电影名、地名及公司名。

命名实体识别的核心任务是准确地在文本中识别出命名实体。这一过程通常分为两个关键步骤：首先是实体边界的识别，即确定文本中命名实体的起始位置和结束位置；其次是实体类别的识别，即判断识别出的命名实体属于哪一类别。

对于中文文本而言，它没有类似英文文本中的空格来显示标示词的边界，也没有英文中常见的首字母大写作为词汇的标志，这使得中文文本的实体边界识别极具挑战性。在中文文本中，命名实体往往与周围的普通词汇紧密相连，没有明显的分隔符，因此，准确地识别出命名实体的边界对于提高整个命名实体识别的准确率至关重要。

命名实体识别技术在实际应用中面临的主要难题包括解析歧义和识别未登录词汇。

歧义指的是在文本中，相同的名称有时可以关联多种不同类型的实体。例如，在句子"我们约定明天上午 10:00 在上海财经大学见面"中，"上海财经大学"表示的是地名；而在句子"上海财经大学的校训是：厚德博学、经济匡时"中，"上海财经大学"则表示组织机构名。这种歧义给命名实体识别带来了很大困难，需要系统能够结合上下文信息来准确判断实体的类别。

未登录词汇指的是在训练数据中没有出现过，但在实际文本中可能出现的词汇。由于这些词汇在训练过程中没有被系统学习过，因此系统往往无法准确地识别出它们。这要求命名实体识别系统具有一定的泛化能力，能够处理一些未知的新词汇。

为了解决这些问题，研究者们不断探索新的方法和技术，如利用深度学习模型自动学习文本特征、结合外部知识库增强系统对未登录词汇的识别能力等，以提高命名实体识别的准确性和泛化能力。

6.3 实体识别模型

NER 是自然语言处理领域中的一项核心任务，有许多不同的模型可以用于执行 NER 任务，包括传统的基于规则和模板的方法，以及基于深度学习的方法。在传统方法中，通过人工设定的规则和模板来识别命名实体是一种常见做法。然而，随着深度学习技术的兴起，多种神经网络模型被广泛应用于 NER 任务中，如多层感知机（MLP）、条件随机场、循环神经网络、指针网络（Pointer Network）等都是常用的模型。还有一些模型通过结合不同技术的优势来提升 NER 的性能。例如，双向长短期记忆网络与条件随机场的结合，以及 BERT 模型与条件随机场的结合，都展现了出色的性能，Seq2Seq（序列到序列）模型也因其强大的序列生成能力而在 NER 任务中得到了应用。此外，TemplateNER 模型则采用了一种独特的方法。其核心思想是利用 N-gram 方法生成候选实体，然后将这些候选实体与预定义的手工模板进行匹配。通过 BERT 模型对匹配结果进行打分，TemplateNER 模型能够预测文本中的最终实体类别。这里主要介绍循环神经网络、BI-LSTM-CRF 模型与 Seq2Seq 模型 3 种方法，它们在现代命名实体识别任务中扮演着重要角色。

6.3.1 循环神经网络

6.3.1.1 循环神经网络的概念

循环神经网络（Recurrent Neural Networks，RNN）的设计使其能够处理序列数据，如时间序列分析、自然语言处理等领域的问题。与传统的神经网络不同，RNN 能够在其隐藏层中保留之前的信息，并将其用于当前的计算，这使得它们在处理序列数据时具有优势。

RNN 是一种特殊类型的人工神经网络，其特点是神经元之间的连接形成了一个环状结构。这种网络能够通过其内部状态来捕捉和表示动态的时间序列信息。与传统的前馈神经网络相比，RNN 能够利用其内在的记忆功能来有效地处理任意长度的时序输入数据，使其在处理连续手写识别、语音识别等任务时更为得心应手。

RNN 的学习能力不局限于当前时间点的信息，还能够考虑到先前时间点的序列信息。这种对历史信息的依赖使得 RNN 在处理时间序列数据和语言文本序列方面具有显著的优势。RNN 的网络结构通常由一系列重复的神经网络模块组成，这些模块在标准的 RNN 中呈现出一种相对简单的结构形式。

6.3.1.2 循环神经网络的结构

RNN 的基本结构一般包含 3 个部分：输入层、隐藏层和输出层，如图 6.1 所示。

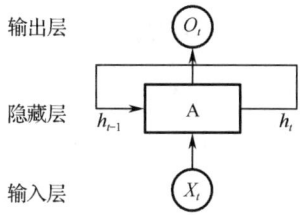

图 6.1 RNN 的基本结构

在图 6.1 中，可以观察到 RNN 的核心部分 A 的输入构成：除了直接来自输入层的数据 X_t，还有一个特殊的循环连接，它将前一个时间步（也称为时间步长）的隐藏状态 h_{t-1} 作为输入引入。在每个时间步，模块 A 会综合考虑当前的输入 X_t 和先前的隐藏状态 h_{t-1}，通过某种计算逻辑生成新的隐藏状态 h_t，基于这个新的隐藏状态，RNN 会进一步计算出当前时刻的输出 O_t。由于在不同时间点上，模块 A 所执行的操作及所涉及的变量类型和数量都是一致的，这种特性使得 RNN 实质上是在时间维度上将相同的神经网络结构进行连续的复制和扩展。这种参数共享机制是 RNN 的关键所在，它允许 RNN 使用有限的参数集合来有效地处理任意长度的序列数据。通过共享参数，RNN 能够在不同的时间步上捕获和记忆序列中的动态信息与模式，从而实现对序列数据的建模和预测。

如果将图 6.1 展开，可以得到如图 6.2 所示的展示结构图。

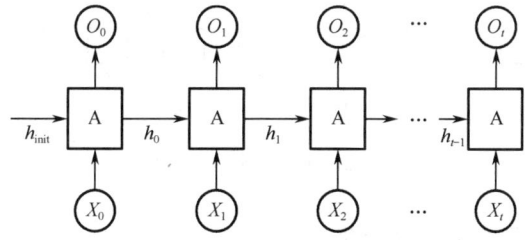

图 6.2 RNN 的展示结构图

由图 6.2 可以看出，RNN 在对长度为 N 的序列展开以后，RNN 可以被视作一个具有 N 层中间层的特殊前馈神经网络。在这个视角下，网络失去了循环的特性，转变为一系列相连的层次结构，从而允许使用标准的反向传播算法进行训练。这种针对 RNN 优化的特定算法被称为沿时间反向传播（Back-Propagation Through Time，BPTT），它也是 RNN 训练中广泛采用的一种方法。

假设 $X_t \in \mathbb{R}^{n \times x}$ 是序列中的第 t 个批量输入（样本数为 n，每个样本的特征向量维度为 n），对应的隐藏层输出是隐藏状态 $H_t \in \mathbb{R}^{n \times h}$（隐藏层长度为 h），对应的输出为 $\hat{Y}_t \in \mathbb{R}^{n \times Y}$（每个样本对应的输出向量维度为 Y）。在计算隐藏层输出的时候，RNN 只需要在前馈神经网络的基础上加上前一时刻 $t-1$ 输入隐藏层 $H_{t-1} \in \mathbb{R}^{n \times h}$ 的加权和。为此，引入学习权重 $W_{nh} \in \mathbb{R}^{n \times h}$，如式（6.1）所示：

$$H_t = f(X_t W_{xh} + H_{t-1} W_{nh} + b_h) \tag{6.1}$$

输出结果如式（6.2）所示：

$$\hat{Y}_t = \text{softmax}(H_t W_{hy} + b_y) \tag{6.2}$$

隐藏状态可以被视为网络的记忆。在网络中，时刻 t 的隐藏状态即为该时刻的隐藏层变量 H_t。它储存了前面时间的信息，即输出仅基于此状态。最初隐藏层状态的元素通常会被初始化为 0。

RNN 的结构使得它非常适合处理前后有依赖关系的数据样本。以语言模型为例，解释其工作原理如下。

假设句子是"我喜欢吃苹果"，使用循环神经网络来预测的一个做法是在时间 1 输入"我"，预测"喜"，然后在时间 2 将"喜"作为输入，预测"欢"。在每个时间步，RNN 都会接收前一个时间步的输出作为输入，并将其与当前时间步的输入一起进行处理。通过这种方式，RNN 能够捕捉序列中的前后依赖关系，并生成相应的输出。

具体来说，RNN 会将前一个时间步的输出作为隐藏状态，并将其与当前时间步的输入进行加权求和，然后应用激活函数（如 ReLU 或 tanh）进行非线性变换。这个隐藏状态会作为下一个时间步的输入，并继续进行相同的处理过程。通过重复这个过程，RNN 可以逐步处理整个句子，并根据隐藏状态进行最终的输出。在这个例子中，RNN 将根据前两个字符的上下文信息来预测第 3 个字符。RNN 的运行过程如图 6.3 所示。

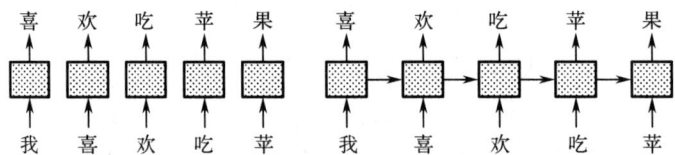

图 6.3 RNN 的运行过程

6.3.1.3 循环神经网络的梯度计算

实际上，通过时间反向传播仅仅是标准反向传播方法在循环神经网络中的特定应用。这个过程包括将循环神经网络按照时间顺序展开，揭示模型变量与参数之间的依赖关系，并利用链式法则执行反向传播以计算梯度。下面通过一个简单的循环神经网络的例子来解释反向传播。

1. 模型定义

给定一个输入为 $x_t \in \mathbb{R}^x$（其中每个样本的输入向量表示为 $\boldsymbol{x}$），以及对应的真实值为 $y_t \in \mathbb{R}$ 的时序数据训练样本（$t = 1, 2, \cdots, T$ 为不同的时刻），暂且不考虑存在偏差的问题，可以得到隐藏层变量的表达式如式（6.3）所示。

$$h_t = f(\boldsymbol{W}_{hx} x_t + \boldsymbol{W}_{nh} h_{t-1}) \tag{6.3}$$

其中，$h_t \in \mathbb{R}^h$ 是向量长度为 h 的隐藏层变量；$\boldsymbol{W}_{hx} \in \mathbb{R}^{h \cdot x}$ 与 $\boldsymbol{W}_{nh} \in \mathbb{R}^{n \cdot h}$ 是隐藏层的模型参数。使用隐藏层变量和输出层模型参数 $\boldsymbol{W}_{yh} \in \mathbb{R}^{y \cdot h}$，可以得到相应时刻的输出层变量 $O_t \in \mathbb{R}^y$ 如式（6.4）所示。

$$O_t = \boldsymbol{W}_{yh} h_t \tag{6.4}$$

给定每个时刻损失函数的计算公式 ℓ，长度为 T 的整个时序数据的损失函数 L 如式（6.5）所示。

$$L = \frac{1}{T} \sum_{t=1}^{T} \ell(o_t, y_t) \tag{6.5}$$

式（6.5）也是模型最终需要被优化的目标函数。

2. 梯度计算与存储

由于循环神经网络具有循环结构，其梯度计算涉及时间维度的展开。以 $T=3$ 为例，RNN 的计算过程如图 6.4 所示。

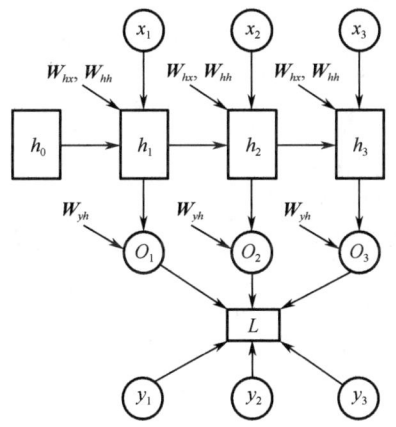

图 6.4 RNN 的计算过程

如图 6.4 所示，参数包括输入到隐藏层的权重矩阵 $\boldsymbol{W}_{hx}$、隐藏层到隐藏层的权重矩阵 $\boldsymbol{W}_{hh}$ 和隐藏层到输出层的权重矩阵 $\boldsymbol{W}_{yh}$，为了训练这 3 个参数，通常使用反向传播算法结合时间反向传播来计算梯度，并以随机梯度下降为例来更新这些参数。

假设学习速率为 η，参数更新可以通过如下步骤进行。

第 1 步，前向传播：在每个时间步 t，使用当前的输入 x_t、上一时间步的隐藏状态 h_{t-1} 和权重矩阵 $\boldsymbol{W}_{hx}$、$\boldsymbol{W}_{hh}$ 来计算当前时间步的隐藏状态 h_t。接着，使用隐藏状态 h_t 和权重矩

阵 W_{yh} 计算输出 y_t。

第 2 步，计算损失：根据模型输出 y_t 和真实标签（或目标输出）$\hat{y}_t$ 计算损失函数 $L(y_t, \hat{y}_t)$。对于整个序列，将所有时间步的损失累加或取平均值得到总损失 L。

第 3 步，反向传播：使用时间反向传播算法来计算损失函数关于权重矩阵 W_{hx}、W_{hh} 与 W_{yh} 的梯度，从序列的最后一个时间步开始，逐步反向传播梯度直到序列的开始。

第 4 步，更新参数：使用计算出的梯度和学习速率 η 来更新每个权重矩阵。具体来说，对于每个权重矩阵 W，其更新规则如式（6.6）所示。

$$W^+ = W - \eta \cdot \frac{\partial L}{\partial W} \quad (6.6)$$

其中，$\frac{\partial L}{\partial W}$ 是损失函数 L 关于权重矩阵 W 的偏导数。

第 5 步，重复上述步骤，使用新的数据样本（或小批量数据）进行前向传播、计算损失、反向传播和更新参数，直到满足停止条件，从而提高模型的预测性能。

需要注意的是，由于 RNN 具有记忆能力，它会保留之前时间步的信息，并在后续时间步中利用这些信息进行预测。这使得 RNN 能够更好地理解句子中的前后关系，并生成更准确的输出结果。

例 6.1 以"我喜欢吃苹果""苹果很好吃""我不喜欢吃香蕉"为例，运用 RNN 方法进行实体识别。

```
from keras.models import Sequential
from keras.layers import Dense, Embedding, SimpleRNN, TimeDistributed
from keras.preprocessing.text import Tokenizer
from keras.preprocessing.sequence import pad_sequences
import numpy as np
#假设有以下文本数据和对应的 BIO 标注
texts = ['我喜欢吃苹果', '苹果很好吃', '我不喜欢吃香蕉']
labels = [['O', 'O', 'O', 'B-FRUIT'], ['B-FRUIT', 'O', 'O', 'O'], ['O', 'O', 'O', 'B-FRUIT']]
#将 BIO 标签转换为整数
label_tokenizer = Tokenizer(num_words=1, filters='')
label_tokenizer.fit_on_texts(['O', 'B-FRUIT', 'I-FRUIT'])   #假设只有这 3 种标签
label_sequences = label_tokenizer.texts_to_sequences(labels)
#计算最大序列长度
max_sequence_len = max([len(seq) for seq in sequences])
#对标签序列进行填充，使它们具有相同的长度
label_data = pad_sequences(label_sequences, maxlen=max_sequence_len, padding='post')
#转换为 one-hot 编码（因为有多个类别）
num_classes = len(label_tokenizer.word_index) + 1     #加 1 是为了包括 0 索引（通常是 padding）
label_data = np.eye(num_classes)[label_data]          #One-Hot 编码
#创建一个简单的 RNN 模型用于序列标注
model = Sequential()
model.add(Embedding(input_dim=len(tokenizer.word_index) + 1, output_dim=32, input_length=max_sequence_len))
```

```
model.add(SimpleRNN(32, return_sequences=True))  #返回每个时间步的输出
model.add(TimeDistributed(Dense(num_classes, activation='softmax')))  #对每个时间步的输出进行分类
#编译模型
model.compile(optimizer='rmsprop',loss='categorical_crossentropy', metrics=['accuracy'])
#注意：这里不会直接训练这个模型，因为没有划分训练集和测试集
#并且没有为'I-FRUIT'标签提供任何数据（这只是一个示例）
#但在实际中，需要这样做，并且可能还需要调整模型架构和参数
#假设有一个新的句子需要预测
new_text = tokenizer.texts_to_sequences(['这是另一个苹果'])
new_text = pad_sequences(new_text, maxlen=max_sequence_len)
#使用模型进行预测
predictions = model.predict(new_text)
#将预测结果转换回标签
predicted_labels = np.argmax(predictions, axis=-1)
predicted_labels=[label_tokenizer.index_word[i] for i in predicted_labels[0]]
print(predicted_labels)    #这将输出预测的 BIO 标签序列
```

在这个例子中，不包括一些在实际项目中的重要步骤，如数据划分、超参数调整、模型评估等。此外，对于更复杂的实体识别任务，可能需要使用更先进的模型架构，如双向 RNN、LSTM、GRU 或 Transformer。

循环神经网络（RNN）作为一种功能强大的神经网络结构，特别适合用来处理序列数据。循环神经网络的优点主要体现在以下几个方面。

（1）出色的时序数据处理能力：RNN 能够准确捕捉序列中的时间依赖关系，使得它在自然语言处理、语音识别及时间序列预测等领域中都有出色的表现。

（2）参数共享机制：RNN 采用了一种参数共享的方式，即在整个序列的不同时间步上共享相同的网络结构和参数。不仅降低了模型的复杂度，还减少了需要训练的参数数量，使得模型更加有效。

（3）上下文依赖建模：RNN 具有记忆能力，能够存储并利用先前的信息。这使得它在处理需要依赖上下文的任务时具有天然的优势，如文本生成、情感分析等。

尽管循环神经网络存在这些优点，但也还存在一些问题及挑战。

（1）梯度消失与梯度爆炸问题：由于 RNN 的递归特性和参数共享，在反向传播过程中可能会出现梯度消失或梯度爆炸的问题，这会影响模型的训练效果和收敛速度。

（2）长期依赖问题：传统的 RNN 在处理长序列数据时，往往难以捕捉长距离的时间依赖关系，导致它只能利用较短的上下文信息。

（3）计算效率较低：RNN 的计算过程是基于时间步的，需要依次处理每个时间步的数据。这在一定程度上限制了 RNN 的计算效率，特别是在处理长序列数据时。

尽管如此，RNN 仍然是处理序列数据的重要工具。为了解决 RNN 存在的梯度消失、梯度爆炸、长期依赖和计算效率低等问题，研究者们提出了多种改进 RNN 变体的方法，如长短期记忆网络（LSTM）和门控循环单元（GRU）。这些变体通过引入门控机制来控制

信息的流动和遗忘，使得模型能够更好地处理长序列数据和长期依赖问题。

6.3.2 BI-LSTM-CRF 模型

BI-LSTM-CRF 模型是一种结合双向长短期记忆网络（BI-LSTM）和条件随机场（CRF）的先进架构，专为序列标注任务所设计。该模型通过 BI-LSTM 层捕捉输入序列中的双向上下文信息，特别是长距离的时间依赖关系，这是其独特的记忆能力所产生的。随后，CRF 层被引入以建模输出标签序列的联合概率分布，从而在序列层面优化决策过程，确保输出的标签序列在全局是最优的。这种模型架构在序列标注任务中展现出了强大的性能和准确性。

6.3.2.1 长短期记忆网络

长短期记忆网络（Long Short-Term Memory，LSTM）是一种专门设计来解决长期依赖问题的循环神经网络（RNN）变体，LSTM 通过其独特的结构设计，能够有效处理和预测时间序列中间隔较长的重要事件。这种网络结构在 1997 年被首次提出，并且在许多领域展现出显著的性能优势，特别是在自然语言处理（NLP）和时间序列分析等领域。LSTM 的核心是记忆元（Memory Cell），主要存储额外的信息以捕捉长期依赖关系。为了控制这些记忆元，LSTM 引入了 3 种门控机制：输入门、遗忘门和输出门。输入门决定了何时允许新的信息输入到记忆元中，遗忘门则负责决定何时遗忘记忆元中不再需要的信息，而输出门则控制何时将记忆元中的信息输出到 LSTM 的当前状态。

LSTM 的隐藏状态由两部分组成：隐藏层变量 H 和细胞状态 C（记忆元）。通过这 3 个门和细胞状态的协同工作，LSTM 能够学习时间序列数据中的复杂模式和长期依赖关系。LSTM 的基本结构如图 6.5 所示，图中描绘了包含 3 个神经网络的 LSTM 的内部结构，清晰地展示了门控机制和细胞状态如何共同作用于 LSTM 的运算过程。

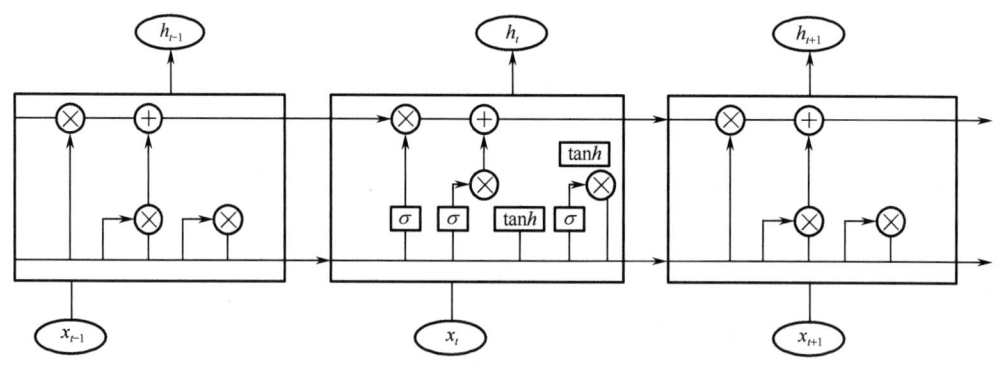

图 6.5 LSTM 的基本结构

在 LSTM 网络的训练过程中，为了防止出现梯度爆炸问题，LSTM 采用梯度剪裁技术。当通过时间反向传播算法计算得到的梯度值超过正阈值 c 时，该梯度会被强制设置为 c；

同样如果梯度值小于负阈值 $-c$，则会被设置为 $-c$，梯度剪裁技术会将这些极端的梯度值限制在 c 到 $-c$ 的范围内。这样，极端大的梯度值就不会对模型的训练产生过大影响，有助于模型的稳定训练。

如图 6.5 所示，$\otimes$ 表示乘法操作，用于计算梯度与学习率的乘积以更新权重；$\oplus$ 表示加法操作，用于累积梯度或其他计算中的加法运算。

此外，LSTM 网络中使用了 tanh 函数（双曲正切函数）和 σ 函数（sigmoid 函数）。tanh 函数用于 LSTM 的单元状态更新，因为它能将输出值压缩到 $-1\sim 1$ 的范围内。而 σ 函数用于控制信息的流通，它的输出值在 $0\sim 1$ 之间，其中 0 表示信息无法通过该层（"门"被关闭），而 1 表示信息可以全部通过（"门"被完全打开）。这两个函数在 LSTM 中起到关键的作用，它们帮助网络学习和记忆序列数据中的长期依赖关系。

假定隐藏状态长度为 h，给定时刻 t 的一个样本数为 n 的特征向量、维度为 x 的批量数据 $X_t \in \mathbb{R}^{n\times x}$ 和上一时刻的隐藏状态 $H_{t-1} \in \mathbb{R}^{n\times h}$，输入门 $I_t \in \mathbb{R}^{n\times h}$、遗忘门 $F_t \in \mathbb{R}^{n\times h}$ 和输出门 $O_t \in \mathbb{R}^{n\times h}$ 的定义如式（6.7）～式（6.9）所示。

$$I_t = \sigma(X_t W_{xi} + H_{t-1} W_{hi} + b_i) \tag{6.7}$$

$$F_t = \sigma(X_t W_{xf} + H_{t-1} W_{hf} + b_f) \tag{6.8}$$

$$O_t = \sigma(X_t W_{xo} + H_{t-1} W_{ho} + b_o) \tag{6.9}$$

其中，W_{xi}、W_{xf}、$W_{xo} \in \mathbb{R}^{x\times h}$ 和 W_{hi}、W_{hf}、$W_{ho} \in \mathbb{R}^{h\times h}$ 是可学习的权重参数，b_i、b_f、$b_o \in \mathbb{R}^{1\times h}$ 是可学习的偏移参数。σ 函数自变量中的 3 项相加使用了广播。这里，广播是一种机制，它使形状不同的数组在进行算术运算时，能够相互兼容并进行元素级别的操作。在 σ 函数自变量中，如果这 3 项的加法运算涉及使用广播，则表明尽管这 3 项可能拥有不同的形状，但广播规则会确保它们扩展至一个共同的兼容形状，从而顺利进行加法运算。例如，有 3 个数组 A、B 和 C，它们的形状分别为 (m,n)、$(m,1)$ 和 $(1,n)$，那么在进行加法运算时，数组 B 和 C 会根据广播规则自动扩展（或"广播"）到形状 (m,n)，从而使得它们与数组 A 的形状相匹配，进而可以逐元素进行加法操作。

广播的规则通常包括以下 4 部分。

（1）如果两个数组的维数不同，那么较小维数的数组会在前面补1，直到两个数组的维数相同。

（2）如果两个数组在某个维度上的大小相同，或者其中一个数组在该维度上的大小为 1，则默认这两个数组在该维度上是兼容的。

（3）如果数组在所有维度上都兼容，则可以进行广播。

（4）广播之后，每个数组的行为就相当于它的形状，等于两个输入数组的形状的元素最大值。

因此，如果 σ 函数自变量中的 3 项相加使用广播，可以假设这 3 项在广播后具有相同的形状，从而可以进行元素级别的加法运算。

LSTM 神经网络模型通过其特有的门控机制，有效管理序列信息中的记忆与遗忘过程。这种结构不仅允许模型捕捉输入数据中的近期相关性，还能识别并维系跨越较长时间跨度的长期依赖性。这些特性使得 LSTM 在处理文本数据方面表现出色。通过对大量文本序列数据的训练，LSTM 能够理解并模拟文本之间的复杂关联。一旦训练完成，该模型便有能力基于给定文本的内容，生成连贯的后续文本。

6.3.2.2 双向长短期记忆网络

双向长短期记忆网络（BI-LSTM）是一种改进的循环神经网络（RNN）架构，特别之处在于它由两个 LSTM 网络组成，分别为前向 LSTM 和后向 LSTM。在传统的 LSTM 中，信息只能沿着输入序列的单一方向——从起始到末尾，进行流动和处理。然而，BI-LSTM 的设计允许信息在序列的两个方向上同时流动：其中，前向 LSTM 负责处理从序列开始到结束的正向信息；后向 LSTM 则处理从序列结束到开始的反向信息。通过合并这两个 LSTM 的信息流动方向，BI-LSTM 能够捕捉序列中的双向依赖关系，从而可以在处理序列数据时提供更为丰富的上下文信息。

BI-LSTM 通过这种独特的双向结构，可以同时考虑输入序列中当前位置前后的信息，从而更加全面地理解上下文并据此做出精准预测。在自然语言处理领域，BI-LSTM 凭借其出色的上下文感知能力，对于单词或短语的含义有了更深入的理解，这对于情感分析、机器翻译、语音识别等任务而言，都具有非常重要的价值。

BI-LSTM 的一个主要优势在于它具有捕捉长期依赖关系的能力，无论是向前追溯还是向后追溯，都能有效捕捉。这种能力使得 BI-LSTM 在处理复杂的序列数据时，能够表现出比单向 LSTM 更高的效率和更强的性能。因此，BI-LSTM 已经成为众多需要深入理解序列上下文应用场景的首选模型。

6.3.2.3 双向长短期记忆网络-条件随机场

双向长短期记忆网络-条件随机场（BI-LSTM-CRF）是一种集成双向长短期记忆网络（BI-LSTM）和条件随机场（CRF）优势的深度学习模型。该模型在自然语言处理（NLP）的序列标注任务中展现出显著的优势，尤其是在命名实体识别（NER）和词性标注（POS Tagging）等关键任务中，得到了广泛应用。通过 BI-LSTM 捕捉序列中的长期依赖关系，并结合 CRF 的序列建模能力，可以更准确地预测序列中的标签序列，从而提高标注的准确性和可靠性。

BI-LSTM 是该模型的关键组成部分，负责深入捕捉输入序列中的长期依赖关系。它通过前后两个方向的信息流动，全面理解序列中每个位置的上下文，并生成富含信息的特征来表示。这种双向的处理方式使得模型能够更准确地捕捉序列中的长距离时间依赖关系。

CRF 作为另一关键组件,它利用概率图模型对 BI-LSTM 输出的特征进行解码和预测。CRF 能够充分考虑标签之间的依赖关系,并通过训练数据学习这些依赖关系的概率分布。在预测阶段,CRF 根据输入序列的特征表示和学习到的标签转移概率,生成最有可能的标签序列。

将 BI-LSTM 和 CRF 结合起来,可以充分利用两者的优势。BI-LSTM 能够捕捉序列中的长距离时间依赖关系,而 CRF 则能够利用标签之间的依赖关系进行更准确的预测。这种组合使得 BI-LSTM-CRF 在许多序列标注任务中取得了很好的性能。

总的来说,BI-LSTM-CRF 凭借其深度学习的序列建模能力和统计模型的序列预测优势,在自然语言处理领域展现出出色的性能优势。它不仅能够准确捕捉序列中的长期依赖关系,还能够利用标签之间的依赖关系进行准确的预测,为自然语言处理的发展注入新的活力。

例 6.2 以"我喜欢吃苹果""今天天气很好"为例,使用 BI-LSTM-CRF 进行命名实体识别的简单例子,该例使用 Keras 库。

```python
import numpy as np
from keras.preprocessing import sequence
from keras.models import Model
from keras.layers import Input, Embedding, Bidirectional, LSTM, TimeDistributed, Dense
from keras_contrib.layers import CRF
#假设有以下数据
X = [['我', '喜欢', '吃', '苹果'], ['今天', '天气', '很', '好']]
Y = [[1, 2, 3, 4], [5, 6, 7, 8]]
#将单词转换为整数编码
word2idx = {'我': 1, '喜欢': 2, '吃': 3, '苹果': 4, '今天': 5, '天气': 6, '很': 7, '好': 8}
X_idx = [[word2idx[w] for w in sent] for sent in X]
#对序列进行填充,使它们具有相同的长度
maxlen = max(len(x) for x in X_idx)
X_idx = sequence.pad_sequences(X_idx, maxlen=maxlen)
#定义模型
input = Input(shape=(maxlen,))
model=Embedding(input_dim=len(word2idx)+1,output_dim=50, input_length=maxlen)(input)
model = Bidirectional(LSTM(units=50, return_sequences=True))(model)
model = TimeDistributed(Dense(50, activation="relu"))(model)
crf = CRF(units=len(set([y for sublist in Y for y in sublist])))
out = crf(model)
model = Model(input, out)
model.compile(optimizer="rmsprop",loss=crf.loss_function,metrics=[crf.accuracy])
#训练模型
model.fit(X_idx, np.array(Y), batch_size=16, epochs=5)
```

在这个例子中,首先将句子中的单词转换为整数编码,然后对序列进行填充,使它们具有相同的长度。其次，定义了一个包含嵌入层、双向 LSTM 层和全连接层的模型，并使用 CRF 层进行解码。最后，编译并训练模型。

6.3.3 Seq2Seq 模型

Seq2Seq 模型，作为一种基于神经网络的文本生成架构，其核心目标在于将原始序列转换成目标序列。该模型以独特的方式处理了输入和输出长度可能不匹配的问题，尤为适用于那些长度变化无常的序列转换任务。这一模型最初是为解决机器翻译问题而设计的，然而其影响力远超于此，现今已广泛应用于文本摘要生成、会话建模、图像字幕生成等多个领域。

Seq2Seq 模型的结构主要由两大组件构成：编码器（Encoder）和解码器（Decoder）。编码器负责接收输入序列，并将其转化为一个固定长度的向量 c，这个向量 c 实质上是输入序列核心信息的压缩体现。而解码器则根据这个向量 c，逐步生成输出序列。这种设计使得 Seq2Seq 模型能够灵活处理不同长度的序列。例如，在机器翻译中，即使原始语言和目标语言的句子长度差异显著，模型也能通过捕捉原始句的整体语义来生成恰当的目标句。

Seq2Seq 模型之所以能在自然语言处理领域展现出广泛的应用前景，关键在于它不是简单地进行序列间的一一对应，而是通过学习和理解输入序列的深层次语义信息，来生成与之对应的输出序列。这种能力赋予了 Seq2Seq 模型极大的灵活性和适应性，使其成为处理自然语言相关任务的重要工具。

Seq2Seq 的模型结构有很多种，常见的有 3 种，如图 6.6～图 6.8 所示。

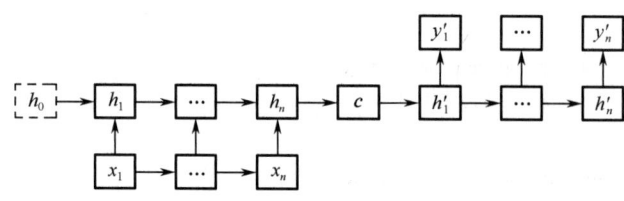

图 6.6　Seq2Seq 模型结构（1）

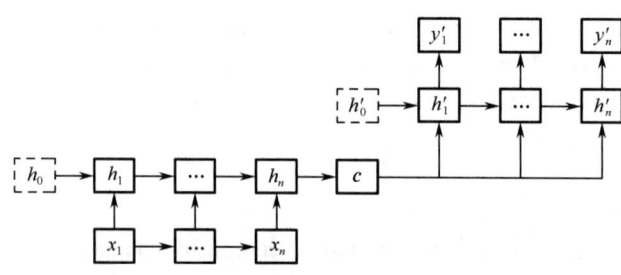

图 6.7　Seq2Seq 模型结构（2）

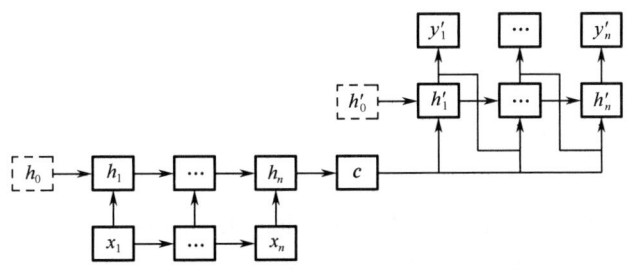

图 6.8 Seq2Seq 模型结构（3）

由图 6.6～图 6.8 可以看到，在 3 种不同结构的 Seq2Seq 模型中，编码器都是一样的，区别在于解码器。编码器过程很简单，直接使用 RNN 就可以生成语义向量：

$$h_t = f(x_t, h_{t-1}) \tag{6.10}$$

$$c = \Phi(h_1, h_2, \cdots, h_n) \tag{6.11}$$

其中，f 是非线性激活函数；h_{t-1} 是上一个隐节点的输出；x_t 是当前时刻的输入；向量 c 通常为 RNN 中的最后一个隐节点或者是多个隐节点的加权和。

解码器部分是将编码器生成的向量 c 作为输入，解码出目标文本序列，本质上是一个语言模型，图 6.6 中的解码器结构比较简单，只需将向量 c 作为 RNN 的初始隐藏状态，输入到 RNN 中即可，后续只接受上一个神经元的隐藏状态 h' 而不接受其他输入 x，因此图 6.6 中解码器结构的隐藏层及输出层公式如式（6.12）～式（6.14）所示。

$$h'_1 = \sigma(W_c + b) \tag{6.12}$$

$$h'_t = \sigma(W h'_{t-1} + b) \tag{6.13}$$

$$y'_t = \sigma(W h'_t + b) \tag{6.14}$$

图 6.7 中的解码器的架构采用独立的初始隐藏状态 h'_0，它不再将上下文向量 c 作为 RNN 的初始隐藏状态；相反，向量 c 被用作 RNN 中每个神经元的输入。在这种设计下，所有解码器神经元共享相同的输入 c。对于这种类型的解码器，其隐藏层和输出层的计算公式可以表示为式（6.15）和式（6.16）。

$$h'_t = \sigma(Uc + W h'_{t-1} + b) \tag{6.15}$$

$$y'_t = \sigma(V h'_t + c) \tag{6.16}$$

图 6.8 中的解码器的结构与图 6.7 中的类似，但在输入部分增加了上一个神经元的输出 y'。具体来说，每个神经元的输入包括：上一个神经元的隐藏层向量 h'、上一个神经元的输出 y' 及当前的输入 c（由编码器编码得到的上下文向量）。对于第一个神经元的输入通常是句子的实际起始标志位的嵌入向量。对于这种类型的解码器，其隐藏层和输出层的计算公式可以表示为式（6.17）和式（6.18）。

$$h'_t = \sigma(Uc + W h'_{t-1} + V y'_{t-1} + b) \tag{6.17}$$

$$y'_t = \sigma(V h'_t + c) \tag{6.18}$$

Seq2Seq 模型在使用时的一些技巧包括注意力机制、集束搜索、使用 LSTM 或 GRU、调整模型结构等。

6.3.4 注意力机制

在 Seq2Seq 模型中引入注意力机制（Attention Mechanism）能够显著提升模型的性能。这种机制允许解码器在生成输出序列的每个元素时，重点关注输入序列的相关部分，从而更有效捕捉长距离时间依赖关系。

注意力机制最初由巴丹诺（Dzmitry Bahdanau）等人在 2014 年提出，之后被梁明胜（Minh-Thang Luong）等人改进和完善。该机制的引入主要是为解决当解码序列较长时，模型性能可能会下降的问题。在没有注意力机制的情况下，解码器在生成输出时主要依赖前一时刻的输出，而容易忽略编码阶段累积的丰富信息。

注意力机制的核心思想在于，解码阶段模型能够根据当前生成的词或短语，动态地关注输入序列中与之最相关的信息。这通常是通过计算编码器各个时刻的隐藏层输出与解码器上一时刻的隐藏层输出之间的相关性得分来实现的，该得分决定了输入序列中各个位置对当前输出的影响程度。

通过这种方式，解码器在生成每个输出时，都会综合考虑输入序列中所有位置的信息，但不同位置的信息会根据它与当前输出的相关性被赋予不同的权重。这样，模型就能更加精准地聚焦与当前输出最相关的输入部分，从而提高生成序列的准确性和流畅性。图 6.9 展示了注意力机制在 Seq2Seq 模型中的应用。

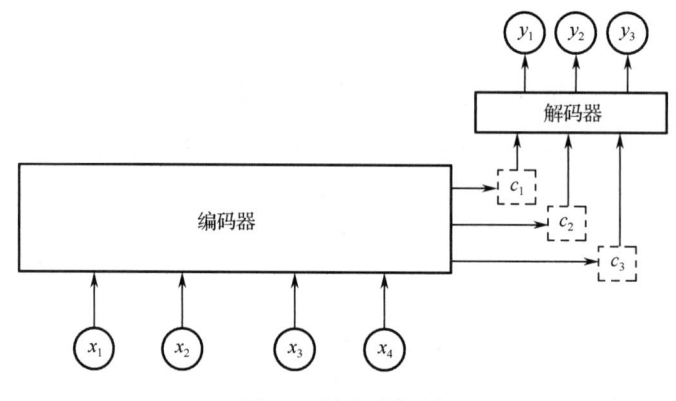

图 6.9　注意力机制

如图 6.9 所示，c_i 对应输入序列 X 不同单词的概率分布，计算公式如式（6.19）所示。

$$c_i = \sum_{i=1}^{n} a_{ij} h_j \tag{6.19}$$

其中，n 为输入序列的长度；h_j 为第 j 时刻的隐藏状态；而权重 a_{ij} 的计算方法如式（6.20）所示。

$$a_{ij} = \exp(e_{ij}) / \sum_{k=1}^{n} \exp(e_{ik}) \qquad (6.20)$$

式（6.20）中的

$$e_{ij} = \alpha(S_{i-1}, h_j) \qquad (6.21)$$

其中，α 是一种对齐模型；S_{i-1} 是解码过程的前一个隐藏状态的输出；h_j 是编码过程中第 j 时刻的隐藏状态。

例 6.3 以"我喜欢吃苹果""今天天气很好""我喜欢跑步"为例使用 Seq2Seq 注意力机制。

```python
import numpy as np
from keras.preprocessing.sequence import pad_sequences
from keras.models import Model
from keras.layers import Input, Embedding, LSTM, Dense, TimeDistributed
#假设有以下数据
X = [['我', '喜欢', '吃', '苹果']]   #通常会有多个输入序列
Y = [[5, 6, 7, 8]]   #假设这些是数字编码的输出序列（通常也需要多个）
#将单词转换为整数编码
word2idx = {'我': 1, '喜欢': 2, '吃': 3, '苹果': 4, '今天': 5, '天气': 6, '很': 7, '好': 8}
idx2word = {i: w for w, i in word2idx.items()}
X_idx = [[word2idx[w] for w in sent] for sent in X]
Y_idx = Y   #假设 Y 已经是整数编码
#对序列进行填充，使它们具有相同的长度
maxlen_x = max(len(x) for x in X_idx)
maxlen_y = max(len(y) for y in Y_idx)
X_idx = pad_sequences(X_idx, maxlen=maxlen_x, padding='post')
Y_idx_decoder = np.concatenate([y, np.zeros((len(y), 1), dtype='int32')] for y in Y_idx)   #用于 Decoder 的输入，加上一个 EOS 标记
Y_one_hot = np.array([[np.zeros(len(word2idx)+1, dtype=np.float32)] * maxlen_y for _ in Y_idx])
for i, y_seq in enumerate(Y_idx):
    for t, yi in enumerate(y_seq):
        Y_one_hot[i, t, yi] = 1.
#定义模型
input_encoder = Input(shape=(maxlen_x,))
input_decoder = Input(shape=(maxlen_y,))
#编码器
encoder_emb = Embedding(input_dim=len(word2idx)+1, output_dim=50, input_length=maxlen_x)(input_encoder)
encoder_lstm = LSTM(units=50, return_state=True)(encoder_emb)
encoder_states = encoder_lstm[1:]   #获取隐藏状态和单元状态
#解码器，这里进行简化处理，不使用注意力机制
decoder_emb = Embedding(input_dim=len(word2idx)+1, output_dim=50, input_length=maxlen_y)(input_decoder)
decoder_lstm = LSTM(units=50, return_sequences=True, return_state=True, initial_state=encoder_states)(decoder_emb)
#输出层
decoder_dense=TimeDistributed(Dense(units=len(word2idx)+1, activation='softmax'))
```

```
decoder_outputs = decoder_dense(decoder_lstm)
#构建完整的 Seq2Seq 模型
model = Model([input_encoder, input_decoder], decoder_outputs)
#编译模型
model.compile(optimizer="rmsprop", loss="categorical_crossentropy", metrics=["accuracy"])
#训练模型（这里只使用一个样本作为示例）
model.fit([X_idx, Y_idx_decoder], Y_one_hot, batch_size=1, epochs=5)
```

这是一个简化的示例，不是真正的 Seq2Seq+注意力机制模型。

总的来说，注意力机制是 Seq2Seq 模型中的重要组成部分，它通过让模型在生成输出序列时能够关注输入序列中的关键信息，从而提高模型处理复杂序列数据的能力。

6.4 实体识别案例

对 2024 年 7 月 6 日的 China Daily 中 "Country to help digital economy to thrive" 的文本 "China's total data output reached 32.85 zettabytes in 2023, up more than 22 percent year-on-year, while the added value of core digital economy industries accounted for 10 percent of GDP, according to the National Data Administration. On Tuesday, during the Global Digital Economy Conference 2024, Liu Liehong, head of the administration, said that China is set to prioritize relevant institutional reforms this year, aiming to unleash the potential of the country's vast data resources and transform them into a new competitive advantage." 抽取命名实体。

```
import nltk as nltk
import pandas as pd
#确保下载了 punkt 和 averaged_perceptron_tagger 模型
nltk.download('punkt')
nltk.download('averaged_perceptron_tagger')
nltk.download('maxent_ne_chunker')
nltk.download('words')
def parse_document(document):
    document = document.strip()
    if not isinstance(document, str):
        raise ValueError('Document is not string!')
    sentences = nltk.sent_tokenize(document)
    sentences = [sentence.strip() for sentence in sentences]
    return sentences
text = " China's total data output reached 32.85 zettabytes in 2023, up more than 22 percent year-on-year, while the added value of core digital economy industries accounted for 10 percent of GDP, according to the National Data Administration. On Tuesday, during the Global Digital Economy Conference 2024, Liu Liehong, head of the administration, said that China is set to prioritize relevant institutional reforms this year, aiming to unleash the potential of the country's vast data resources and transform them into a new competitive advantage."
sentences = parse_document(text)
tokenized_sentences = [nltk.word_tokenize(sentence) for sentence in sentences]
```

```
tagged_sentences = [nltk.pos_tag(sentence) for sentence in tokenized_sentences]
ne_chunked_sents = [nltk.ne_chunk(tagged) for tagged in tagged_sentences]
named_entities = []

for ne_tagged_sentence in ne_chunked_sents:
    for tagged_tree in ne_tagged_sentence.subtrees(filter=lambda t:  t.label() == 'NE'):
        entity_name = ' '.join(c[0] for c in tagged_tree.leaves())
        entity_type=''.join(t.label() for t in tagged_tree.subtrees ( filter=lambda t: isinstance(t.label(), str)))
        if entity_type:   #可能存在没有标签的 NE，如单个专有名词
            named_entities.append((entity_name, entity_type.strip()))
#使用集合去重可能不适用于命名实体，因为可能存在同名的不同实体
#named_entities = list(set(named_entities))    #注释掉或删除这行代码

entity_frame = pd.DataFrame(named_entities, columns=['Entity Name', 'Entity Type'])
print(entity_frame)
```

本章小结

在本章中，主要介绍了命名实体识别技术及其发展。首先，介绍了命名实体识别技术的发展现状，包括历史演变和最新进展。然后，介绍了命名实体识别的概念，包括定义、任务和应用场景。

在实体识别模型部分，介绍了多种模型的原理和应用。循环神经网络是其中一种常见的模型，介绍了其原理和结构，以及如何应用于命名实体识别任务。BI-LSTM-CRF 模型是一种结合了双向长短期记忆网络和条件随机场的模型，学习了其结构、原理和训练过程，以及在命名实体识别中的优势和应用。Seq2Seq 模型是一种序列到序列的模型，介绍了其原理和结构，以及如何应用于命名实体识别任务。注意力机制是一种用于提升模型性能的技术，介绍了其原理和作用，以及如何结合其他模型应用于命名实体识别任务。

通过本章的学习，读者可对命名实体识别技术有更深入的了解，掌握不同实体识别模型的原理和应用，为进一步研究和实践命名实体识别打下坚实的基础。

第 7 章

机器翻译和文本摘要

学习目标

(1) 理解机器翻译的基本概念和发展历程。
(2) 掌握基于规则的机器翻译方法与基于统计的机器翻译方法的原理和应用。
(3) 掌握基于神经网络的机器翻译方法的原理和应用。
(4) 理解自动文本摘要的基本概念和分类。
(5) 掌握抽取式自动文本摘要与抽象式自动文本摘要的方法和技术。
(6) 掌握评估机器翻译的质量与自动文本摘要的质量,包括准确性、完整性、可读性等方面。

通过对本章的学习,读者能够理解机器翻译和自动文本摘要的基本概念、方法和评价标准,并能够应用这些知识解决实际问题。

7.1 机器翻译

随着全球化的不断推进,各国在经济、政治、文化等方面的交流与合作日益密切。在这个过程中,语言交流成为连接不同国家和地区的重要桥梁。然而,世界上存在数千种语言,这使得人们在交流中面临着巨大的语言挑战。为了解决这一问题,机器翻译(Machine Translation,MT)应运而生。

机器翻译的发展为人们提供了一种快捷的跨语言沟通方式。通过使用机器翻译软件或在线翻译工具,人们可以轻松地将一种语言翻译成另一种语言,从而实现交流。这不仅节省了时间和精力,还降低了交流成本,为全球化的推进提供了有力支持。

此外,随着人工智能技术的不断发展,机器翻译也在不断进步。现代的机器翻译已经能够实现较为准确的翻译,甚至在某些领域(如科技、商务等)已经达到了相当高的水平。这为跨国企业、政府部门、学术机构等领域提供了便利,使得他们可以更加高效地进行跨语言交流和合作。

随着互联网的普及，获取信息变得前所未有的方便，用户能够迅速接触大量文本资料。然而，随之而来的问题是信息超载现象，尽管信息不再是稀缺资源，用户面临的挑战，还是在于如何运用有限的时间处理这些信息。在这种背景下，自动文本摘要显得尤为重要，它能够自动地将繁杂的文本内容提炼为精简的形式，极大地提高了用户在网络环境下处理和接收信息的效率。

在实际应用中，机器翻译和自动文本摘要可以相互辅助。例如，在进行多语言文档管理和跨语言信息检索时，可以先对文档进行摘要，减少需要翻译的文本量，然后再对摘要进行翻译，这样可以节省时间和资源。此外，对于一些特定领域，如新闻、科技或法律文件，结合使用机器翻译和自动文本摘要可以帮助人们快速获取并理解大量跨语言的专业信息。随着技术的不断进步，这两个技术的研究成果正在逐渐融合，共同推动自然语言处理技术的发展。

机器翻译是一种基于计算机程序的技术，旨在将一种自然语言（通常称为源语言）转换为另一种自然语言（目标语言）的翻译技术。该技术广泛应用于各种形式的语言转换，包括但不限于文本翻译、语音翻译，以及图像中的文本识别和翻译。通过机器翻译，人们能够跨越语言障碍，实现快速、高效的信息交流。

7.1.1 机器翻译概述

7.1.1.1 机器翻译的发展历程

随着全球化的推进和信息时代的到来，语言交流成为连接不同国家和地区的桥梁。机器翻译作为跨越语言障碍的重要工具，其发展历程大致可以划分为以下 5 个阶段。

早期设想和初步尝试（二十世纪三四十年代）：机器翻译的想法最早可以追溯到二十世纪三四十年代。1946 年，世界上第一台现代电子计算机诞生，随后 Warren Weaver 提出了利用计算机进行语言自动翻译的想法。

开创期（1947—1964 年）：1954 年，美国乔治城大学与 IBM 公司合作，用 IBM-701 计算机首次完成了英俄机器翻译试验，向公众和科学界展示了机器翻译的可行性，从而拉开了机器翻译研究的序幕。中国也在 1956 年将机器翻译研究列入科学工作发展规划。

发展期：从 1956 年开始，中国将机器翻译研究列入科学工作发展规划，标志着中国在机器翻译领域的早期介入，在此期间，机器翻译经历了从词典匹配到规则翻译的演变，逐步积累基础理论和技术方法，机器翻译的性能不断提升。

繁荣期：进入 21 世纪后，随着互联网的普及和全球化进程的加速，机器翻译迎来了繁荣期。各大科技公司纷纷投入研发力量，推出了各自的机器翻译产品。同时，随着深度学习技术的兴起，基于神经网络的机器翻译成为机器翻译领域的主流技术。

智能化期：近年来，随着人工智能技术的不断发展，机器翻译也逐步向智能化方向发展。例如，端到端翻译技术、注意力机制等技术的应用，使得机器翻译的结果更加准确、流畅。同时，跨语言信息检索、多模态翻译等新型应用也逐渐兴起。

具体来说，机器翻译的发展是从早期的词典匹配、规则翻译发展到基于语料库的统计机器翻译，再到近年来的基于神经网络的机器翻译。基于神经网络的机器翻译基于深度学习中的神经网络模型，通过模拟人脑的神经元连接方式，构建一个庞大的翻译知识库，实现语言间的自动翻译。近年来，基于神经网络的神经机器翻译在各大语言翻译竞赛中表现出色，极大地推动了机器翻译的发展。

此外，机器翻译的发展还离不开计算机技术、信息论、语言学等领域的支持和推动。随着这些领域的不断发展，机器翻译也将不断进步和完善。

7.1.1.2 机器翻译的现状与挑战

机器翻译领域目前正在快速发展的阶段。随着语料库语言学的应用，以及对大数据和云计算的利用，机器翻译变得更加智能和高效。当前的机器翻译已经能够提供相对自然流畅的译文，并在一定程度上有代替人工翻译的潜力。随着在线翻译平台和语音助手的开发，机器翻译已经成为人们日常生活和工作中不可或缺的工具。无论是旅游、商务还是学术研究，机器翻译都能够帮助人们快捷地解决语言障碍。此外，市场上机器翻译支持的语种数量迅速增长，显示出机器翻译的覆盖范围正在拓宽。

尽管机器翻译取得了显著进展，但其仍然面临一系列挑战。主要体现在以下4个方面。

（1）语言多样性。语言多样性是机器翻译技术面临的首要挑战之一。每种语言都有自己独特的语法、词汇和表达方式，机器翻译需要处理大量语言规则和变化，这给机器翻译的准确性带来了挑战。

（2）互译能力。尽管机器翻译技术已经取得了很大的进步，但它在语言间的互译能力仍然有限。不同的语言之间存在许多差异，这使得机器翻译在翻译某些特定领域的文本时可能会出现问题。

（3）新词和术语的翻译。随着科技和文化的快速发展，新词和术语不断涌现。这些新词和术语可能没有在机器翻译的训练数据中出现过，因此机器翻译可能无法准确翻译这些新词和术语。

（4）语义理解。机器无法像人类一样完全理解语言中的上下文语境，机器翻译目前主要依赖文本的表面形式进行翻译，而缺乏对文本深层语义的理解。这可能导致机器翻译在翻译一些具有复杂语义结构的文本时出现偏差，因此需要不断改进和优化算法来提高翻译的准确度。

综上所述，虽然机器翻译正在快速成长并逐渐实现更高水平的翻译效果，但仍需解决技术局限、数据丰富度及深层语义理解等多方面的问题。未来的发展势必会依赖人工智能技术的进一步突破,以及对上述问题的持续研究和创新解决方案。

7.1.2 基于规则的机器翻译方法

基于规则的机器翻译(Rule-based Machine Translation)方法是一种通过预先定义的语言规则来实现文本转换的翻译方法。这种方法的核心在于将专家的翻译知识和经验以规则的形式明确表达出来,并通过翻译软件实现这些规则以完成翻译任务。其过程通常包括 3 个阶段:分析、转换和生成。

1. 分析阶段

分析阶段包括源语言词法分析和源语言句法分析。

(1)源语言词法分析。对源语言文本进行分词,将连续的文本切分成单词、短语等基本的语言单位,并识别出这些单位所属的类别(名词、动词等)。

(2)源语言句法分析。在词法分析的基础上,进一步分析句子的结构,确定词语之间的语法关系和句子的语法结构(主谓关系、动宾关系等),并构建出句子的句法结构表示。

2. 转换阶段

转换阶段包括词汇转换和结构转换。

(1)词汇转换:根据预先设定的词汇对应规则,将源语言中的词汇转换为目标语言中的相应词汇,包括同义词替换、词性转换等操作,以确保词汇在目标语言中的准确性。

(2)结构转换:由于源语言和目标语言在句法结构上可能存在差异,此步骤会根据这些差异调整句子的结构,涉及句子成分的重新排列、句子结构的转换等,以确保生成的句子符合目标语言的语法习惯。

3. 生成阶段

在完成了词汇转换和结构转换后,将树状结构表示的目标语言信息转换成目标语言的具体句子。在此过程中,可能会根据目标语言的表达习惯进行调序、插入或删除等操作,以确保生成的句子流畅、自然,且符合目标语言的语法和语义规范。

基于规则的机器翻译方法流程可以用图 7.1 表示。

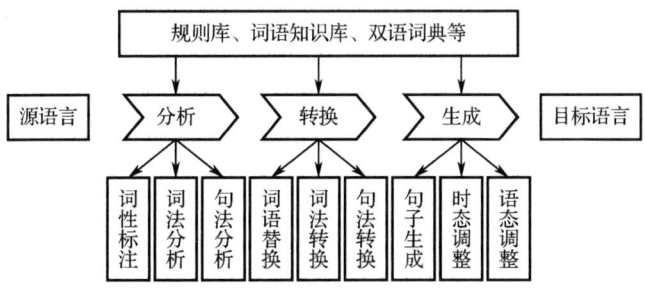

图 7.1 基于规则的机器翻译方法流程

下面来看一个具体的基于规则的机器翻译例子,将一个简单的中文句子翻译成英文。

中文句子:"我喜欢吃苹果。"

为了将这个中文句子翻译成英文,我们可能需要遵循以下规则。

(1)词汇转换规则:这些规则告诉我们如何翻译单个单词或短语。例如:

"我"翻译成"I";

"喜欢"翻译成"like";

"吃"翻译成"eat";

"苹果"翻译成"apples"。

(2)语法转换规则:这些规则用于处理词序和语法结构的变换。

中文句子的主-谓-宾结构通常转换成英文中的主-谓-宾结构,词序相似。

应用这些规则后,我们得到英文翻译:"I like to eat apples."

在更复杂的基于规则的系统中,可能还涉及时态、语态、复数、冠词等附加规则的使用。例如,如果要翻译的句子是将来时或者涉及第三人称单数,那么翻译规则就会更加复杂,如"他明天会吃两个苹果。"对于这句话,我们的词汇转换规则不变,但是需要加入新的规则来处理将来时和数量词。例如:

"他"翻译成"He";

"明天"翻译成"tomorrow",并且可能需要调整动词时态的规则;

"会"在这个上下文中表示未来时态,可以翻译成助动词"will";

"吃"是未来时态,可能需要变成"will eat";

"两个"翻译成"two";

"苹果"翻译成"apples"。

应用这些更新的规则,我们得到的英文翻译可能是:"He will eat two apples tomorrow."

在实际操作中,基于规则的机器翻译方法需要大量语言学知识来制定准确的规则,并处理语言之间的各种差异。这种方法在处理规模较小、结构较为固定的文本时效果较好,但在应对广泛的语言现象和复杂句型时会遇到困难。此外,基于规则的机器翻译方法在处理那些统计方法难以处理的长距离依赖和复杂的语言现象时,处理能力比较强。但是,在处理那些需要大量人工编写和维护的规则,且对于规则未覆盖到的情况时,其处理能力就较弱。

总的来说,随着技术的发展,基于规则的机器翻译方法逐渐与基于统计的机器翻译方法和基于神经网络的机器翻译方法相结合,以提高翻译的准确性和适应性。

7.1.3 基于统计的机器翻译方法

基于统计的机器翻译(Statistical Machine Translation,SMT)是一种依赖数据驱动方法的自动翻译技术。它通过大量双语语料库的学习来掌握一种语言到另一种语言的翻译规律。该方法以 IBM 模型为里程碑之一,基于统计的机器翻译方法揭示了其背后的基本原理。

基于统计的机器翻译方法的核心是概率模型,这些模型的任务是估算在给定源语句(源语言 S)的情况下,各种可能的目标语句(目标语言 T)的概率。简而言之,当给定一个源语言句子 S 时,基于统计的机器翻译方法的目标就是求解目标语言 T 在源语言 S 条件下的条件概率 $P(T|S)$,根据贝叶斯法则有

$$P(T|S) = P(T)P(S|T)/P(S) \tag{7.1}$$

其中,$P(S|T)$ 指的是翻译模型(Translation Model,TM),主要分析双语文本如何将一种语言翻译成另一种语言,目的是评估源语言和目标语言之间的文本片段翻译的可能性。$P(T)$ 为语言模型(Language Model,LM),从单一语言的文本中学习如何生成连贯的词序列,以确保翻译后的文本在目标语言中读起来自然流畅。由于源语言 S 的概率是已知的,因此式(7.2)成立。

$$P(T|S) \approx P(T)P(S|T) \tag{7.2}$$

此时翻译的目标就是要找到使式(7.2)的值最大的译文,即

$$T' = \underset{T}{\mathrm{argmax}}\, P(T)P(S|T) \tag{7.3}$$

一般而言,基于统计的机器翻译过程关注 3 个主要问题:首先是建模问题,即如何构建整体概率 $P(T|S)$ 的模型,并分别建立 $P(S|T)$ 和 $P(T)$ 的模型;其次是模型参数估计问题,即如何通过训练过程确定数学模型中的参数;最后是解码问题,即如何在广泛的搜索空间 $P(T|S)$ 中,有效寻找到最佳翻译结果 T。

在 IBM 模型中,机器翻译的任务主要包括两个部分:一是估计给定目标语言文本 T 时源语言文本 S 的条件概率 $P(S|T)$;二是构建目标语言的语言模型 $P(T)$。条件概率 $P(S|T)$ 用于衡量源语言 S 与目标语言 T 之间的匹配程度。考虑自然语言中词汇的组合可能性非常大,例如,如果一种语言有大约 10000 个词,那么一个由 10 个词组成的句子理论上可以有高达 $10000^{10} = 10^{40}$ 种不同的组合。直接从双语语料库中估计句子级别的翻译概率,将面临数据稀疏性问题。IBM 模型通过将句子级别的翻译概率分解为单词级别的对应概率,有效地解决了这一难题。这个过程,也就是识别单词之间对应关系的过程,称为词对齐。

IBM 模型是一个系列,它由一系列用于统计机器翻译的概率模型组成,这些模型逐步引入了更复杂的语言特征和翻译规则。IBM 模型从最初的 IBM 模型 1 发展到 IBM 模型 5,每个后续版本都在前一个版本的基础上增加了新的翻译特征。

(1)IBM 模型 1:IBM 模型 1 是词汇基础的统计机器翻译模型的起点,它主要集中于词汇级别的翻译概率。这个模型的核心思想是将复杂的整个句子的翻译问题分解为更简单的单词对齐问题。IBM 模型 1 的基本假设如下。

① 词汇独立性假设。IBM 模型 1 认为在确定单词对齐时,每个单词的对齐决策是独立于其他单词的。

② 均匀概率假设。IBM 模型 1 假设所有单词对齐的可能性是相等的，不区分不同单词之间翻译概率的差别。

③ 对齐空间概念。对于一个由 I 个词组成的法语句子和由 J 个词组成的英语句子，理论上存在 I^J 种可能的单词对应关系。然而，在实际情况中，并非每个法语单词都对应一个英语翻译，因此实际的对齐空间是 $(I+1)^J$，其中还包含空白（没有对应翻译）的情况。

（2）IBM 模型 2：在 IBM 模型 1 的基础上，IBM 模型 2 加入了单词位置变化的概率，即考虑了单词在句子中的位置对翻译的影响。

（3）IBM 模型 3：IBM 模型 3 进一步引入了一个单词可能被翻译成多个词的情况，允许模型处理更复杂的语言现象，如多义词和短语的翻译。

（4）IBM 模型 4：在确定单词的绝对位置后，该模型进一步确定序列中剩余单词的相对位置，这有助于减少生成不存在的句子的可能性，但也增加了模型的复杂度。

（5）IBM 模型 5：在 IBM 模型 4 的基础上，IBM 模型 5 进一步引入了更多的语言学特征和翻译规则，以提高翻译的精度。这些模型的设计允许它们在没有类别标注的情况下进行无监督训练，这对于资源较少的语言尤其有价值。

IBM 模型 4 和 IBM 模型 5 的基本思想是一致的，它们都试图通过更精细的模型来提高翻译的准确性。具体来说，这两个模型都是在所谓的生育率模型（Fertility based Model）下进行的建模。目的是更好地处理单词的翻译和它们在句子中的位置，尤其是在处理长距离依赖和多义词时。

总的来说，IBM 模型系列对统计机器翻译具有里程碑意义，为后续的机器翻译技术发展提供了重要的基础。

例 7.1 一个基于统计的机器翻译的例子是使用 N-gram 模型进行翻译。N-gram 模型是一种基于统计的方法，它通过计算句子中每个词前后 N 个词的概率来预测下一个词的概率分布。

```
import numpy as np
#假设我们有以下双语语料库
source_sentences = ["I am a student", "She is a teacher"]
target_sentences = ["Ich bin ein Student", "Sie ist eine Lehrerin"]
#将句子分词
source_words = [sentence.split() for sentence in source_sentences]
target_words = [sentence.split() for sentence in target_sentences]
#初始化词对齐矩阵
alignment_matrix = np.zeros((len(source_words), len(target_words)))
#迭代训练，这里简化为一次迭代
for i, source_word in enumerate(source_words):
    for j, target_word in enumerate(target_words):
        #计算词对齐概率，这里简化为相等的概率
        alignment_matrix[i][j] = 1 / len(target_words)
#输出词对齐结果
```

```
print("Alignment Matrix:")
print(alignment_matrix)
```

在这个例子中,采用了一个非常简单的假设来模拟 IBM 模型 1 的核心概念。在实际应用中,IBM 模型 1 会采用更复杂的算法来计算词对齐概率,并结合其他模型(如短语翻译模型和语言模型)来生成翻译。此外,为了提高翻译质量,通常需要使用大量双语语料库进行训练,以获得更准确的模型参数。

基于统计的机器翻译的优势在于能够处理较为复杂的语言结构和长距离依赖关系,并且不需要翻译者具备深入的语言学知识。然而,基于统计的机器翻译的质量在很大程度上取决于训练数据的质量和数量,因此在资源较少的语言对上,它的性能可能不会很理想。随着神经网络和深度学习技术的发展,基于统计的机器翻译逐渐被性能更优的基于神经网络的机器翻译方法所取代。尽管如此,基于统计的机器翻译的某些元素仍然在基于神经网络的机器翻译系统中发挥作用,并且在某些特定任务中仍然有其独特的价值和应用场景。

基于统计的机器翻译的长处在于其基于统计的模型可以捕捉语言的某些统计规律,而基于神经网络的机器翻译则通过学习大量双语数据,模拟出语言的深层语义和结构。基于神经网络的机器翻译通常能够提供更加流畅和自然的翻译结果,尤其是在处理复杂语言现象时。但是,基于统计的机器翻译的某些优点,如模块化的设计和对特定语言现象的可解释性,在某些情况下仍然非常有用。例如,在需要对翻译过程进行详细分析或者在资源受限的情况下,基于统计的机器翻译可能会是一个更合适的选择。此外,基于统计的机器翻译的某些技术,如对齐模型和语言模型,仍然在基于神经网络的机器翻译中得到应用,帮助提高翻译的准确性和流畅性。

7.1.4 基于神经网络的机器翻译方法

基于神经网络的机器翻译(Neural Machine Translation,NMT)是当前机器翻译领域的主流方法。与基于统计的机器翻译(SMT)相比,NMT 在捕捉语言的复杂性和上下文信息方面表现出色,通常能够生成更自然、更准确的翻译结果。现代基于神经网络的机器翻译模型大多依据序列到序列的方式对任务进行建模,将任务分解为编码和解码两个阶段。在编码阶段,输入的源语言被编码为一系列词义向量,这些向量能够捕捉文本的语义信息。解码阶段则利用编码阶段得到的向量来预测并生成目标语言,如图 7.2 所示。

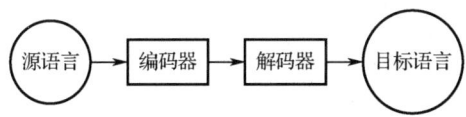

图 7.2 基于神经网络的机器翻译的编码器和解码器框架

基于神经网络的机器翻译模型的目标是在给定源语言序列 $S = \{S_1, S_2, \cdots, S_n\}$ 的情况下,找到目标语言序列 $T = \{T_1, T_2, \cdots, T_m\}$,使得这个序列在给定源语言序列的条件下概率 $P(T|S)$

最大,这里的 n 和 m 分别表示源语言序列和目标语言序列的长度。在生成目标语言句子的每个词 T_i 时,模型会考虑源语言序列 S 的信息及之前已经生成的目标语言序列 $T_{(j<i)}$ 的信息。因此,基于神经网络的机器翻译的整体过程可以用式(7.4)来描述。

$$\arg\max \prod_{i=1}^{m} P(T_i | T_{(j<i)}, S) \qquad (7.4)$$

式(7.4)意味着,NMT 模型在生成每个目标语言词 T_i 时,都是在已经生成的词 $T_{(j<i)}$ 和源语言序列 S 的上下文中,寻找使得条件概率最大的词。这个过程保证了翻译的连贯性和上下文的一致性,使得最终生成的翻译结果更加自然和准确。

基于神经网络的机器翻译通过采用多种网络模型对后验概率 $P(T|S)$ 进行建模,其中常见的网络模型包括 RNN、卷积神经网络(CNN)和自注意力神经网络(Transformer)。在前一章中,我们已经探讨了 RNN 与自注意力神经网络的相关知识。本章将重点介绍基于卷积神经网络的机器翻译模型。

7.1.4.1 卷积神经网络模型

卷积神经网络(Convolutional Neural Networks,CNN)是一种深度前馈神经网络,它通过卷积操作处理网格状数据,如图像等。CNN 在图像识别和任务分析中表现出色,是深度学习领域中的关键技术之一。CNN 的设计灵感来源于生物视觉感知机制,它能够执行监督学习和非监督学习任务。网络通过在隐藏层中共享滤波器的参数,以及保持层与层之间的稀疏连接,有效地处理图像等网格状数据,同时降低了计算资源的需求。与 RNN 不同,CNN 在执行卷积操作时不需要依赖前一时间步的输出,这使得 CNN 能够实现高度并行化计算,充分利用图形处理单元(GPU)的计算优势。

CNN 由多个神经网络层组成,每层通过可微分函数将输入的三维激活函数转换为输出。卷积神经网络的隐藏层包含卷积层(Convolutional Layer)、池化层(Pooling Layer)、激活函数(Activation Function)、批量归一化(Batch Normalization,BN)层、全连接层(Fully Connected Layer)。

1. 卷积层

卷积层是 CNN 中的核心组成部分,主要负责从输入数据中提取特征,它通过卷积运算来提取输入数据的特征。

卷积层由多个卷积单元组成,每个卷积单元包含一组可学习的滤波器(或称为卷积核)。这些滤波器在输入数据上滑动,通过计算局部区域的加权和来生成特征图,每个滤波器专注于提取一种特定特征,如边缘、角点或复杂形状。

卷积层的优势在于其参数共享的特性,即同一个滤波器在整个输入数据上使用相同的权重,这大大地减少了模型的参数量。此外,卷积操作还具有平移不变性,即使输入数据发生平移,卷积层仍能提取相同的特征。

卷积层的重要概念包括填充（padding）、步幅（stride）和输出特征图的尺寸等。填充是在输入数据的边界周围添加额外的像素，以控制输出特征图的大小。步幅是滤波器在输入数据上移动的步长。输出特征图的尺寸取决于输入数据的尺寸、滤波器的大小、填充和步幅的值。

在深度学习中，卷积层的参数通过训练过程中的反向传播算法进行优化。每个滤波器的权重会在训练过程中不断调整，以便更好地提取有用的特征。卷积运算可以用式（7.5）来表示。

$$F_l^k = (I_{(x,y)} * K_l^k) \tag{7.5}$$

其中，*表示卷积操作；$I_{(x,y)}$ 表示输入的特征图的坐标位置；K_l^k 表示第 l 个滤波器在第 k 层的权重。

卷积层是构建卷积神经网络的基础，它通过学习局部特征并利用参数共享来有效处理特征图等数据，是实现特征图识别和分类任务的关键组成部分。就是卷积层从输入的矩阵中利用滑动窗口输入矩阵获取局部数据。通过卷积运算将数据量减少，其中滑动窗口也以一定步幅在特征图上移动，最终完成整个特征图的数据获取。

2. 池化层

池化层的主要作用是对输入的特征图（Feature Maps）进行降维处理，它可以通过不同的池化方法实现，如最大池化（Max Pooling）、均值池化（Average Pooling）、随机池化（Stochastic Pooling）和软池化（Soft Pooling）等。其中，最大池化是最常用的一种方式，它通过选取特征图中局部区域的最大值作为该区域的代表，从而减少数据的复杂度。

池化操作的优点在于它可以有效减少网络中的参数数量和计算成本，同时也能在一定程度上控制过拟合现象。此外，池化层通常在卷积层之后使用，与卷积层一起构成 CNN 的基本框架。

池化层的优势如下。

（1）减少参数和计算成本。降低特征图的维度，可减少网络中的参数和计算需求。

（2）控制过拟合。降低特征图的空间维度有助于控制过拟合现象。

（3）与卷积层协同工作。通常位于卷积层之后，与卷积层共同构成 CNN 的基本框架。

在特征提取阶段之后，卷积操作可能在输入的特征图的任何位置捕捉特征，这导致特征的精确位置信息变得不那么重要。池化层通过降低特征图的空间分辨率，保留了特征的大致位置信息，同时减少了数据量，对特征表示的影响较小。

在实际应用中，每个卷积层之后通常会有一个池化层，这样做不仅有助于减少随后处理阶段的计算负担，还能帮助 CNN 提取更加稳定和抽象的特征。这对于特征图识别和分类任务至关重要，如在 MNIST 手写数字分类任务中，池化层的使用不仅提升了网络的效率，还有助于提高识别的准确度。通过这种方式，池化层为 CNN 提供了一种有效的特征图降维和抽象化手段。

3. 激活函数

激活函数在 CNN 中扮演着至关重要的角色，它们引入了非线性，使得 CNN 能够学习和模拟复杂函数映射。缺少激活函数，CNN 将被限制为仅能执行线性变换，无法解决特征图识别、语音识别等复杂问题。以下是常用的激活函数。

（1）Sigmoid。S 形曲线，其输出值域在 0 到 1 之间，常用于二分类问题。

（2）tanh（Hyperbolic Tangent）。输出值域在-1 到 1 之间，相比 Sigmoid 函数具有更宽的输出范围，有助于解决 Sigmoid 函数可能遇到的梯度消失问题。

（3）ReLU（Rectified Linear Unit）。线性整流函数，当输入为正时，输出该输入值；当输入为负时，输出 0。ReLU 因其计算效率高且在一定程度上能够缓解梯度消失问题而受到青睐。

（4）Leaky ReLU。它是 ReLU 的一个变种，允许负输入值有一个非零的梯度（虽然很小），进而减少了梯度消失问题。

（5）Parametric ReLU。它是一种参数化的 ReLU，其负值部分的斜率是可学习的，提供了更多的灵活性。

（6）Swish。它是一种自门控激活函数，其形式为 $f(x) = x \cdot \sigma(x)$，其中，$\sigma(x)$ 为 Sigmoid 函数。

激活函数的选择对 CNN 的性能有显著影响。例如，ReLU 及其变体的计算效率高、在深层网络训练中的效果好，因而成为现代深度学习框架中的首选。然而，选择哪种激活函数通常取决于具体的应用场景和网络结构。在设计神经网络时，需要根据任务的需求和网络的特性来决定最合适的激活函数。

4. 批量归一化层

在 CNN 的设计中，批量归一化（BN）层通常被放置在卷积层之后、激活函数之前。这样的布局有助于解决深层网络训练中的关键问题。当多个卷积层紧密耦合时，其中一层的微小变动可能会引起连锁反应，导致其他层或相关卷积核参数发生显著变化。随着网络深度的增加，这种耦合效应可能会加剧，使深层网络训练过程不稳定。BN 层通过规范化层间的输入数据，使每层的数据分布稳定，有助于提高网络训练的稳定性和模型性能。

在训练阶段，BN 层通过对每个小批量（Mini-Batch）的数据进行归一化处理来实现。具体操作为计算小批量数据的均值和方差，然后使用这些统计量来规范化批次内的数据。为了保持网络的学习能力，BN 层还引入了两个可学习的参数：缩放因子（scale）和偏移因子（shift）。这两个参数允许网络在归一化后调整并恢复其学习能力。

在测试或推断阶段，由于单个样本或小批量样本可能无法代表整个训练集的分布，因此通常使用在整个训练集上计算得到的全局均值和方差来进行归一化。归一化的公式如式（7.6）所示。

$$N_l^k = \frac{F_l^k - \mu_B}{\sqrt{\sigma_B^2 + \varepsilon}} \tag{7.6}$$

其中，N_l^k 表示归一化后的特征图；F_l^k 表示输入的特征图；μ_B 表示小批量数据的均值；σ_B^2 表示方差；ε 是一个很小的常数，用来保证数值稳定性，防止除零错误。

批次归一化不仅有助于加速收敛，还可以允许使用更高的学习率，减少对初始化的敏感性，并在一定程度上提供对过拟合的保护。因此，它已成为现代深度学习架构中不可或缺的一部分。

5. 全连接层

全连接层（Fully Connected Layer，FC 层）是卷积神经网络中不可或缺的一种层类型，在卷积神经网络中发挥着关键作用。

首先，全连接层的主要功能是接收前一层（通常是卷积层或池化层）输出的特征图，将其展平，并进行线性变换。具体来说，它将前一层的所有神经元与当前层的每个神经元相连接，每个连接都有一个可学习的权重参数，输出是前一层激活值的加权和，再加上一个偏置项，实现线性变换。

其次，全连接层通常位于卷积层之后，用于进一步处理卷积层提取的高级特征，将卷积层提取的高级特征进行进一步的组合和抽象，以便进行分类或回归等任务。例如，在图像分类任务中，最后一个全连接层的输出通常会被传递给一个 Softmax 函数，以生成每个类别的概率分布。

最后，全连接层具有强大的表达能力，能够捕捉输入数据的全局信息，它能够处理非线性问题，通过激活函数引入非线性特性。全连接层的参数数量较多，这可能导致过拟合。为解决这一问题，可以采用正则化技术，如 L2 正则化或 dropout。

总的来说，全连接层是 CNN 的重要组成部分，它通过学习输入数据的全局特征并进行非线性变换，帮助网络实现复杂的分类或回归任务。

全连接层的设计和应用需要仔细考虑，以确保 CNN 能够有效学习并泛化到新的数据上。通过适当的正则化和网络设计，全连接层可以显著提升 CNN 的性能和健壮性。

7.1.4.2 常见的卷积神经网络结构-LeNet

LeNet-5 简称 LeNet，是一个标志性的深度卷积神经网络架构，由杨立昆（Yann André LeCun）在 1998 年提出。它不仅是 CNN 的先驱，也是第一个在图像识别任务上取得显著成效的网络，特别是在手写数字识别方面。LeNet-5 的诞生极大地推动了深度学习的发展，并证明了 CNN 在图像识别领域的潜力。

作为 CNN 发展史上的里程碑，LeNet-5 的成功不仅标志着深度学习在图像识别领域的突破，也为后来更复杂的网络结构的发展奠定了基础。LeNet-5 的结构由多个卷积层和池化层组成，这种结构使网络能够有效地从图像中提取特征。具体来说，LeNet-5 包含 2 个卷积层，每个卷积层后面跟着一个池化层，以及最终的 2 个全连接层。每个卷积层都包含一个卷积操作和一个非线性激活函数，卷积层负责通过滤波器提取图像特征，而非线性激活函数则增加了网络的表达能力。池化层通过降低特征图的空间维度来降低参数数量和计算复杂性。全连接层将学习到的特征向量转换为最终的类别概率。LeNet-5 神经网络结构如图 7.3 所示。

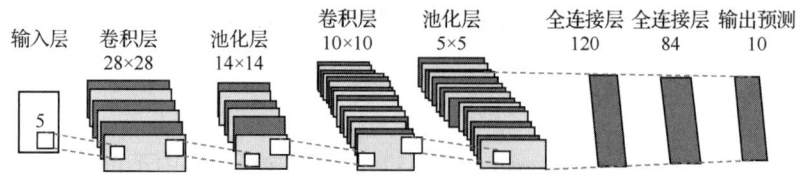

图 7.3　LeNet-5 神经网络结构

尽管与 CNN 相比，LeNet-5 在结构上较为简单，但它在当时代表了深度学习的前沿技术。LeNet 的设计原则和结构至今仍然被应用于各种图像识别任务中，尤其是在资源受限的环境中。

总的来说，LeNet 不仅在历史上具有重要意义，其设计思想也为后续的 CNN 设计提供了宝贵的参考。尽管现在有了更加复杂和高效的网络结构，但 LeNet 作为深度学习领域的重要起点，其影响力不容小觑。

例 7.2　下面是一个简化的示例，演示如何使用 CNN 进行机器翻译。在这个例子中，我们将使用 TensorFlow 和 Keras 库构建一个模型，该模型将源语言句子和目标语言句子作为输入数据，并通过注意力机制来生成翻译结果。

```
import tensorflow as tf
from tensorflow.keras.layers import Input, Embedding, Conv1D, GlobalMaxPooling1D, Dense, Concatenate, Dot, Reshape
from tensorflow.keras.models import Model
#定义模型参数
embedding_dim = 256
filters = 1024
kernel_size = 5
hidden_dim = 256
vocab_inp_size = 10000
vocab_tar_size = 10000
#输入层
input_seq = Input(shape=(None,))
target_seq = Input(shape=(None,))
#嵌入层
encoder_embed = Embedding(vocab_inp_size, embedding_dim)(input_seq)
decoder_embed = Embedding(vocab_tar_size, embedding_dim)(target_seq)
#编码器
encoder_conv = Conv1D(filters, kernel_size, activation='relu')(encoder_embed)
encoder_pool = GlobalMaxPooling1D()(encoder_conv)
```

```
#解码器
decoder_conv = Conv1D(filters, kernel_size, activation='relu')(decoder_embed)
decoder_pool = GlobalMaxPooling1D()(decoder_conv)
#注意力机制
attention = Dot(axes=[2, 2])([decoder_pool, encoder_pool])
attention = Reshape((-1,))(attention)
attention = Dense(hidden_dim, activation='softmax')(attention)
attention = Reshape((1, -1))(attention)
#融合编码向量
context = Dot(axes=[2, 1])([attention, encoder_pool])
context = Reshape((-1,))(context)
#解码器输出
decoder_combined = Concatenate(axis=-1)([context, decoder_pool])
decoder_dense = Dense(hidden_dim, activation='tanh')(decoder_combined)
output = Dense(vocab_tar_size, activation='softmax')(decoder_dense)
#构建模型
model = tf.keras.Model([input_seq, target_seq], output)
model.compile(optimizer='adam',loss='categorical_crossentropy', metrics=['accuracy'])
#打印模型结构
model.summary()
```

在这个例子中,第一步,定义模型参数,包括嵌入维度、卷积层的滤波器数量、卷积核大小、隐藏层维度,以及源语言和目标语言的词汇表大小。第二步,创建输入层,用于接收源语言和目标语言的句子。第三步,添加嵌入层,将句子中的单词转换为嵌入向量。第四步,在编码器部分,使用一维卷积层提取特征,然后通过全局最大池化层降低特征的空间维度。第五步,在解码器部分与编码器类似,也使用一维卷积层和全局最大池化层。第六步,注意力机制通过计算解码器池化输出和编码器池化输出之间的点积来实现,然后通过一个全连接层和 Softmax 激活函数生成注意力权重。第七步,将编码器的上下文向量和解码器的池化输出合并,并通过一个密集层生成最终的翻译结果。第八步,输出层使用 Softmax 激活函数生成每个词汇的概率分布。

这个模型可以使用适当的训练数据进行训练,以学习源语言和目标语言之间的翻译映射。

7.1.5 机器翻译的质量评价

机器翻译的质量评价是一个重要的过程,它有助于确定机器翻译的性能,以及哪些方面可以改进。通常,这种评价可以通过人工评估和自动评估进行。

7.1.5.1 人工评估

人工评估也称主观评估,由训练有素的评价者对机器翻译输出的自动译文质量进行直接审查。这种方法可以提供对翻译准确性、流畅性、可读性及语义一致性的深入理解。以下是常用的人工评估方法。

（1）直接评估法。评价者依据一套标准直接对机器翻译输出的自动译文质量进行评分，无须参考翻译。这些标准可能包括文本的流畅性、可读性、准确性和语义一致性等。

（2）相对评估法。评价者将机器翻译输出的自动译文与一个或多个专业翻译人员制作的参考译文进行比较。此方法主要关注忠实度（机器翻译输出与源文本的匹配程度）和流畅性（输出文本的自然性）。

（3）错误分类。评价者识别并为机器翻译输出中的错误类型分类，如语法错误、词汇误用、遗漏、添加、错字等。这有助于了解机器翻译在不同方面的表现及需要改进的地方。

（4）分级量表。使用预定义的量表对机器翻译输出的不同方面进行评分。例如，采用1到5的评分范围，1表示非常差，5表示非常好。评价者会根据多个维度（如流畅性和忠实度）给出评分。

（5）定性评论。除定量评分之外，评价者还可以提供定性反馈，指出机器翻译的优点和缺点，并提出具体的改进建议。

（6）用户满意度调查。直接向目标用户群体收集反馈，了解他们对机器翻译输出的自动译文的满意程度和使用体验。

为确保人工评价的有效性和可靠性，可以采取以下措施。

（1）多评价者。使用多个评价者来减少个人偏差，并通过共识来提高评价的一致性。

（2）匿名和去标识化。避免让评价者知道他们正在评估的是哪个机器翻译，以消除偏见。

（3）培训评价者。对评价者进行培训，确保他们理解评估标准和方法。

（4）测试集。使用具有代表性的测试集来评估机器翻译，确保测试集覆盖不同领域、风格和难度的文本。

（5）统计一致性度量。使用统计工具（如 Krippendorff's alpha）来评估多个评价者间的一致性。

通过这些常用的人工评估方法，可以获得关于机器翻译系统性能的深入见解，并为机器翻译的进一步开发和优化提供指导。

7.1.5.2 自动评估

自动评估又称客观评估，可以通过多种自动评估指标来衡量，这些自动评估指标能够快速、客观地评价翻译结果。以下是常用的自动评估指标。

（1）BLEU。BLEU 是一个基于 N-gram 精确度广泛使用的评估指标。它通过比较机器翻译输出译文与一组参考译文中的共现 N-gram 数量来打分，并考虑不同长度的匹配序列，生成 0 到 1 的分数，1 分代表满分的翻译。

（2）NIST。NIST 是 BLEU 的衍生，它引入了对常见词汇的更少惩罚，并且更重视意外匹配的 N-gram。

（3）METEOR。METEOR 考虑了单词对齐、词干匹配、同义词匹配及句法结构匹配等因素。它通过计算单字精确度和召回率来提供一个更为灵活的评价指标。

（4）ROUGE。尽管 ROUGE 最初被设计用于自动文摘评估，也可以用于机器翻译评估。它通过比较重叠的 N-gram 或词组来衡量翻译的召回率。

（5）TER。TER 将机器翻译结果转换为参考翻译所需的最小编辑操作数量，包括插入、删除、替换和移动等。

（6）chrF。chrF 扩展了 BLEU 的评估范围，使用字符级别的 N-gram 代替单词级别的 N-gram，允许跨越单词边界的匹配，对形态丰富的语言特别有用。

（7）CIDEr。CIDEr 专门为图像描述翻译任务设计，它使用 TF-IDF 加权的 N-gram 精确度来计算共识得分。

（8）WER。WER 通常用于语音识别领域，但也可以应用于机器翻译，尤其是口语翻译。它测量由参考翻译转换为机器翻译输出所需的最少单字编辑操作数量。

这些自动评估指标的主要优点是可以快速评估大量机器翻译输出，而且不受个人偏见的影响，但也有一定局限性。例如，可能无法完全捕捉语义上的微妙差异或者文本的不同表达方式。因此，自动评估通常与人工评估结合使用，以获得更完善的机器翻译的质量评价。

每种评估方法都有其优势和局限性，不同的方法可能更适合不同的应用场景和需求。综合使用多种评估方法可以更全面反映机器翻译的性能。

7.2 文本摘要

文本摘要（Text Summarization）是一个将长篇文本中的关键信息提炼出来形成简短摘要的过程，旨在保留原始文本的中心意义和要点。在原始文本中提炼出关键信息，形成摘要这一过程可以是自动完成的，即利用计算机程序自动分析原始文本内容，自动生成摘要。

文本摘要按输出类型可分为两类。第一类是抽取式摘要，摘要由原始文本中抽取的一系列句子组成；第二类是抽象式摘要，通过理解原文语义并用全新语言表达核心内容。

7.2.1 抽取式摘要

抽取式摘要方法通过从原始文本中抽取关键词、关键句来组成一个精练的摘要。这种方法侧重挑选出能够代表文本主旨的句子，并按逻辑顺序组合，以传达核心信息。因为抽取式摘要直接利用原文的表述，通常能够生成较为准确和可靠的摘要，因此其被广泛使用。

基于信息检索的抽取式摘要是一种通过分析原始文本中的关键词，并利用这些信息来组成摘要的方法。这种方法通常包括以下步骤。

第 1 步，预处理。对原始文本进行预处理，包括分句、分词、去除停用词等操作，为进一步分析做准备。

第 2 步，关键词抽取。使用 TF-IDF 或其他算法评估每个词的重要性，以此识别出原始文本中的关键词。

第 3 步，句子评分。根据关键词在各个句子中的出现频率和分布，为每个句子评一个分数。可以使用 Okapi BM25 等不同的评分机制来衡量句子的重要性。

第 4 步，组成摘要。根据句子的评分，选择评分最高的句子组成摘要。可以设置摘要的长度或句子数量限制，以满足特定的要求。

下面是一个基于信息检索的抽取式文本摘要生成的例子。

例 7.3 利用抽取式摘要生成方式对文本 "Artificial Intelligence (AI) is intelligence demonstrated by machines, unlike the natural intelligence displayed by humans and animals, which involves consciousness and emotionality. The distinction between the former and the latter categories is often revealed by the acronym chosen. 'Strong' AI is usually labelled as AGI (Artificial General Intelligence) while attempts to emulate 'natural' intelligence have been called ANI (Artificial Narrow Intelligence). Leading AI textbooks are recommended in the study of AI."进行文本摘要生成。

```python
from sklearn.feature_extraction.text import TfidfVectorizer
from collections import Counter
import numpy as np

#假设我们有以下文档
document = "输入一篇长文本文档。"
#预处理文档
#例如，分句、分词、去除停用词等（这里简化处理）
#使用 TF-IDF 抽取关键词
tfidf_vectorizer = TfidfVectorizer()
tfidf = tfidf_vectorizer.fit_transform([document])
feature_names = tfidf_vectorizer.get_feature_names_out()
#获取关键词及其 TF-IDF 分数
keywords = [(word, tfidf[0,i]) for i, word in enumerate(feature_names)]
#假设我们已经抽取了文档中的句子
sentences = ["Artificial Intelligence (AI) is intelligence demonstrated by machines, unlike the natural intelligence displayed by humans and animals, which involves consciousness and emotionality.", "The distinction between the former and the latter categories is often revealed by the acronym chosen. ", "'Strong' AI is usually labelled as AGI (Artificial General Intelligence) while attempts to emulate 'natural' intelligence have been called ANI (Artificial Narrow Intelligence).","Leading AI textbooks are recommended in the study of AI."]
#为每个句子打分
sentence_scores = []
for sentence in sentences:
    sentence_words = sentence.split()
    sentence_tfidf_score = sum([tfidf[0,i] for i, word in enumerate(feature_names) if word in sentence_words])
```

```
        sentence_scores.append(sentence_tfidf_score)
#根据分数排序句子
sorted_sentences = sorted(sentence_scores, reverse=True)
#选择得分最高的句子作为摘要
summary = sentences[sorted_sentences.index(max(sorted_sentences))]
#输出摘要
print("生成的摘要:", summary)
```

这个例子展示了如何通过 TF-IDF 来抽取关键词并打分,根据句子分数进行排序,并选择最高分的句子作为摘要。在实际应用中,这个过程会更加复杂,包括更精细的预处理、更复杂的特征提取和评分机制,以及对生成的摘要进行后处理以提高可读性和连贯性。

抽取式摘要因其能够提供简洁和准确的摘要而成为信息检索和文档管理中的重要工具。它通过从原始文本中抽取关键词来形成摘要,满足了用户快速获取信息的需求,并且为数据抽取技术的进一步发展提供了新思路。

然而,抽取式摘要也面临着一些挑战和局限性,具体如下。

(1)原始文本理解:自动抽取关键句子时,可能难以完全理解原始文本的主旨和逻辑结构。

(2)句子连贯性:抽取的句子可能在语义上不够连贯,导致组成的摘要读起来不够流畅。

(3)多样性和覆盖度:摘要可能无法全面抽取原文的所有要点,或者在不同主题的平衡上存在偏差。

为了战胜这些挑战,研究人员和开发者正在不断探索和改进抽取式文本摘要的方法,方法如下。

(1)改进算法:开发更先进的算法来更好地理解文本内容和上下文,提高句子选择的准确性。

(2)增强模型:利用深度学习等技术训练模型来更全面地捕捉原文的意图和结构。

(3)优化评估:通过持续优化摘要质量的评估标准和方法,确保摘要的质量和多样性。

通过这些努力,抽取式摘要能够更加有效地满足用户对信息获取的需求,并在各种应用场景中发挥更大的作用。持续的研究与改进将推动这一技术向更智能、更精准的方向发展。

7.2.2 抽象式摘要

抽象式摘要是一种先进的文本处理技术,它的目标是生成一个既简短又精确的摘要,同时还要易于理解。这种类型的摘要不仅要捕捉原始文本的核心要点,而且还要易于读者快速把握原始文本的主旨。与抽取式摘要简单地从原文中抽取关键句子或段落不同,抽象式摘要需要更深层次的语义理解和创造性的文本生成。以下是抽象式摘要的主要步骤。

第1步，理解原始文本。使用自然语言处理（NLP）技术，如词性标注、句法分析和语义分析，来理解原始文本的内容和结构。

第2步，确定主要信息。识别原始文本中的关键概念、事件、人物和时间等，确定哪些信息是主要信息。

第3步，生成摘要。根据理解的原文和确定的主要信息，使用语言生成模型创建新的、连贯的句子，并以简洁的方式传达原文的核心意义，以此生成摘要。

第4步，优化和校正。对生成的摘要进行后处理，以确保摘要语法正确、逻辑连贯，并且没有遗漏任何主要信息。

抽象式摘要面临的挑战在于，它要求系统不仅要理解文本的表层意义，还要捕捉其深层含义，并能创造性地表达这些内容。这通常需要依赖复杂的机器学习模型，尤其是深度学习技术。例如，循环神经网络、长短期记忆网络和 Transformer 模型等。

下面是一个抽象式文本摘要生成的例子。

例7.4 利用抽象式摘要方式对文本"Artificial Intelligence (AI) is intelligence demonstrated by machines, unlike the natural intelligence displayed by humans and animals, which involves consciousness and emotionality. The distinction between the former and the latter categories is often revealed by the acronym chosen. 'Strong' AI is usually labelled as AGI (Artificial General Intelligence) while attempts to emulate 'natural' intelligence have been called ANI (Artificial Narrow Intelligence). Leading AI textbooks are recommended in the study of AI."进行文本摘要生成。

```
import nltk
from nltk.tokenize import sent_tokenize, word_tokenize
from nltk.corpus import stopwords
from collections import Counter
#假设我们有以下原始文本
original_text = """Artificial Intelligence (AI) is intelligence demonstrated by machines,unlike the natural intelligence displayed by humans and animals, which involves consciousness and emotionality.The distinction between the former and the latter categories is often revealed by the acronym chosen.'Strong' AI is usually labelled as AGI (Artificial General Intelligence) while attempts to emulate 'natural'intelligence have been called ANI (Artificial Narrow Intelligence). Leading AI textbooks are recommended in the study of AI."""
#nltk 的下载资源
nltk.download('punkt')
nltk.download('stopwords')
#预处理：分句
sentences = sent_tokenize(original_text)
#预处理：去除停用词并统计词频
stop_words = set(stopwords.words('english'))
word_freq = Counter()
for sentence in sentences:
    words = word_tokenize(sentence.lower())
```

```
        words = [word for word in words if word.isalnum() and word not in stop_words]
        word_freq.update(words)
#选择词频最高的单词作为关键词
most_common_words = word_freq.most_common(5)
keywords = [word for word, _ in most_common_words]
#基于关键词选择句子（简化的方法）
summary_sentences = []
for sentence in sentences:
    if any(keyword in sentence for keyword in keywords):
        summary_sentences.append(sentence)
#生成摘要
summary = " ".join(summary_sentences)
print("生成的摘要：\n", summary)
```

这个例子首先进行分句；其次去除停用词并统计词频；再次选择词频最高的单词作为关键词；最后它基于关键词选择句子，以此生成摘要。

抽象式摘要的应用非常广泛，包括但不限于新闻摘要、学术研究摘要、企业报告摘要、法律文件摘要及社交媒体内容摘要等。随着人工智能技术的持续进步，特别是在自然语言处理领域的突破，抽象式摘要的准确性和流畅性正在不断提升。这使得抽象式摘要成为自然语言处理领域中备受重视的研究方向之一。

抽取式摘要侧重识别并抽取原始文本中的关键句子，而抽象式摘要则更侧重生成与原始文本语义相符的新句子。两种方法各有优势，适用于不同的应用场景和需求。随着自然语言处理技术的发展，文本摘要技术正变得越来越成熟，能为信息检索、内容分析等领域提供有效的支持。

7.2.3 文本摘要的评估

在抽取式摘要中，核心任务是从原始文本中抽取出最具代表性的句子来组成摘要。这个过程可以与信息检索任务类比，并且可以通过类似的评估方法来衡量其效果。然而在现阶段，文本摘要面临一个关键的挑战：确保摘要中不出现冗余内容。在评估时，重复的句子应该被视为无效信息，因为用户期望摘要能够提供新的信息，而不是重复已经了解的内容。

对于抽象式摘要的评估，传统的信息检索（IR）指标可能不适用，因为这里没有预设的候选集合。在没有明确参考摘要的情况下，计算召回率变得不可行，同时，由于缺乏评分和排序机制，因此像平均准确率或归一化折损累积增益（NDCG）这样的指标也无法应用。

文本摘要可以从以下维度进行评估。

（1）准确性。摘要是否准确反映了原始文本的主要信息和观点。这是评价文本摘要最重要的标准。

（2）完整性。摘要是否包含原始文本的所有重要信息，并且没有遗漏关键内容。

（3）简洁性。摘要是否简洁明了，没有冗余的信息。优质的摘要应该能够在尽可能少的字数中传达尽可能多的信息。

（4）可读性。摘要是否易于理解，语言流畅，没有复杂的术语和难懂的句子。

（5）一致性。摘要是否与原始文本的主题和观点保持一致，没有偏离原始文本的内容。

（6）独立性。摘要是否能够独立于原始文本存在，即使没有阅读原始文本，读者也能理解摘要的内容。

（7）无偏性。摘要是否保持客观中立，且没有传递出任何偏见或误导性的信息。

（8）结构化。摘要是否有清晰的组织结构，如按照逻辑顺序、时间顺序或重要性排序。

这些评估维度共同构成了对文本摘要全面评估的框架，帮助确定摘要的有效性，并为进一步改进做指导。在实际应用中，这些评估标准可以根据特定需求和上下文进行调整和优化。

本章小结

本章内容围绕机器翻译和文本摘要两大主题展开。在机器翻译方面，本章首先介绍了机器翻译的基础知识，然后依次深入探讨了 3 种主要的机器翻译方法：基于规则的机器翻译方法、基于统计的机器翻译方法及基于神经网络的机器翻译方法。此外，本章还介绍了对机器翻译质量进行评估的不同方法。

在文本摘要方面，本章同样从基础概念开始，分别介绍了两种主要的文本摘要技术：抽取式摘要和抽象式摘要。在本章的末尾还探讨了如何评估文本摘要。

通过本章的学习，读者可以对机器翻译和文本摘要进行全面认识，理解机器翻译和文本摘要的工作原理及其在实际应用中的表现。

第 8 章

智能问答系统和对话系统

学习目标

（1）理解智能问答系统的基本概念，包括其主要组成部分和主要类型。
（2）掌握智能问答系统的评价方法，能够对不同的智能问答系统进行评估。
（3）了解对话系统的基本原理和过程，包括其基本类型。
（4）学习如何评估对话系统的性能，能够对不同类型的对话系统进行评价。

通过对本章内容的学习，读者能够对智能问答系统和对话系统有一个全面的了解，并掌握其基本概念、组成部分、类型和评价方法。这将为读者在相关领域的进一步学习和研究提供基础。

8.1 智能问答系统

随着社会的进步，人们对快速、精确获取信息的需求日益增加。传统的人工客服在处理客户咨询时需投入大量人力、物力，成本高昂。为解决这一问题，智能问答系统应运而生并持续发展。智能问答系统作为信息检索技术的一种高级系统，能够以自然语言的形式，为用户提供简明、准确的答案，回应他们用自然语言提出的问题。

8.1.1 智能问答系统概述

在 1950 年，英国数学家和逻辑学家艾伦·麦席森·图灵在其里程碑式的论文"计算机器与智能"中提出了图灵测试的概念。这项测试设计用来评估机器能否展现出与人类不可区分的智能行为，即机器是否能够模仿人类，并使人类无法辨别其真实身份。图灵测试的设置简单而巧妙：测试者被隔在一个不透明的屏障后，无法直接看到或听到被测试者，后者可能是一个人或一台机器。双方只能通过文字交流进行提问和回答。如果在一定次数的测试后，超过 30% 的测试者无法一致地判断出被测试者是机器还是人类，那么这台机器就被视为通过了图灵测试,表现出了类似人类的智能。

图灵测试的提出不仅推动了人工智能领域的发展,还推动了自然语言处理和机器学习等技术的进步。进一步推动这一领域发展的是,1990 年,科学家休·勒布纳为了激励智能问答系统的突破,设立了勒布纳奖。这个奖项成为人工智能领域的一个标杆,它鼓励研究者开发出能够通过图灵测试的程序。

2014 年,一台名为尤金·古斯特曼的计算机引起了广泛关注。在与人类的一系列对话测试中,它成功地让人类相信它是一位 13 岁的男孩,显示出了令人印象深刻的自然语言理解和应答能力。成为有史以来首台通过图灵测试的计算机。

至今,智能问答系统依然是人工智能和自然语言处理领域备受关注且具有巨大潜力的研究方向。随着深度学习、大数据分析和计算能力的不断提升,智能问答系统的能力正在快速进化,它们在客户服务、信息检索、个人助理等多个领域发挥着越来越重要的作用。

8.1.2 智能问答系统的主要组成部分

在问答活动中,人类通常会经历几个连续的步骤,这包括提出问题、思考可能的答案及给出答案。与人类相似,智能问答系统在产生回答时也遵循一系列步骤,这些步骤一般涵盖输入问题的解析、相关信息的处理和答案的生成。这一过程可以通过 3 个主要环节来描述,智能问答系统的主要组成部分如图 8.1 所示。

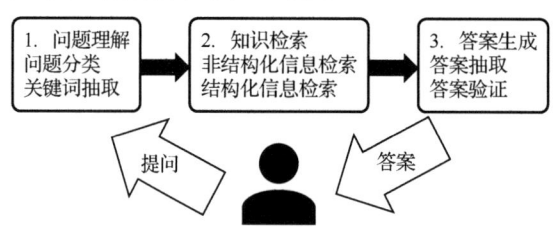

图 8.1　智能问答系统的主要组成部分

智能问答系统是计算机利用计算系统理解用户提出的问题,并根据自动推理等手段,在已有的知识资源中进行检索、匹配,将获取的答案反馈给用户的系统。

8.1.2.1　问题理解

理解问题的本质涉及识别出问题所探询的具体内容及其所属领域,包括问题分类和关键词抽取。

1. 问题分类

通常情况下,每个问题都围绕一个核心主题展开。这个核心主题可以归纳为"5W1H":Who(何人)、When(何时)、Where(何地)、What(何事)、Why(为何)和 How(如何)。这些要素构成了问题的基础框架,帮助智能问答系统确定问题的方向和范围。然而,仅凭这些核心主题并不足以精确识别问题的具体类别,因为不同的问题可能共享相同要素,但属于完全不同的领域或需要不同类别的答案。

为了更明确地划分问题类别，需要进一步将问题类别拆分成更细致的子类别体系。这样的分类体系能够帮助智能问答系统更准确地理解用户的意图，并提供更精准的答案。UIUC 问句分类体系就是这样一种复杂的分类方法。它构成了一个双层级的架构，主要服务于事实性问题的分类。该体系由 6 个宽泛的上位类别和 50 个更具体的下位类别组成，涵盖实体（涉及特定事物，如动植物、食品、体育等）、描述（如定义、特征描述、事件原因等）、人物（如人名、头衔等）、地点（如国家、城市、山脉等）、数值（如数字、日期、排序等）及缩写（如词语的缩略形式）。这种细致的分类体系使得智能问答系统能够处理各种类型的问题，并提供详细且具有针对性的答案。

除了多层次的分类体系，还存在单层次的分类体系。例如，德拉戈米尔·R. 拉德夫设计的包含 17 个问题类别的体系，涵盖人物、数字、描述、原因、地点、定义、缩写、长度、日期等多个类别。这种单层次分类体系虽然相对简单，但也能够有效地对问题进行分类。

此外，问题还可以根据其所属的具体领域进行分类，将特定主题领域的问题分派给该领域的专门功能模块来处理，如天气、食品、百科等具体领域。这种方法利用了问题的领域特性，能够提供更为专业和深入的答案。

机器学习方法在智能问答系统中也发挥着重要作用。首先定义一个问题的特征集合，然后在训练数据上得到一个分类器，就可以对新的问句进行分类了。例如，可以使用 *N*-gram 特征，结合 K 近邻（KNN）、决策树、朴素贝叶斯等多种分类算法来进行问题分类。在这些算法中，支持向量机（SVM）通常能提供最优的分类性能，因为它能够有效处理高维数据，并且具有较强的泛化能力。

综上所述，问题分类是智能问答系统中的一个重要环节，它涉及多种分类体系和方法。通过精确的问题分类，智能问答系统能够更好地理解用户的需求，并为用户提供更准确和有效的答案。无论是基于规则的分类体系，还是基于机器学习的分类方法，都在不断推动智能问答系统的发展，使其更加智能化和人性化。

2. 关键词抽取

确定问题的具体类别关键在于从问题中抽取关键词，这些关键词能够揭示问题的核心内容，进而准确识别问题的分类。一个简单且直观的关键词抽取方法就是基于规则进行匹配，这种方法通过设定一系列规则来识别并归类查询语句。虽然基于规则的匹配方法操作简单，但它在适应多变的自然语言表达方面却显得不够灵活。

为了提高关键词抽取的准确度和适应性，可以采用更高级的技术，如词性标注、命名实体识别等。通过词性标注，可以识别出句子中每个词的词性，如名词、动词等；命名实体识别则能够识别出人名、地名、机构名等特定类型的词汇。这些技术的应用，使得关键词的抽取更加精准，从而为问题的分类提供更为可靠的依据。

智能问答系统正是利用这种询问与回答的互动模式，精确捕捉用户的需求点，并为用户提供个性化的信息服务。智能问答系统通过对大量无序的语料进行系统化和科学化的组织，构建起一个基于知识体系的分类框架。这个框架不仅为新语料的分类提供指导，也为咨询服务的效率和准确性提供了保障。通过减少对人工资源的依赖，实现信息处理的自动化，智能问答系统提高了用户处理事务的效率，同时也为用户提供了更为丰富和便捷的信息资源。

8.1.2.2 知识检索

智能问答系统的表现和效率在很大程度上受其知识库内容和规模的直接影响。一个高效的智能问答系统往往依赖一个庞大且全面的知识库。通常，这些知识库由人工整理成结构化数据，以便计算机能够高效处理。在大数据背景下，结构化数据的数量远远少于非结构化数据的数量，且许多非结构化数据仍然需要人工整理。因此，如果能够有效地从非结构化数据中抽取答案，会显著提升智能问答系统的回答效率。

1. 结构化信息检索

智能问答系统中的结构化信息检索是一个复杂的过程，它涉及问题与多个答案之间的关系，以及实体的各个属性之间、实体与各属性之间的关系。结构化信息主要包括关系类知识和百科类知识。

（1）关系类知识可以简化表示为两个事物和它们之间的关系，即有两个事物 A 和 B，它们之间存在某种关系 R，表示为"A—R—B"。这种关系类知识能够解决一些事物类的问答问题。例如，在"中国的首都在哪里？"中，"中国"是事物 A，"首都"是关系 R，事物 A 需要通过关系 R 去连接另一个事物 B。利用关系类知识，可以得到事物 B 为"北京"。比较著名的关系类知识库有 DBPedia 和 YAGO，这些数据库通过从互联网上抽取数据组织形成关系结构数据库。

（2）百科类知识则是由一个个条目信息组成的，每个条目中都有其简介、属性等相关信息。百科类条目信息的属性结构性强、内容清晰，但也存在其他非结构化信息。例如，在百度百科中，在"上海市"的条目信息中，包括结构化属性如"行政区划""面积""人口"等信息，也包括非结构化信息如"历史沿革""风景名胜""特产美食"等。百科类条目信息除了常见的百度百科，还有互动百科等。

总的来说，智能问答系统的结构化信息检索是一个涉及多种知识类型的过程，它需要处理实体与属性之间的关系，以及问题与答案之间的关系。通过有效地利用关系类知识和百科类知识，智能问答系统能够提供准确且全面的答案，满足用户的各种查询需求。

2. 非结构化信息检索

智能问答系统面对的非结构化信息包括那些未按固定格式或表格形式组织的数据，这些数据可能包含各种属性、实体或隐藏在文本中的信息。为了从这些非结构化数据中抽取有用的信息，可以采用特定的检索方法来搜索和挖掘与用户问题相关的答案。

非结构化信息检索方式在很多方面与搜索引擎技术相似。它通常以关键词为索引，通过查找与这些关键词相关的信息来实现答案生成。在这个过程中，关键词之间的距离和位置关系是重要的考量因素。如果一个文档或文本段落中包含与问题相关的答案信息，那么其中的关键词通常会在空间上彼此靠近。利用这一特点，可以采用以段落为单位，计算连续的少量段落内是否出现了所有关键词，以此来判断哪些文档或文本段落可能包含问题的答案。这种方法有助于过滤那些虽然与关键词相关，但与问题答案不直接相关的文档或文本段落。

在实际应用中，智能问答系统通常会借助商业化的搜索引擎来完成这项工作。现代的商业化的搜索引擎已经具备了一定的自然语言理解能力，能够更好地处理用户的查询请求，如 Siri 就采用了这样的策略。当输入的句子无法被其识别时，它会将整句话提交给搜索引擎，然后从检索到的文档集合中列出可能的答案，供用户自行选择。

总的来说，非结构化信息检索和处理是智能问答系统中的重要环节。通过有效的检索方法和搜索引擎技术，可以从大量非结构化数据中抽取有用的答案，从而提高智能问答系统的准确率和效率。

8.1.2.3 答案生成

通过非结构化检索得到的信息的结构化特性不高，还需要进行筛选过滤，抽取其中最精准的答案。

1. 答案抽取

在智能问答系统的问题理解环节中，对问题的分类和处理是至关重要的。首先，系统会尝试识别问题的类型，如问题是询问关于人物、数值、地点还是日期等的信息。这一步骤有助于确定后续问题处理的方向和策略。

随后，系统会利用自然语言处理技术对问题进行深入分析。这些技术包括词性标注、命名实体识别和关键词抽取等。通过这些方法，系统能够从问题的文本中抽取出最可能是答案的词或句子。

词性标注可以帮助系统识别问题中的动词、名词等词性，从而更好地理解句子的结构和语义。

命名实体识别可以识别出文本中的具体实体，如人名、地名、机构名等，这对于回答问题非常有用。

关键词抽取能够帮助系统抓住问题的核心内容，为检索答案提供方向。

此外，问题的关键词和答案词之间必然存在某种联系。因此，系统还可以考虑问题和候选答案之间的相似度，包括问题关键词和答案词之间语义联系的远近。这种相似度分析有助于提高系统评估候选答案的相关性和准确性。

同时，答案与问题之间也可能存在句式的联系。例如，在问题"上海市的面积是多少？"

中，词语"多少"可以被替换为答案。这意味着系统可以在答案文本中寻找类似"上海市的面积是×××"的句子，其中的"×××"部分即为所求问题的答案。

通过这些复杂的处理步骤，智能问答系统能够准确理解用户的问题，从海量的数据中检索并提供准确的答案。这不仅需要强大的算法支持，还需要对各种类型的数据进行有效的组织和管理。

2. 答案验证

智能问答系统在处理用户问题时逐步缩小候选答案的范围，确保最终提供的答案的准确性和可靠性变得尤为重要。为了验证答案的可信程度，可以采取多种方法，包括利用其他工具和信息源进行交叉验证。

一种有效的验证方法是使用其他知识库或信息源来检查问题与答案之间的相关性。这些知识库可能包括专业的百科全书、领域特定的数据库、学术文献或权威的在线资源。通过在这些知识库中检索问题和答案，可以确定答案是否被广泛接受和确认，从而提高其可信度。

另一种简单有效的验证方法是在互联网范围内检索答案。这可以通过搜索引擎来实现，即输入问题和答案作为搜索查询，然后分析搜索结果。如果问题与答案在多个独立的、可靠的来源中同时出现的频率较高，这表明答案具有较高的可信度。这种频率统计方法可以为答案的正确性提供额外的支持。

此外，还可以考虑以下几种验证手段。

（1）专家验证：将问题和答案提交给相关领域专家进行审查，以获得专业意见。

（2）社区投票：在某些问答平台中，可以通过用户投票来评估答案的受欢迎程度和可信度。

（3）数据挖掘和分析：利用数据挖掘和分析技术从大量数据中抽取模式和趋势，以验证答案的普遍性和一致性。

（4）逻辑推理：对答案进行逻辑推理检验，确保它在逻辑上是合理的。

综上所述，通过综合运用多种工具和方法来验证答案的可信程度，智能问答系统能够提高其提供的答案的准确性和用户的满意度。这不仅有助于提升用户的体验，也有助于建立系统的声誉和信任度。

8.1.3 智能问答系统的类型

根据不同的标准和功能，智能问答系统可以分为多种类型。

8.1.3.1 按照对话类型分类

按照对话类型分类，智能问答系统可以分为任务型问答系统和交互式问答系统。

第8章 智能问答系统和对话系统

1. 任务型问答系统

任务型问答系统主要关注帮助用户完成具体的任务，而不仅是提供信息。这类系统通常集成在智能助手和语音控制系统中，旨在简化用户的日常生活和工作流程。

任务型问答系统的特点如下。

（1）命令执行：用户通过提出明确的指令或请求来与系统交互，系统则解析这些指令并执行相应的操作。

（2）上下文理解：系统需要能够理解对话的上下文，以便连续地完成任务。例如，如果用户首先要求查看未读邮件，然后指示系统回复第一封邮件，系统应能够记住哪封邮件是第一封。

（3）多步骤任务处理：有些任务可能涉及多个步骤，系统需要能够处理这些复杂任务，按正确的顺序执行每个步骤。

（4）个性化服务：任务型问答系统通常能够根据用户的偏好和历史行为来定制服务，提供更加个性化的体验。

（5）实时反馈：为了确保任务正确完成，系统可能会实时向用户请求确认或提供更多必要的信息反馈。

（6）集成其他服务：任务型问答系统通常与其他服务和应用程序集成，如日历、电子邮件客户端和智能家居设备等，以执行用户的各种请求。

任务型问答系统的应用场景广泛，从家庭自动化（如智能音箱控制灯光和温度）到企业自动化（如虚拟助理安排会议和设置提醒）。随着人工智能技术的不断进步，任务型问答系统的能力也在不断增强，正在变得越来越智能，能够处理越来越复杂的任务和请求。

2. 交互式问答系统

交互式问答系统是设计用于与用户进行自然对话的智能系统，它们能够理解用户的询问并提供相应的答案，同时维持流畅的对话上下文。这类系统通常用于客户服务、教育辅导和健康咨询等领域，旨在模拟人类之间的交流方式。

交互式问答系统的特点如下。

（1）上下文跟踪：系统能够记住对话的历史，理解上下文的含义，以便提供连贯和相关的回答。

（2）多轮对话管理：不同于单次问答，交互式问答系统能够处理多轮对话，即用户和系统之间的多个问题和回答交换过程。

（3）意图识别与实体抽取：系统能够识别用户的意图（他们想要什么）和抽取关键信息（如时间、地点、对象等），以便做出正确响应。

（4）自然语言生成：系统不仅要理解自然语言输入，还要能够生成自然语言输出，以便与用户自然地交流。

（5）个性化和适应性：系统可以根据用户的特定需求和偏好来调整其回答和建议。

（6）反馈循环：系统设计通常包括用户的反馈机制，以便于不断学习和改进。

（7）知识更新：交互式问答系统能够定期更新其知识库，以保持信息的时效性和准确性。

（8）情感计算：一些先进的交互式问答系统还包括情感计算功能，能够根据用户的语言和语调识别情绪，并据此调整回答。

交互式问答系统可以基于规则、搜索或机器学习技术构建。基于规则的系统依赖于预先定义的规则和逻辑，而基于搜索的系统则从大型数据集中检索信息。基于机器学习的系统，尤其是深度学习，正在成为主流，因为它们能够从大量的对话样本中学习，不断提高对话的自然性和准确性。

随着技术的发展，交互式问答系统正变得越来越先进，它们在理解复杂的自然语言查询和维持长期对话上下文方面的能力正在迅速提升。这使得它们在各种应用场景中变得越来越有用，特别是在需要高度个性化服务的情况下。

8.1.3.2 按照知识来源分类

按照知识来源分类，智能问答系统可以分为检索类问答系统和基于知识库的问答系统。

1. 检索类问答系统

检索类问答系统的核心功能是从外部信息源（如互联网、数据库或知识库）检索答案以响应用户的问题。这类系统通常依赖先进的搜索引擎技术、自然语言处理算法和机器学习方法来解析问题、理解用户意图，并从大量数据中抽取最相关的信息。

检索类问答系统的特点如下。

（1）信息检索：系统的主任务是从庞大的数据集中查找和抽取答案。这通常涉及文本挖掘和数据挖掘技术。

（2）自然语言理解：系统需要理解自然语言提出的问题，这通常涉及词性标注、句法分析和语义分析等 NLP 技术。

（3）排名和优化：系统必须能够对检索到的答案进行排名，以确定哪个答案最能满足用户的查询需求。这通常涉及使用机器学习算法来优化排名过程。

（4）摘要和概括：如果来源信息过于详细或冗长，系统可能需要将信息生成摘要或概括以提供简洁的答案。

（5）更新和维护：为了保持信息的时效性和准确性，系统需要定期更新和维护其数据源。

（6）多模态能力：一些检索类问答系统不仅能处理文本信息，还能处理图像、视频或音频数据，以提供更全面的答案。

（7）上下文感知：尽管不如交互式问答系统那样强调上下文，但检索类问答系统仍然可能考虑用户的历史查询和偏好来改善答案的相关性。

（8）用户反馈：系统可能会利用用户反馈来改进答案的质量和相关性，通过用户的行为和评价来学习。

检索类问答系统的应用场景非常广泛，包括在线客户支持、个人助理、学术研究、企业信息访问等。随着深度学习和其他 AI 技术的发展，这些系统在理解复杂查询、处理多种语言和方言，以及提供个性化答案方面的能力正在迅速提高。这使得检索类问答系统成为获取现代信息不可或缺的工具之一。

2. 基于知识库的问答系统

基于知识库的问答系统依赖一个预先构建的知识库，这个知识库包含大量组织良好的信息，通常以结构化数据的形式存在。这些系统通过查询知识库来提供精确的答案，而不是从互联网或未组织的数据集中检索答案。

基于知识库的问答系统的特点如下。

（1）结构化数据：知识库通常包含结构化数据，如数据库、知识图谱或本体，这使得信息的检索更加快速和准确。

（2）精确匹配：基于知识库的问答系统能够根据用户的查询精确匹配知识库中的信息，提供确切的答案。

（3）逻辑推理：一些基于知识库的问答系统还能进行逻辑推理，从现有的事实中推导出新的结论。

（4）更新维护：知识库需要定期更新和维护，以保证信息的时效性和准确性。

（5）复杂查询处理：基于知识库的问答系统能够处理复杂的查询，包括多步骤问题和需要综合多个信息源的问题。

（6）上下文理解：虽然它们的主要优势是快速准确地提供具体答案，但一些基于知识库的问答系统也能理解对话上下文，以提供更连贯的交互体验。

（7）个性化服务：基于知识库的问答系统可以根据用户的特定需求和偏好来定制答案。

基于知识库的问答系统的应用场景非常多样，包括但不限于客户服务支持、医疗咨询、法律咨询、教育和培训等。这些系统的优点在于能够提供一致且可靠的答案，因为答案来源是经过验证的知识库，而不是可能包含错误或不一致信息的开放数据集。

随着人工智能技术的进步，基于知识库的问答系统正在变得更加智能，不仅能够提供简单的事实回答，还能够进行更复杂的推理和分析，甚至在某些情况下能够学习和更新自己的知识库。这些系统的开发和维护通常需要专业知识和资源，但由于其高度的准确性和可靠性，它们在许多领域都是不可或缺的工具。

8.1.3.3 按照应用领域分类

按照应用领域分类，智能问答系统可以分为限定域问答系统和开放域问答系统。

自然语言处理理论与应用

1. 限定域问答系统

限定域问答系统是专门设计用于处理特定领域或主题的问题的智能问答系统。这些问答系统通常拥有深度的领域知识,能够提供详细和准确的答案,因为它们专注于一个特定的知识范畴,如医疗、法律、金融、教育或技术等。

限定域问答系统的特点如下。

(1)专业知识:限定域问答系统包含特定领域的深入知识,能够理解和回答该领域内的复杂问题。

(2)高度相关:由于聚焦特定领域,限定域问答系统提供的答案高度相关,能够满足领域专家或对该领域有特定需求的用户的期望。

(3)术语和概念:限定域问答系统能够处理领域特有的术语和概念,理解这些术语和概念在上下文中的含义。

(4)精确度和可靠性:限定域问答系统通常提供比开放域问答系统更精确和可靠的答案,因为它们的知识库是为特定领域优化的。

(5)用户界面和交互:限定域问答系统的用户界面和交互设计通常针对特定领域的用户进行优化,以提供直观和易用的体验。

(6)更新和维护:为了保持领域知识的时效性和准确性,限定域问答系统需要定期更新知识库,这可能涉及领域专家的输入。

(7)逻辑推理和计算:在一些复杂的领域(如金融或工程),限定域问答系统可能需要执行特定的计算或逻辑推理来提供答案。

限定域问答系统的应用非常广泛,如在医疗领域,它们可以帮助医生快速找到关于药物相互作用的信息;在法律领域,它们可以帮助律师检索相关的法律案例和法规。这些系统的发展通常依赖与领域专家的合作,以确保系统的知识库准确无误。

随着机器学习和自然语言处理技术的不断进步,限定域问答系统的能力在不断提升,它们不仅能够回答直接的问题,还能够理解复杂的查询,提供基于多个信息源的综合答案。此外,这些系统也越来越多地采用机器学习方法来自动扩展和更新其知识库,从而减轻人工维护的负担。

2. 开放域问答系统

开放域问答系统是设计回答来自广泛主题和领域的问题的智能问答系统。与限定域问答系统不同,这些系统不局限于特定的知识范畴,而是旨在理解和回答几乎任何用户都可能提出的问题。

开放域问答系统的特点如下。

(1)广泛的知识覆盖:开放域问答系统需要具备广泛的知识储备,能够涵盖多个领域和主题。

(2)自然语言理解:开放域问答系统必须能够处理具有多样性和复杂性的自然语言,

包括俚语、双关语和隐喻等。

（3）上下文识别：开放域问答系统应该能够理解对话上下文，以便提供连贯和相关的答案。

（4）信息整合：为了回答问题，开放域问答系统可能需要从多个来源整合信息，进行复杂的推理和分析。

（5）学习与适应：开放域问答系统通常具备机器学习能力，能够从用户互动中学习，并不断改进其性能。

（6）多语言支持：一些高级开放域问答系统能够支持多种语言，以满足全球用户的需求。

（7）持续更新：世界知识和信息不断变化，开放域问答系统需要定期更新其知识库以保持时效性。

开放域问答系统的应用场景非常广泛，适用于通用搜索引擎、个人助理、虚拟客服代表等。开放域问答系统在提供答案时面临的挑战比限定域问答系统更艰巨，因为它们必须处理更加多样化和不确定的信息。

随着深度学习和其他人工智能技术的发展，开放域问答系统的能力正在迅速提升。例如，预训练语言模型和大规模知识图谱的使用，使得这些系统能够更好地理解复杂的查询，并提供更加准确和全面的答案。然而，由于知识的广度和深度，因此开放域问答系统在某些特定领域的深入问题上可能仍然无法与专门针对该领域设计的限定域问答系统相匹敌。

8.1.3.4 按照技术实现分类

按照技术实现分类，智能问答系统可以分为基于规则的问答系统和基于机器学习的问答系统。

1. 基于规则的问答系统

基于规则的问答系统的核心是依赖一组预定义的规则来解析问题并生成答案。这些规则通常由一个"如果—那么"语句组成，其中"如果"部分是条件，"那么"部分是在满足条件时要执行的动作或结果。

基于规则的问答系统的特点如下。

（1）规则库：基于规则的问答系统包含一个规则库，该库存储了所有用于处理问题和生成答案的规则。

（2）逻辑推理：基于规则的问答系统使用逻辑推理来应用规则，从而得出结论或回答问题。

（3）知识表示：基于规则的问答系统提供了一种明确且结构化的方式来表示知识，使得系统的知识库更加透明和易于理解。

（4）模块化：规则可以独立于其他规则存在，这使得基于规则的问答系统的知识库可以模块化，便于维护和扩展。

（5）上下文限制：基于规则的问答系统可能在处理上下文信息时遇到困难，特别是当对话上下文复杂或模糊时。

（6）灵活性：规则是预先定义的，基于规则的问答系统可能在面对未预见的问题或场景时缺乏灵活性。

（7）更新和维护：随着知识的不断发展，规则库需要定期更新以保持准确性和相关性。

基于规则的问答系统在早期的人工智能研究中非常流行，因为它们提供了一种清晰的方法来编码专业知识。然而，随着自然语言处理和机器学习技术的进步，这些系统的局限性也变得越来越明显。例如，在处理模糊、复杂的自然语言查询时可能不够灵活，而且在构建和维护大型规则库时可能耗时严重。

尽管如此，基于规则的问答系统在某些特定领域仍然非常有用，特别是在需要高度精确和可控的环境（如某些法律或医疗应用）中。在这些情况下，规则可以帮助确保系统提供一致且符合特定标准的答案。此外，规则也可以与机器学习方法结合使用，以提高系统的整体性能和适应性。

2. 基于机器学习的问答系统

基于机器学习的问答系统利用算法和统计模型自动学习和改进其性能，以便更好地理解用户的问题并提供准确的答案。这些系统通常依赖大量的数据来训练模型，使它们能够识别模式、抽取关键信息并做出预测。

基于机器学习的问答系统的特点如下。

（1）数据驱动：基于机器学习的问答系统的性能在很大程度上取决于用于训练的数据的质量和数量。

（2）自然语言处理：基于机器学习的问答系统通常集成了先进的自然语言处理技术，以理解和生成自然语言文本。

（3）特征学习：机器学习模型能够自动识别和学习数据的有用特征，而无须人工干预。

（4）模型训练：基于机器学习的问答系统通过模型训练过程来优化其参数，以提高问题理解和答案生成的准确性。

（5）持续改进：系统接收到更多的训练数据和用户反馈，其性能会持续改进。

（6）多模态能力：一些基于机器学习的问答系统能够处理多种类型的数据（如文本、图像、声音），提供更丰富的交互体验。

（7）上下文理解：通过深度学习等技术，基于机器学习的问答系统能够更好地理解对话上下文和用户意图。

（8）个性化：基于机器学习的问答系统可以根据用户的历史行为和偏好来定制答案，提供个性化的体验。

基于机器学习的问答系统的应用场景非常广泛，包括搜索引擎的智能问答、个人助理、客户服务机器人和虚拟健康顾问等。这些系统的优点在于它们能够从数据中学习，不断适应新的模式和趋势，而无须手动编程每个可能的问题和答案。

然而，基于机器学习的问答系统也面临挑战，如需要大量的标注数据来进行监督学习，以及在处理没有足够训练数据的新领域问题时可能遇到的困难。此外，由于模型的复杂性，因此它们的决策过程可能不如基于规则的问答系统那样透明。

随着深度学习和其他人工智能技术的不断发展，基于机器学习的问答系统正在变得越来越智能和高效，在处理复杂的自然语言任务和提供准确答案方面的能力正在不断提升。

例 8.1 以下是一个简单的基于规则的问答系统，可以根据预先定义的规则来回答用户的问题。

```
class RuleBasedQASystem:
    def __init__(self):
        self.rules = {
            "你好吗？": "我很好！",
            "你是谁？": "我是一个基于规则的问答系统。",
            "你能做什么？": "我可以回答一些简单的问题。",
            "再见！": "再见！"
        }
    def answer_question(self, question):
        if question in self.rules:
            return self.rules[question]
        else:
            return "对不起，我不知道答案。"
#使用示例
qa_system = RuleBasedQASystem()
print(qa_system.answer_question("你好吗？"))
print(qa_system.answer_question("你是谁？"))
print(qa_system.answer_question("你能做什么？"))
```

这个简单的问答系统通过预定义的规则来回答问题。当用户提出一个问题时，系统会检查问题是否在规则库中，如果是，则返回相应的答案；如果不是，则返回一个默认的回答。这种基于规则的问答方法适用于一些简单的问题，但对于复杂的自然语言处理任务可能不够灵活和准确。

8.1.4 智能问答系统的评价

智能问答系统的评价通常更为复杂，因为它们不仅需要处理准确的信息检索，还要展现出对自然语言的深入理解和高级的认知能力。以下是评价智能问答系统时可能考虑的一些关键指标。

（1）理解能力：智能问答系统必须准确理解用户的问题，包括语言的多样性、隐藏的意图和复杂的上下文。这通常通过分析系统的精确匹配率（Exact Match Score，EMS）和F1分数来评估。

（2）回答质量：答案不仅要准确，还要有丰富且有价值的信息。这可以通过人工评估或自动化评估（如 BERTScore）来衡量。

（3）对话管理能力：智能问答系统应能够维持一致的对话上下文，并在此基础上提供连贯的回答。这可以通过跟踪一致性和上下文准确性来评估。

（4）响应速度：用户期望快速得到反馈，因此智能问答系统的响应时间是一个重要指标，包括智能问答系统处理问题和生成回答的时间。

（5）健壮性：智能问答系统在面对模糊、不明确或错误的问题时应有稳定的表现，并提供合理的反馈或澄清请求。

（6）个性化和适应性：智能问答系统能否根据用户的偏好、历史行为和反馈来调整其回答。

（7）多轮交互能力：在多轮对话中，智能问答系统是否能够持续提供相关信息和有价值的信息，同时维护对话的流畅性。

（8）知识更新和学习能力：智能问答系统能否从新数据中学习并及时更新其知识库，以保持信息的时效性和准确性。

（9）用户满意度：通过用户调查、在线评价或直接的用户反馈来衡量用户对智能问答系统的满意程度。

（10）可扩展性：智能问答系统是否能够有效处理不断增长的用户查询量和知识库规模。

（11）跨域能力：智能问答系统在不同领域（如科技、医疗、金融等）的表现能力。

（12）多模态交互：如果智能问答系统支持文本以外的模态（如图像、视频、语音）交互，则需要评估其在各个模态上的性能。

（13）开放域性能：对于开放域问答系统，评估其在未见过或未知领域问题上的表现。

为了全面评估智能问答系统的性能，研究人员和开发者通常会使用一系列标准化测试集和评估协议，如 TREC QA Track、SQuAD、CoQA 等。这些测试集提供了一组预先定义的问题和答案，用于训练和测试问答系统。通过这些基准测试，可以比较不同系统的性能，并推动该领域的研究进展。智能问答系统的设计和实现取决于它们的应用场景和目标用户群体。随着技术的发展，尤其是深度学习技术的应用，智能问答系统的能力不断提升，但自然语言的复杂性仍然是一个挑战。

8.2 对话系统

在人工智能领域，对话系统的研究和应用一直是最引人瞩目的分支之一。随着计算能力的提升和数据量的增加，现代对话系统已经能够以前所未有的方式与人类用户进行自然语言交流。这些系统不仅在技术上令人着迷，在商业和社会层面也具有广泛的应用潜力，从客户服务自动化到个人助理，再到健康咨询和支持教育，都体现了其应用潜力。

8.2.1 对话系统概述

对话系统的发展历程经历了从早期基于规则的对话系统到现在利用深度学习的对话系统的转变。其发展历程可以概括为 3 个主要阶段。

1. 基于规则的对话系统

这是对话系统发展的最初阶段，主要依赖预先定义好的规则库和模板进行人机对话。这些系统通常由专业的程序员或语言学家手工编写一系列规则，以处理特定的输入和生成特定的响应。

代表性的例子包括 ELIZA 程序，它通过模式匹配和替换技术模拟心理学家的交谈方式。尽管这些系统在处理预定领域的简单任务时效果尚可，但它们缺乏灵活性和扩展性，难以处理复杂的自然语言或适应未知的情况。

2. 基于统计机器学习的对话系统

随着机器学习和自然语言处理技术的发展，对话系统开始采用统计方法来理解语言和生成回应。这些系统从大量对话数据中学习，能够识别用户的意图和情感，并动态生成回复。

这一阶段的代表性工作包括 IBM 的 Watson 和微软的 Cortana。这些系统展示了显著的进步，不仅在回答事实性问题方面表现出色，还能在一定程度上进行自主学习，提高对话质量。

3. 基于深度学习的对话系统

进入 21 世纪第二个十年，深度学习技术的兴起极大地推动了对话系统的发展。借助深度神经网络，如循环神经网络（RNN）、长短期记忆网络（LSTM）和 Transformer 模型，现代对话系统能够更好地理解和生成自然语言，甚至在特定领域内具有达到或超越人类水平的性能。

代表性的系统如谷歌的 Dialogflow、Facebook 的 Wisper，以及各种开源聊天机器人平台，它们能够处理复杂的多轮对话，维持上下文的连贯性，并不断从用户互动中学习以优化性能。

每个阶段都带来了对话系统设计和实现上的突破，使其更加接近人类的自然交流。目前,对话系统正朝着更加个性化、情境化和智能化的方向发展,力图在多种语言、领域和场景下提供流畅、准确且富有同理心的用户体验。

对话系统的发展历程不仅反映了人工智能技术的进步,还凸显了这些系统在实际应用中的巨大潜力。从早期的简单模式匹配和规则驱动,到后来的统计方法和机器学习,再到当下日益流行的深度学习和神经网络技术,对话系统的设计一直在不断革新和完善。随着技术的不断发展,未来的对话系统有望变得更加智能化和人性化。它们将更好地理解人类的语言和意图,更准确地捕捉上下文信息,以及更灵活地适应各种对话场景。通过深度学习和自然语言处理的进一步优化,未来的系统可能会拥有更加强大的推理能力,能够进行更复杂的问题解答和决策支持。同时,随着个性化和情感计算的发展,对话系统将能更好地识别用户的情绪状态,提供具有同理心的响应,从而提供更加温馨、亲切的用户体验。例如,它们可以在用户感到沮丧或压力大时提供安慰,或者在用户高兴时分享喜悦。此外,随着多模态交互(如结合语音、文本、图像和视频)的成熟,对话系统将不再局限于文字交流,而是能够提供更丰富的交互体验。这种多模态对话系统将在教育、娱乐、医疗等多个领域发挥巨大作用。

随着技术的不断进步,对话系统的未来充满希望和机遇,它可以解决问题、提高效率,甚至在情感上给予支持,最终实现人工智能与人类的和谐共生。

8.2.2 对话系统的基本过程

一个完整的人机对话系统是一个复杂的交互平台,它能够让用户通过自然语言与机器交流。一个完整的人机对话过程包括语音识别、自然语言理解、对话管理、自然语言生成和语言合成等部分,如图 8.2 所示。

图 8.2 一个完整的人机对话过程

1. 语音识别

语音识别(Automatic Speech Recognition,ASR)是对话过程中的首个环节,负责将用户的语音输入转换成可处理的文本数据。这个阶段的挑战包括处理不同的口音、说话速度、背景噪声等。语音识别技术在许多应用中都非常重要,如智能助手(如 Siri、Google Assistant)、语音转文本服务、无障碍技术、客户服务自动化及交互式语音响应系统(IVR)等。随着深度学习技术的发展,语音识别的准确性和可靠性得到了显著提升,使得它在日常生活中的应用越来越广泛。

2. 自然语言理解

自然语言理解(Natural Language Understanding,NLU)涉及对转换得到的文本进行分析，以确定用户的意图和需要抽取的关键信息。意图识别是理解用户目的的关键步骤，而实体抽取则是为了把握话语中的关键因素，如时间、地点、对象等。随着技术的进步，NLU系统正在变得越来越精准和智能，可以支持多种复杂的应用，如聊天机器人、个人助理、智能搜索引擎和客户服务自动化工具等。通过持续的训练和优化，这些系统能够不断改进对自然语言的理解能力，提供更加丰富和人性化的交互体验。

3. 对话管理

对话管理（Dialogue Management）模块根据用户的意图和当前的对话状态来决定系统应该如何响应，可能包括维护对话历史、决定下一步动作或请求额外信息来澄清用户的需求。对话管理系统的效率和智能程度直接影响用户体验的质量。一个设计良好的对话管理系统可以让用户感觉像是在与一个理解力强、反应敏捷的人类助手交谈。随着技术的发展，对话管理系统正变得越来越先进，能够处理更加复杂的交流场景，并在广泛的应用领域中提供帮助，如客户服务、健康咨询、在线购物等。

4. 自然语言生成

在决定了系统响应之后，自然语言生成（Natural Language Generation，NLG）模块负责生成自然流畅的文本回复。这个环节需要确保回应的语言符合语法规范，同时保持语义清晰和连贯。自然语言生成的应用范围非常广泛，包括但不限于聊天机器人、个人助理、自动新闻撰写、报告生成和社交媒体内容创作等。随着技术的进步，自然语言生成正在变得更加智能，不仅能够生成准确的信息，还能够以一种更加个性化和富有表现力的方式与用户交流。

5. 语言合成

语言合成（Text to Speech，TTS）组件将系统生成的文本转换为口语化的语言输出，以便用户可以听到机器的回应。这个环节力求使合成语言尽可能自然和易于理解。随着技术的发展，现代的语言合成系统已经能够生成非常逼真的人声。一些高级系统甚至允许用户选择不同的声音特征，如性别、口音和语速。此外，通过深度学习的进步，现在的语言合成可以生成更加流畅和自然的语言，且几乎无法与真人的声音区分开。语言合成技术不仅提高了信息的可访问性，而且为用户提供了更为丰富的交互体验。随着人工智能和语言合成技术的不断进步，可以预见未来会有更多高质量、多样化的语言合成应用出现。

以上各部分共同构成了完整的人机对话流程，它们相互协作，使得用户可以通过声音与机器进行自然的沟通。

8.2.3 对话系统的类型

对话系统可以分为多种类型，每种类型都有其独特的特点和应用场景。

1. 任务型对话系统

任务型对话系统是一种以完成特定任务为目的的交互式平台，它通过理解用户的指令来调用相应的服务或 API，并返回结果给用户。

任务型对话系统的工作流程通常涉及以下几个关键步骤。

（1）语音识别：如果用户通过语音与系统交互，首先需要将语音转换成文本，以便任务型对话系统处理。

（2）自然语言理解：任务型对话系统通过分析用户的输入，识别出用户的意图和所需执行的任务。

（3）对话状态跟踪：在多轮对话中，任务型对话系统需要记录对话的历史和上下文，以便更好地理解和响应用户的后续指令。

（4）对话策略：任务型对话系统根据用户的意图和对话状态，决定下一步动作，可能包括请求更多信息、执行操作或给出回答。

（5）自然语言生成：任务型对话系统构建自然语言响应，向用户传达信息或询问问题。

（6）语音合成：如果任务型对话系统需要语音反馈，将文本转换为语音输出。

此外，任务型对话系统的应用场景非常广泛，包括但不限于智能家居控制、在线购物助手、预订服务（如机票预订、酒店预订等）、银行客户服务和语音控制系统等。这些系统的设计旨在简化和优化用户完成特定任务的过程，提高效率和满意度。

总的来说，任务型对话系统是人工智能领域的重要分支，它通过提供高效的任务执行能力，极大地丰富了人们的日常生活和工作体验。

2. 问答型对话系统

问答型对话系统（Question Answering System，QA 系统）是一种旨在回答用户问题的智能软件系统，它使用各种自然语言处理和机器学习技术来理解用户的查询，并提供准确的答案。

问答型对话系统的工作流程通常包括以下几个关键步骤。

（1）问题理解：问答型对话系统首先分析用户的问题，确定问题的类型和所需抽取的关键信息。

（2）信息检索：根据对问题的理解，问答型对话系统从知识库、数据库或互联网中检索相关信息。

（3）答案生成：问答型对话系统根据检索到的信息生成一个或多个可能的答案。

（4）答案验证：问答型对话系统评估生成的答案的准确性和相关性，确保提供给用户的答案是最合适的。

（5）答案呈现：问答型对话系统以文本或语音的形式将答案呈现给用户。

此外，问答型对话系统还可以根据其功能和应用场景进行分类，具体如下。

（1）基于规则的问答型系统：这些系统依赖预先定义的规则和逻辑来回答问题，适用于特定领域或任务。

（2）基于知识的问答型系统：这些系统使用结构化的知识源（如知识图谱）来查找答

案,具有更高的灵活性和准确性。

(3)基于机器学习的问答型系统:这些系统通过训练大量数据样本来学习如何回答问题,能够处理更复杂的语言结构和语义。

总的来说,问答型对话系统是人工智能领域的重要分支,它通过提供快速、准确的答案来帮助用户解决问题和获取信息,极大地提高了人们的工作效率和生活便利性。问答型对话系统应用场景也比较广泛,如银行、电信运营商、电商店铺的语音客服系统等。

3. 开放域对话系统

开放域对话系统是一种允许用户与系统进行自由形式对话的智能软件平台,不局限于特定的主题或任务,而是旨在模拟人类的自然语言交流。

开放域对话系统的工作流程通常包括以下几个关键步骤。

(1)输入理解:开放域对话系统通过分析用户的输入,识别出意图和情感等关键信息。

(2)上下文跟踪:在多轮对话中,开放域对话系统需要记录对话的历史和上下文,以便更好地理解和响应用户的指令。

(3)响应生成:根据用户的意图和对话上下文,开放域对话系统生成一个或多个可能的响应。

(4)响应选择与优化:开放域对话系统评估生成的响应,并选择最合适的一个进行回复。

(5)反馈学习:开放域对话系统通过用户的反馈不断学习和优化自身的表现。

此外,开放域对话系统的应用场景非常广泛,包括但不限于个人助理、智能客服和社交媒体互动等。这些系统的设计旨在提供更自然、更具人性化的交互体验,满足用户多样化的交流需求。

总的来说,开放域对话系统也是人工智能领域的重要分支,它通过模拟人类的自然语言交流来提供更自由、更丰富的对话体验,极大地丰富了人们的日常生活和工作体验。

此外,还有一些混合型对话系统,它们结合了以上几种类型的特点,如带有目的的闲聊系统,这类系统在闲聊的同时也能完成某些特定任务。随着技术的发展,对话系统的类型和功能也在不断扩展,如对话型推荐系统,这是一种新兴的有商业价值的系统。

总之,对话系统的设计和应用取决于用户需求和特定的使用场景。随着人工智能技术的进步,对话系统将变得更加智能化和多样化,能够提供更加丰富和个性化的交互体验。

例 8.2 以下是一个简单的对话系统。

```
import random
    #定义一些简单的响应模式
response_patterns = [
    "你好!",
    "很高兴见到你!",
    "请问有什么可以帮助你的?",
    "谢谢你的提问!",
    "祝你有愉快的一天!"
```

```
]
def generate_response(user_input):
    #随机选择一个响应模式
    response = random.choice(response_patterns)
    return response
    #主程序循环
while True:
    user_input = input("用户：")
    if user_input.lower() == "再见":
        print("系统：再见！")
        break
    else:
        response = generate_response(user_input)
        print("系统：" + response)
```

这个简单的对话系统会根据用户的输入生成一个随机的响应。当用户输入"再见"时，对话将结束。你可以根据需要扩展和改进这个系统，如添加更多响应模式、使用更复杂的语言理解技术等。

8.2.4 对话系统的评价

对话系统的评价是一个综合性的过程，旨在全面了解系统的性能、效果和用户满意度。以下是一些常用的评价指标。

（1）准确性：衡量对话系统回答的准确性，通常用于任务型和问答型对话系统。

（2）流畅性：评估对话系统生成的文本或语音是否流畅自然、是否符合语言习惯。

（3）相关性：评估对话系统的回应是否与用户的意图和对话上下文相关。

（4）多样性：评估对话系统在不同场景下能否提供多样化的回应。

（5）及时性：衡量对话系统响应的速度，这对实时交互尤为重要。

（6）健壮性：评估对话系统在面对意外输入或噪声时的稳定性和容错能力。

（7）用户满意度：通过用户调查或在线评论等方式，收集用户对对话系统的满意度反馈。

此外，还可以采用一些标准化测试集和工具来评估对话系统的性能，如 BLEU、ROUGE 等。这些工具可以量化评估系统生成的文本与参考答案之间的相似度。

总的来说，对话系统的评价需要综合考虑多个方面的表现，以确保系统能够满足用户的需求并提供高质量的服务。

本章小结

本章主要介绍了智能问答系统和对话系统的基本概念、组成部分、类型和评价方法。首先，对智能问答系统进行了概述，介绍了其基本功能和应用场景；其次，详细分析了智能问答系统的主要组成部分,包括问题理解、知识检索、答案生成等模块;再次,根据功能和应用场景的不同,将智能问答系统分为基于规则的问答型系统、基于知识库的问答型系统和基于机器学习的问答型系统等类型,并对每种类型的优缺点进行了分析;最后,提出了一系列评价智能问答系统的指标,包括准确性、流畅性、相关性、多样性、及时性、健壮性和用户满意度等。

本章在对话系统方面,首先,概述了对话系统的基本概念和功能;其次,详细介绍了对话系统的基本过程,包括语音识别、自然语言理解、对话管理、自然语言生成和语言合成等步骤;再次,将对话系统分为任务型对话系统、问答型对话系统和开放域对话系统等类型,并对每种类型的特点进行了分析;最后,提出了一系列评价对话系统的指标。

通过本章的学习,读者可以了解到智能问答系统和对话系统的基本原理和应用场景,为进一步深入学习和应用这些技术奠定基础。

第 9 章

情感分析和舆情监测

（1）理解文本情感分析的主要内容：学习了解文本情感分析的基本概念、原理和应用领域。

（2）掌握常见的文本情感分析应用：了解文本情感分析在不同领域中的常见应用场景，如社交媒体分析、产品评论分析等。

（3）学习情感分析的方法和技术：了解基于情感词典、基于文本分类和基于 LDA 主题模型的情感分析方法，并理解它们的基本原理和实现方式。

（4）了解舆情监测的主要内容和应用：学习舆情监测的基本概念、原理，以及在社会舆情分析中的常见应用。

（5）掌握舆情监测的技术：了解网络爬虫技术和文本情感分析技术在舆情监测中的应用，理解它们的作用和实现方式。

（6）学习电商产品情感评论数据分析案例：通过实际案例的学习，了解如何运用文本情感分析和舆情监测技术对电商产品评论数据进行分析，包括背景与挖掘目标、分析方法与过程，以及运行结果的解读。

通过对本章的学习，读者能够对文本情感分析和舆情监测有全面的了解，并掌握相关的方法和技能，为进一步深入学习和应用这些技术奠定坚实的基础。

9.1 文本情感分析简介

人类自然语言是一种高度复杂且富有表现力的沟通方式，它不仅承载了信息的传递，还蕴含着说话者或作者的情绪和心理状态。通过语言，人们可以传达各种情绪，如愤怒、兴奋、失望和满足等；也可以表达不同的心境，如焦虑、平静、悲伤或愉悦；此外，个人的偏好也能通过言辞得以体现，如对某件事物的喜爱或厌恶。个人的性格特征，如乐观、悲观、开朗或内向，以及个人持有的立场和观点，往往也会在言语中无意识地流露出来。

随着技术的发展，文本情感分析的出现和发展，使得机器能够借助算法和模型来识别并理解这些语言中的情感倾向。这种技术对于企业来说极具价值，因为它能够帮助企业深入理解消费者的感受和需求。通过对消费者的评论、反馈和在社交媒体上的言论进行情感分析，企业可以洞察宝贵的市场信息，从而对产品或服务进行有针对性的改进和优化。

除了了解消费者，文本情感分析还可以应用于分析商业伙伴和竞争对手的态度。这有助于企业评估合作关系的稳定性，预测市场的变动，甚至提前应对可能出现的商业风险。在谈判和决策过程中，情感分析提供的数据可以作为重要的决策支持信息。

在自然语言处理领域，文本情感分析已经成为一项基础且关键的技术挑战，涉及多个子任务，包括情感检测、情绪识别、观点挖掘和语言风格分析等。为了实现准确的情感分析，研究人员和工程师们开发了多种机器学习模型和深度学习算法，这些模型和算法能够处理和分析大量文本数据，抽取出有用的情感信息。

文本情感分析是一种应用自然语言处理、文本挖掘和计算机语言学等技术手段，对蕴含情绪的主观性文本进行深入分析、处理、总结和推断的过程。其核心目标在于识别个人或群体针对特定议题的情绪倾向，通过挖掘个体对于某主题的观点或评论，判断这些观点或评论反映出的是积极的还是消极的情绪态度。文本情感分析的迅猛发展，很大程度上得益于社交媒体平台（如论坛、微博、微信等）的普及与壮大。自 21 世纪初，情感分析已经在数据挖掘、网络挖掘、文本挖掘和信息检索等领域展现出其活跃的研究态势，并被广泛运用。

9.1.1 文本情感分析的主要内容

文本情感分析的核心因素涵盖区分文本的主客观性质、对情感进行分类及判定情感的极性。在处理用户对特定事物的观点和看法时，情感分析专注于那些蕴含情绪色彩的文本。作为情感分析的基础，情感分类涉及将文本依据其表达的情绪划分为正向、负向或中立等类别。而情感极性判断则旨在评估文本所传达的总体情绪是正向肯定还是负向否定，即判定其具有褒扬或贬低的意味。

1. 主客观分类

主观性文本是与客观性文本相对立的一种表达方式，它通常涉及个人的观点、情感、意见或评价，反映了作者对某一主题或对象的个人看法。在情感分析的过程中，首先需要从文本中辨识出含有主观情感的元素，这通常包括个人的情绪反应、态度和价值判断等。识别这些主观性表达后，进一步的分析步骤是对它们进行情感极性的判断，以确定其具有正向的褒扬意味还是负向的贬低意味。

文本的表达形式多种多样，且主客观特征并不总是清晰可辨，这使得准确区分文本的主客观性质成为一项挑战。在某些情况下，主观性文本的情感分类可能比主客观识别更为复杂,因为情感表达非常微妙且依赖上下文。

为了提升情感分析的准确性,主客观分类成了一个关键步骤。目前,主客观分类的方法主要依赖识别文本中的情感词汇或特定的短语模式。通过这些特征,可以较为简单地判断句子是否包含主观性。在实践中,客观句子的识别准确率大约可以达到80%,而主观句子的识别准确率则稍低,大约为60%。这表明尽管有一定的准确性,但文本情感分析在主观性文本的识别和分类方面仍有很大的提升空间,需要更精细和高级的分析方法来提高结果的精确度。

2. 情感分类

情感分类是文本分类问题的特殊领域,它专注于分析和识别文本中的情感倾向,通常区分为正向、负向或中立。目前,情感分类主要采用两种主流方法:基于情感词典和基于机器学习的方法。

基于情感词典的情感分类方法依赖预先构建的语义词典资源,这些资源包含词汇的情感色彩,如正向或负向。通过创建或扩展领域特定的情感词典,文本情感分析可以针对特定类型的文本进行优化。在分析过程中,算法会识别文本中的正向和负向情感词,并根据它们的数量和强度为文本添加相应的情感标签。此外,这种方法还会考虑特定的词性和句法结构对情感判断的影响,如否定词、递进关系和转折关系等,这些因素可能会对情感值进行调整。这种方法的准确性很大程度上依赖情感词典的质量和覆盖范围。

基于机器学习的情感分类方法涉及特征选择、特征权重量化和分类器模型设计。特征选择是指确定哪些文本特征对于情感分类最重要,常见的特征选择方法包括信息增益、卡方统计和文档频率等。特征权重量化是对选定的特征赋予适当的权重,以反映它们在情感分类中的重要性,常用的特征权重量化方法包括布尔权重、词频(TF)、逆向文档频率(IDF)、TF-IDF和熵权重等。分类器模型用来根据特征和权重预测文本的情感类别,常见模型包括朴素贝叶斯、支持向量机、K近邻、神经网络、决策树和逻辑回归等。

两种方法各有优势和局限,基于情感词典的情感分类方法简单直接,但可能受限于词典的覆盖范围和更新速度;基于机器学习的情感分类方法通常需要大量的标注数据来训练模型,但一旦训练完成,它可以更好地适应新的领域和语境。在实际应用中,两者有时会结合使用,以提高情感分类的准确性和健壮性。

3. 情感极性判断

情感极性判断是一种文本分析技术,旨在识别和评估文本中表达的情感色彩,如正向或负向、肯定或否定、褒义或贬义。这一过程通常涉及对文本的情感倾向进行量化,以对文本的情感态度进行定性的描述。情感极性判断通常被视为二分类问题,即判断文本的情感是正向的还是负向的,而情感分类则是一个多分类问题,因为它可能需要考虑更多的情感类别,如愤怒、喜悦和悲伤等。

情感极性判断的方法主要分为基于情感词典和基于机器学习两大类。基于情感词典的方法依赖预先编制的词典，这些词典包含词汇的情感极性信息。这种方法通常会分析文本中的每个词，并根据词典中的定义对这些词的情感极性进行评分，最终将这些分数进行累加或平均得出整个文本的情感极性。基于机器学习的方法需要使用标注好的训练数据来训练模型，以便从文本特征中自动学习如何判断情感极性。这些方法包括朴素贝叶斯、支持向量机、深度学习等复杂的算法。

情感词语极性判断和情感文本极性判断是情感极性判断的两个主要研究方向。情感词语极性判断关注于单个词汇的情感极性，可以通过分析语义词典或利用大规模语料库来实现。语义词典通常由专家编制，而基于语料库的方法则利用统计技术从大量文本数据中抽取词汇的情感极性。情感文本极性判断更类似情感分类，涉及对整个文本或文档的情感极性进行评估。尽管情感分类体系在学术界并没有统一的标准，但情感文本极性判断仍然在商业领域得到了广泛应用，尤其是在舆情监控、商品评论分析和社交媒体评论分析等方面。

总的来说，情感极性判断是理解和分析公众情绪的重要工具，在市场研究、品牌管理、客户服务和社交媒体分析等多个领域都有极大的应用价值。通过准确判断文本的情感极性，企业和组织可以更好地了解消费者和公众的情绪反应，从而做出更明智的决策。

9.1.2 文本情感分析的常见应用

情感分析在多个领域中的应用日益增多，尤其在信息检索、社交网络、舆情监控、语音识别、机器翻译和推荐系统中扮演着重要角色。以下是情感分析在信息检索、商品评论分析、舆情分析和信息预测方面的具体应用示例。

1. 信息检索

在信息检索领域，情感分析的应用可以显著提升用户体验和搜索结果的个性化程度。搜索引擎通过分析用户查询语句中蕴含的情感色彩，能够更好地理解用户的搜索意图和需求。这种理解不仅基于用户所使用的关键词，还包括用户的情绪状态和所期望的内容类型。

例如，当用户键入有关特定事件的查询时，传统的搜索引擎可能会返回一系列客观的报道和信息。然而，用户通过应用情感分析，搜索引擎可以进一步区分用户是想获取关于该事件的客观信息、正向观点还是负向评论。如果用户在查询语句中表达了积极的情绪，搜索引擎可能会优先显示包含积极观点的文章和帖子；相反，如果用户的语言带有负向情绪，搜索引擎则可能提供批判性或负向的报道。

此外，情感分析还可以帮助搜索引擎识别出那些同时包含主观情感和客观事实的混合内容，从而为用户提供一个更全面的信息视角。这种能力对于那些希望从多个角度理解事件的用户来说尤为重要。

情感分析在信息检索中的应用不仅限于改善搜索结果的相关性，还可以用于优化广告投放、内容推荐，以及自动生成情感相关的搜索摘要。通过这种方式，搜索引擎可以提供更加丰富和满足用户需求的搜索体验，同时也为广告商和内容提供者提供了更精准的目标受众定位。随着情感分析技术的不断进步，可以预见，未来的搜索引擎将能够更好地理解和响应用户的情感需求，从而提供更加智能化和人性化的服务。

2. 商品评论分析

在电子商务的繁荣发展过程中，消费者评论和评分系统扮演着至关重要的角色。它们为消费者提供了分享购买体验和反馈的平台，同时也为其他潜在买家提供了宝贵的参考信息。然而，随着在线评论数量的激增，手动分析每条评论变得既不现实也不高效。这正是情感分析技术发挥作用的领域。

通过应用情感分析，商家可以自动化地处理和分析大量消费者评论。这种分析可以快速识别出消费者表达的情绪是正向的还是负向的，从而帮助商家把握消费者对产品的整体满意度。对于正向情绪的评论，商家可以深入了解哪些产品特性或服务环节得到了消费者的肯定；而对于负向情绪的评论，商家可以及时发现问题所在，无论是产品质量、客户服务还是物流体验，都可以采取相应的改进措施。

此外，情感分析不仅可以帮助商家优化产品和服务，还可以增强消费者的购物体验。通过阅读经过情感分析的评论摘要，消费者可以迅速获得关于商品的综合印象，而无须浏览大量评论。这些摘要可以提供清晰的正向和负向意见概览，帮助消费者做出更加明智的购买决策。

情感分析在电子商务中的应用还包括监测和预测产品趋势。通过持续跟踪消费者情绪的变化，商家可以预测哪些产品可能会成为热销商品，或者哪些产品可能面临市场冷淡。这样的洞察力使得商家能够更加灵活地调整库存和营销策略，以应对市场的动态变化。

总之，情感分析为电子商务带来了强大的支持，它不仅提升了商家的市场响应能力和竞争力，也增强了消费者的购物体验。随着技术的不断进步，情感分析的精度和应用范围将进一步提升，为电子商务领域带来更多创新和价值。

3. 舆情分析

对于政府机构和企业来说，公众情绪的监测和理解是决策过程中不可或缺的一环。情感分析工具在这方面扮演了重要角色，因为它们能够从各种网络平台上抽取和分析大量文本数据，从而揭示民众对特定政策、产品或服务的情感态度。这些平台包括但不限于社交媒体、新闻报道、论坛和博客及其他在线社区。

通过对这些来源的实时监控，组织可以快速捕捉民众情绪的变化，无论是积极的还是消极的。这种实时舆情监控的能力使得组织能够在问题升级成全面危机之前及时识别并应对潜在的风险。例如，如果某个产品开始在网络上收到负向评价，企业可以通过情感分析迅速发现这种趋势，并采取措施进行产品召回、发布澄清声明或提供客户服务支持，以减轻产品的负向影响。

同样，政府机构可以利用情感分析来跟踪民众对新政策或法律的反应，确保政策的顺利实施，并在必要时进行调整以更好地满足民众的需求。情感分析还可以帮助政府在紧急情况下迅速了解民众的关切和需求，从而更有效地部署资源和响应措施。

在营销领域，企业可以使用情感分析来评估广告活动或社交媒体活动的成效。通过分析消费者在这些活动相关帖子中表达的情感，企业可以了解哪些活动引起了积极反响，哪些没有达到预期效果，甚至可能适得其反。这样的洞察可以帮助企业优化未来的营销策略，提高投资回报率。

情感分析不仅有助于危机管理和营销效果评估，还可以用于产品和服务的持续改进。通过定期监测和分析消费者的反馈，企业可以发现产品特性或服务流程中的不足之处，并进行相应的调整以满足消费者的期望和需求。

总之，情感分析为政府机构和企业提供了一种强大的工具，以便更好地理解和响应民众情绪。随着情感分析技术的不断发展和完善，可以预见其在舆情监控、危机管理、政策制定、产品开发和市场营销等领域的应用将变得越来越广泛和深入。

4. 信息预测

情感分析作为一种理解人类情绪和观点的技术，不仅能够揭示已经发生的情绪反应，还能够对情绪的未来走向进行预测。这种预测能力在多个领域都有着重要的应用价值。

在金融市场中，投资者的情绪是影响股票价格和市场趋势的关键因素之一。情绪分析可以通过对新闻文章、社交媒体帖子、财经博客及交易平台上的公开评论进行分析，来衡量市场情绪的变化。例如，如果大量社交媒体帖子表达了对某只股票的乐观态度，这可能预示着该股票的需求将增加，从而推高股价；相反，如果负向情绪占据主导，那么投资者可能会出售他们的持股，导致股价下跌。通过情感分析，投资者和分析师可以获得市场情绪的即时快照，并据此调整他们的投资策略。

在政治领域，情感分析同样可以用来预测选举结果或评估政策的影响力。通过对选民在社交媒体、公开演讲、辩论和其他公共论坛上的言论进行情感分析，可以了解民众对于特定候选人或政策议题的情绪倾向。这种分析可以帮助政治活动家和决策者了解哪些议题最受关注，哪些政策最得人心，从而制定更有效的竞选策略或政策方案。

此外，情感分析还可以用于其他领域，如公共卫生、品牌管理和消费者行为研究。在公共卫生领域，通过分析社交媒体上的言论，可以监控和预测公众对健康事件的情绪反应，如流行病暴发时的恐惧或疫苗接种时的犹豫；在品牌管理方面，情感分析可以帮助品牌监控消费者对产品和服务的看法，及时发现并应对可能损害品牌形象的负向言论。在消费者行为研究中，情感分析可以揭示消费者对不同营销活动的情绪反应，帮助营销人员设计更有效的广告和促销策略。

作为一种能够从文本中抽取和理解情绪倾向的技术，情感分析已经在多个领域显示出巨大的潜力。随着机器学习和自然语言处理技术的不断进步，情感分析的准确性不断提高，应用范围迅速扩大。这些技术的提升意味着情感分析可以更精准地识别和分类情绪，从而为各种应用场景提供更丰富的数据支持。在未来，情感分析有望成为决策支持和市场预测的关键工具。在商业领域，企业可以利用情感分析来更好地理解消费者的需求和偏好，从而制定更具针对性的产品开发和营销策略。例如，通过分析消费者的在线评论和在社交媒体上的言论，企业可以获得关于产品特性或服务体验的即时反馈，及时调整和优化以提升用户满意度。

随着技术的发展和数据量的增加，情感分析的应用范围将进一步扩大。大数据和先进的分析技术将使情感分析变得更加精细和全面，使其能够在更多语言和文化背景下工作，洞察跨文化的情感。同时，随着人工智能的进步，情感分析系统将变得更加智能，能够自动适应不同的应用场景和需求。

总之，情感分析不仅为理解和分析人类情感提供了一种有效的手段，而且它的应用前景非常广阔。随着技术的不断进步，情感分析将在提升用户体验、优化产品和服务、进行市场研究和战略规划等方面发挥越来越重要的作用，更深入地洞察各个领域，并为各个领域提供更有效的策略指导。

9.2　情感分析的方法和技术

情感分析技术的核心挑战在于文本的情感分类，即将文本内容按照其表达的情绪倾向进行分类。情感分类的方法大致可以分为两类：一是简化的二分法或三分法；二是更细致的多类划分。

在二分法中，情感被归类为正向或负向，而在三分法中，则增加了中立类别，以区分那些不明确表达积极或消极情绪的文本。这种分类方法适用于简单的情感判断场景，如产品评论的积极性或消极性。

对于更复杂的情感理解，多元分类方法更为适用。这种方法涉及 4 种以上分类，如四分法可能包括悲伤、忧愁、快乐和兴奋等类别，而七分法可能涵盖高兴、悲伤、喜欢、生气、厌恶、恐惧和惊讶等更细腻的情绪状态。这样的分类可以更精确地捕捉文本中的情感色彩，并适应不同的分析需求，如在市场研究中识别消费者对品牌的情感态度，或者在心理健康应用中监测用户的情绪变化。

在进行情感分类时，有多种方法可供选择。基于情感词典的情感分类方法依赖预先编制的情感词汇表，通过分析文本中的词汇与词典中的词条匹配情况来判断情感倾向；基于文本分类的情感分类方法使用机器学习算法，如朴素贝叶斯、支持向量机或深度学习网络来训练模型识别不同类别的情感；基于潜在狄利克雷分配（Latent Dirichlet Allocation，LDA）主题模型的方法从文本中抽取主题，并分析这些主题与特定情感类别之间的关联。

9.2.1 基于情感词典的方法

基于情感词典的情感分类方法是一种常用的情感分析技术，它识别文本中的情感词并对这些词汇进行打分，以确定整个文本的情感倾向。这种方法的关键在于如何准确识别和评估情感词、否定词和程度副词，以及如何根据这些信息计算出一个合理的情感得分。

在实施过程中，首先需要建立一个情感词典，该词典包含各种情感词及其对应的得分情况。情感词通常具有两种属性：极性和强度。

极性：情感词的极性指的是它所表达的情感是正向的还是负向的。例如，"好吃"和"喜欢"是正向情感词，而"难吃"和"讨厌"则是负向情感词。

强度：情感词的强度描述了情感的强烈程度。例如，"我感到害怕"和"我感到恐惧"都表达了负向情感，但"恐惧"的强度要大于"害怕"。在情感词典中，通常会用数字来表示情感的强度，数值越大，表示情感的强度越强烈。

在使用情感词典进行情感分析时，除了识别情感词，还需要考虑否定词和程度副词的影响。否定词如"不""没"等可以反转情感词的极性，而程度副词如"非常""很"等可以增强或减弱情感词的强度。

具体来说，分析过程如下。

（1）文本预处理：对文本进行分句、分词等预处理操作，以便后续处理。

（2）情感词识别：在预处理后的文本中查找识别与情感词典中匹配的情感词。

（3）计算情感得分：根据情感词的极性和强度，以及考虑否定词和程度副词的影响，计算每个情感词的情感得分。

（4）汇总得分：将所有情感词的得分进行汇总，得到整个文本的情感得分。得分的计算方法如式（9.1）所示。

$$\text{score} = w \times \sum_{i=1}^{n}(s(i) \times p(i)) \tag{9.1}$$

其中，w 为权重，默认为 1；$s(i)$ 为情感得分；$p(i)$ 为情感词对应的程度副词和否定词的乘积。程度副词和否定词默认为 1。

（5）判断情感倾向：根据最终的情感得分，判断文本的情感倾向是正向、中立还是负向。

需要注意的是，基于情感词典的情感分析方法在很大程度上依赖情感词典的准确性和全面性。如果情感词典的内容不够准确或者覆盖范围不够广泛，那么分析结果可能会受到影响。因此，构建和维护高质量的情感词典是使用这种方法的关键。

情感词典是情感分析的重要资源，通常包含一系列情感词，以及这些情感词对应的情感分值。不同的情感词典可能是基于不同的语料库构建的，如微博、新闻和论坛等，以反映不同语境中的情感表达方式。BosonNLP 情感词典就是这样一种情感词典，它是根据大量社交媒体数据、新闻报道和在线论坛等内容构建的，旨在捕捉常见的情感表达和它们的情感倾向。

在 BosonNLP 情感词典中，每个情感词都被赋予了特定的情感分值，这个分值反映了该词在情感表达中的正向或负向倾向。例如，"喜欢""高兴"这样的词可能会有较高的正分值，而"讨厌""失望"这样的词则可能会有较低的负分值。表 9.1 是一个简化版的 BosonNLP 情感词典的部分内容。

表 9.1 BosonNLP 情感词典的部分内容

情 感 词	情 感 分 值
喜欢	+2
高兴	+3
讨厌	−3
失望	−2
美丽	+1
丑陋	−1
非常	加强
不	反转

在这个简化的词典中，可以看到每个情感词旁边都有一个对应的情感分值。正分值表示正向情感，负分值表示负向情感。此外，还有一些特殊的词汇，如"非常""不"，分别用于加强和反转与其相邻的情感词的情感分值。

使用这样的情感词典，可以对文本进行情感分析。例如，对于文本"我喜欢这个美丽的风景"，可以找到"喜欢""美丽"这两个情感词，它们的情感分值分别是"+2"和"+1"。由于没有否定词或程度副词的影响，因此可以直接将这些分值相加，得到整个文本的情感得分是"+3"，表明这是一个正向的情感表达。

例 9.1 以下是一个简单的基于情感词典进行情感分析的例子。

```
sentiment_dict = {
    "喜欢": +1,
    "高兴": +2,
    "讨厌": -1,
    "失望": -2,
    "美丽": +2,
}
def sentiment_analysis(text):
    score = 0
    words = text.split()
    for word in words:
        if word in sentiment_dict:
            score += sentiment_dict[word]
```

```
        return "正向" if score > 0 else "负向" if score < 0 else "中立"
                            #测试情感分析函数
text1 = "我 喜欢 这个 美丽 的 风景"
text2 = "我 讨厌 这个"
text3 = "这是 一个 中立 的 句子"
print(sentiment_analysis(text1))    #输出：正向
print(sentiment_analysis(text2))    #输出：负向
print(sentiment_analysis(text3))    #输出：中立
```

在这个例子中，第1步，定义了一个简单的情感词典"sentiment_dict"，其中包含一些常见的正向和负向情感词及其对应的分值；第2步，实现了一个名为"sentiment_analysis"的函数，该函数接受一个文本作为输入，并将其拆分为单词；第3步，遍历这些单词，并检查它们是否在情感词典中。如果单词存在于情感词典中，就将其对应的分值累加到总分数上；第4步，根据总分数的正负性，可以判断文本的情感倾向是正向、负向还是中立。

需要注意的是，这只是一个简化的例子，实际的BosonNLP情感词典会更加复杂和全面，包含更多的情感词和更细致的情感分值。此外，为了更好地适应不同的分析任务和语境，人们可以根据自己的需求选择或构建相应的情感词典。

语言具有复杂性和多样性，单纯依赖情感词典可能无法捕捉到所有的情感信息。在实际应用中，可能需要结合其他技术，如机器学习算法，来进一步提高情感分析的准确性和健壮性。

9.2.2 基于文本分类的方法

基于文本分类的方法是一种主流的技术途径，它通过一系列步骤识别和判断文本中的情感倾向。涉及使用已标注情感类别的数据集来训练情感分类器。这个过程通常包括以下几个关键步骤。

（1）数据准备：收集并整理包含文本和对应情感标签的数据集，这些情感标签可能是正向、负向或中立。

（2）特征提取：在选择特征时，需要考虑这些特征是否能够有效区分不同的情感类别。有效的特征应该能够帮助分类器准确识别正向情感、负向情感和中立情感等不同的情感状态。如"喜欢""高兴"等词通常与正向情感相关联，而"讨厌""失望"等词则与负向情感相关联。此外，还需要考虑特征的可靠性和健壮性，确保它们在不同的数据集和应用场景下都能够表现良好。

（3）文本转换为特征向量：将文本数据转换为机器学习算法可以处理的格式，通常是将文本转换为特征向量。这个转换过程涉及文本的向量化表示，如使用词袋模型或TF-IDF表示。

（4）划分训练集与测试集：为了评估分类器的性能，需要将数据集划分为训练集和测试集。训练集用于训练分类器，测试集用于评估分类器在未知数据上的表现。

（5）构建分类器：构建分类器的过程涉及应用机器学习算法训练数据集，这个分类器可以是朴素贝叶斯、支持向量机、随机森林或深度学习模型等，以生成能够对新数据进行分类的模型。在选择机器学习算法时，可以根据具体的应用场景和需求选择合适的算法。有时候，可能会采用多种算法进行尝试，并从中选择在验证集上表现最好的算法构建最终的分类器。一个好的分类器不仅在训练集上表现良好，更重要的是能够对未见过的数据做出准确的预测。因此，通过比较不同算法的性能，可以选择出一个最适合当前任务的分类器，以确保在实际应用中能够取得最佳的效果。

（6）验证分类器：在测试集上验证分类器的性能，可通过评估指标（如准确率、召回率和F1分数等）衡量分类器的准确性和健壮性，分析测试结果，给出改进建议。

（7）结果输出：分类器对每个输入文本输出多个概率值，分别代表该文本属于各个情感类别的可能性。例如，输出可能包括正向情感的概率、负向情感的概率及中立情感的概率。

（8）决策制定：根据分类器输出的概率值，选择具有最大概率值的情感类别作为最终的分类结果。例如，如果正向情感的概率最高，则将文本分类为正向情感。

在整个过程中，特征提取是一个至关重要的步骤，因为它直接影响分类器能否准确捕捉文本中的情感信息。如果提取的特征能够有效反映文本的情感特点，那么分类器就更有可能做出正确的情感判断。因此，特征提取是提升分类器性能的关键因素之一。

例9.2 以下是一个简单的基于文本分类进行情感分析的例子。

```python
import pandas as pd
from sklearn.feature_extraction.text import CountVectorizer
from sklearn.model_selection import train_test_split
from sklearn.naive_bayes import MultinomialNB
from sklearn.metrics import accuracy_score, confusion_matrix
#示例数据
data = {'Text': ["这个电影很好看" "这部电影真的很糟糕" "我很喜欢这部电影" "这部电影太无聊了"] "Sentiment": [1, 0, 1, 0]}
df = pd.DataFrame(data)
#文本向量化
vectorizer = CountVectorizer()
X = vectorizer.fit_transform(df['Text'])
#划分训练集和测试集
X_train, X_test, y_train, y_test = train_test_split(X, df['Sentiment'], test_size=0.25, random_state=42)
#使用朴素贝叶斯分类器进行情感分析
clf = MultinomialNB()
clf.fit(X_train, y_train)
y_pred = clf.predict(X_test)
#评估模型性能
print("Accuracy:", accuracy_score(y_test, y_pred))
print("Confusion Matrix:", confusion_matrix(y_test, y_pred))
```

在这个例子中，第 1 步，创建了一个包含文本和对应情感标签的数据集；第 2 步，使用 CountVectorizer 将文本转换为向量表示；第 3 步，将数据集划分为训练集和测试集；第 4 步，使用朴素贝叶斯分类器对测试集进行情感分析，并计算模型的准确率和混淆矩阵。

总的来说，基于文本分类的情感分析方法通过一系列步骤处理和分析文本数据，最终实现对文本情感倾向的自动识别和分类。这种方法在情感分析领域得到了广泛应用，但也需要不断优化和调整，以适应不断变化的应用需求和语境环境。

9.2.3 基于 LDA 主题模型的方法

基于 LDA 主题模型的文本情感分析结合了主题模型和情感分析的优点，以提高对文本情感倾向的判断准确性。LDA 主题模型能够在大量文本数据中自动发现隐藏的主题结构，而情感分析则关注识别和抽取文本中的情感色彩。将两者结合，可以更深入地理解文本内容，尤其是在处理用户评论等富含个人情感和观点的文本数据时特别有效。

基于 LDA 主题模型的方法通常包括以下几个关键步骤。

（1）评论信息采集与预处理：这是文本情感分析的第一步，涉及从网页、社交媒体或其他来源获取用户评论数据，并进行必要的预处理工作，如中文分词、去除停用词和词性标注等，以便后续分析。

（2）主题抽取、情感词抽取：在这一步骤中，使用 LDA 主题模型从预处理后的文本中抽取主题。同时，可能需要构建或利用已有的情感词典来抽取情感词，这些情感词对于判断文本的情感极性至关重要。

（3）主题的情感分类或评分：根据抽取出的主题和情感词，LDA 主题模型对每个主题进行情感分类（如正向、负向或中性）或者给出情感评分。这可以通过机器学习算法或基于规则的方法来实现。

（4）主题情感摘要生成：为了方便用户快速了解每个主题的情感倾向，LDA 主题模型可以生成主题情感摘要。这通常是一段描述性文本，总结了主题的主要内容和相应的情感倾向。

（5）系统评测：最后，需要对整个分析系统进行评估，以确定其性能和准确性。这可能包括计算准确率、召回率和 F1 分数等指标，或者通过用户反馈进行定性评估。

通过这些步骤，基于 LDA 主题模型的文本情感分析能够提供更为丰富和准确的分析结果，帮助人们更好地理解和处理大量文本数据。

例 9.3 以下是一个简单的基于 LDA 主题模型进行情感分析的例子。

```
import gensim
from gensim import corpora
from gensim.models import LdaModel
from nltk.tokenize import word_tokenize
from nltk.corpus import stopwords
```

```python
from nltk.stem import WordNetLemmatizer
#示例文本数据
documents = [
    "这个电影很好看，剧情紧凑，演员表现出色。",
    "这部电影真的很糟糕，剧情无聊，演技差劲。",
    "我很喜欢这部电影，情节吸引人，演员演技出色。",
    "这部电影太无聊了，完全没有看下去的动力。"
]
#文本预处理
stop_words = set(stopwords.words('english'))
lemmatizer = WordNetLemmatizer()
processed_docs = []
for doc in documents:
    tokens = word_tokenize(doc)
    filtered_tokens = [lemmatizer.lemmatize(token.lower()) for token in tokens if token.isalpha() and token not in stop_words]
    processed_docs.append(filtered_tokens)
#创建词典和语料库
dictionary = corpora.Dictionary(processed_docs)
corpus = [dictionary.doc2bow(doc) for doc in processed_docs]
#训练 LDA 主题模型
lda_model = LdaModel(corpus, num_topics=2, id2word=dictionary, passes=10)
#打印每个主题的关键词
topics = lda_model.print_topics(num_words=5)
for topic in topics:
    print(topic)
#根据主题分布判断情感倾向
for i, doc in enumerate(lda_model[corpus]):
    max_prob = max(doc, key=lambda x: x[1])[1]
    sentiment = "正向" if max_prob > 0.6 else "负向" if max_prob < 0.4 else "中立"
    print("文档{}的情感倾向是：{}".format(i+1, sentiment))
```

在这个例子中，首先，对文本进行了预处理，包括分词、去除停用词和词形还原；其次，使用 gensim 库创建词典和语料库，并训练一个 LDA 主题模型；最后，打印每个主题的关键词，并根据主题分布判断每个文档的情感倾向。

LDA 主题模型的优势在于，它能够利用大量标注数据训练模型，从而捕捉复杂的情感表达和细微的情感差异。然而，它的效果在很大程度上依赖训练数据的质量和模型的复杂度，因此在实际应用中需要仔细设计和调整。

总的来说，选择合适的分类方法取决于具体的应用场景、可用的数据量及所需的准确率。随着自然语言处理技术的不断进步，情感分类的准确性和应用范围都在不断提升，使得情感分析成为理解和分析人类情感的有力工具。

9.3 舆情监测简介

随着信息技术的飞速发展和互联网的普及，信息传播的速度和范围已经达到了前所未有的程度。在这个信息爆发的时代，舆情监测已经成为企业和政府部门不可或缺的一项工作。在市场竞争日益激烈的今天，企业需要通过舆情监测了解市场动态、消费者的需求和喜好、竞争对手的动向，以便调整产品和服务策略，提高市场竞争力；同时，舆情监测还可以帮助企业及时发现潜在的危机和风险，并采取有效措施防范和化解，保障企业的稳定发展。舆情监测还可以为政府部门提供有关民意、民生问题和社会矛盾的第一手资料，发现社会矛盾，从而使政府部门制定更加科学合理的政策和措施，提高政府工作的针对性和有效性；此外，舆情监测还可以帮助政府部门加强与民众的沟通和互动，增进民众对政府工作的信任和支持。

舆情监测是一项涉及多学科、多领域的综合性研究。它涉及计算机科学、信息科学、传播学、社会学和心理学等多个学科的理论和方法。通过对大量网络信息的收集、整理、分析和挖掘，舆情监测可以帮助企业和政府深入了解社会现象、把握舆论导向和预测未来趋势，为企业和政府部门的决策提供有力支持。

9.3.1 舆情监测的主要内容

舆情监测的目的是帮助企业、政府、非营利性组织和其他利益相关者更好地了解和影响公众对他们的看法，从而在必要时做出及时响应，维护他们的形象，防范和管理危机。随着信息技术的发展，舆情监测已经成为现代组织不可或缺的一部分，特别是在社交媒体和移动互联网时代背景下，舆论的传播速度和影响力都显著提高。在通常情况下，舆情监测主要包括以下几个方面。

1. 网络舆情监测

通过对社交平台、新闻媒体平台、短视频平台、微博和论坛等网络平台的监测，可以全面了解公众对特定话题的讨论和观点。这些网络平台是公众表达意见和交流信息的重要渠道，通过监测这些平台上的内容，可以获取大量舆情信息。

首先，可以通过获取关键词来了解公众对特定话题和热点事件的关注点。关键词是公众在讨论中频繁提及的词语或短语，它们能够反映公众对特定话题的关注度和兴趣度。通过分析关键词的出现频率和关联性，决策者可以了解公众对特定话题和热点事件的主要关注点。这有助于更好地把握舆情的态势和变化趋势，为决策者提供有针对性的建议。

其次，需要关注公众在网络平台上的观点和态度。不同人对特定话题可能持有不同的观点和态度，这会影响舆情的倾向和影响力。因此，决策者需要通过对网络平台上的评论、回复和讨论进行监测，了解公众对特定话题的观点和态度。这有助于更好地把握舆情的态势和变化趋势，为决策者提供有针对性的建议。

再次，需要关注网络舆情的传播路径和影响力。网络舆情往往通过社交网络、转发和分享等方式迅速传播，并产生较大的影响力。因此，决策者需要通过对网络平台上的信息传播路径进行分析来了解网络舆情的传播路径和影响力。这有助于更好地把握舆情的态势和变化趋势，为决策者提供有针对性的建议。

最后，还需要将监测到的网络舆情整理成报告，为决策者提供直观的舆情态势图表和解读。这有助于决策者更好地理解公众的想法和需求，从而在决策过程中充分考虑网络舆情的意见和态度。同时，还可以基于监测结果提出相应的策略建议，帮助决策者制定更有效的舆情应对策略。

2. 媒体舆情监测

对主流媒体、新闻网站等媒体渠道进行监测是舆情监测中的重要内容。这些媒体渠道通常具有较高的影响力和较广的覆盖面，它们对特定事件、产品或组织的报道和评论能够对公众产生重要影响。

首先，可以通过监测媒体的报道和评论来了解媒体对特定事件、产品或组织的态度和看法。媒体通常会对重要事件进行深入报道，并提供相关的评论和分析。可以通过收集和分析这些报道和评论，了解媒体对特定事件、产品或组织的舆情倾向和影响力。这有助于更好地把握公众对特定事件、产品或组织的认知和理解，为决策者提供有针对性的建议。

其次，需要密切关注媒体对特定事件、产品或组织的关注度和报道频率。媒体的关注度和报道频率往往能够反映公众对特定事件、产品或组织的关注度和兴趣度。因此，需要通过对媒体报道的监测，了解媒体对特定事件、产品或组织的关注度和报道频率。这有助于更好地把握舆情的态势和变化趋势，为决策者提供有针对性的建议。

再次，还需要关注媒体对特定事件、产品或组织的报道角度和立场。不同媒体可能有不同的报道角度和立场，这会影响公众对特定事件、产品或组织的认知和理解。因此，需要通过对媒体报道的监测，了解媒体对特定事件、产品或组织的报道角度和立场。这有助于更好地把握舆情的态势和变化趋势，为决策者提供有针对性的建议。

最后，需要将监测到的媒体报道整理成报告，为决策者提供直观的舆情态势图表和解读。这有助于决策者更好地理解公众的想法和需求，从而在决策过程中充分考虑媒体的意见和态度。同时，还可以基于监测结果提出相应的策略建议，帮助决策者制定更有效的舆情应对策略。

3. 公众舆情监测

通过调查问卷、电话访谈等方式，可以深入了解公众对特定话题的意见和态度。这些方法能够收集大量定量数据和定性数据，帮助决策者更好地了解公众的需求和期望。

首先，可以通过设计详细的调查问卷来获取公众对特定话题的看法。问卷可以包括封闭式问题（如选择题）和开放式问题（如简答题），以收集不同类型的数据。通过分析问卷结果，可以获取公众的关注度、满意度等指标，评估公众对特定话题的反应和态度。

其次，电话访谈是一种直接与公众交流的方式。可以选择一批代表性的样本进行电话访谈，可以是随机抽样或有针对性地选择特定群体。电话访谈能够获取更深入的见解和个人意见，更好地理解公众的需求和期望。

收集到数据后，需要对数据进行清洗和整理，为分析工作做准备。通过在线调查、街头问卷和电话访谈等方式收集的数据可能存在一定偏差，因此需要对数据进行清洗，去除无效数据和异常值。同时，还需要对数据进行整理，将不同来源的数据整合在一起，以便开展后续的分析工作。

再次，可以通过对收集到的数据进行分析，揭示舆情的态势和变化趋势。例如，可以通过统计分析方法获取关键指标，如公众的关注度、满意度和认同度等。这些指标有助于评估公众对特定话题的反应和态度，为决策者制定有效的舆情应对策略提供依据。

此外，还可以利用统计学方法分析调查数据，揭示舆情的态势和变化趋势。例如，可以通过交叉分析法比较不同群体的观点差异，了解不同群体对特定话题的态度和看法。这有助于更好地把握舆情的动态变化，为决策者提供有针对性的建议。

最后，需要将调查结果和分析报告整理成文档，为决策者提供直观的舆情态势图表和解读。这有助于决策者更好地理解公众的想法和需求，从而在决策过程中充分考虑公众的意见和态度。同时，还可以基于调查结果提出相应的策略建议，帮助决策者制定更有效的舆情应对策略。

4. 关键任务舆情监测

对特定领域的专家、意见领袖和重要人物进行监测是舆情监测中的重要内容。这些人士通常在特定领域拥有丰富的知识和经验，他们的观点和态度能够对公众产生重要的影响。

首先，可以通过监测专家的言论和观点来了解他们对特定话题的看法。专家通常会通过各种渠道（如媒体采访、社交媒体等）表达自己的观点，决策者可以通过对这些言论的收集和分析，了解专家对特定话题的态度和看法。这有助于决策者更好地把握公众对特定话题的认知和理解，为决策者提供有针对性的建议。

其次，意见领袖在特定领域通常具有较高的影响力和号召力。他们可能是行业领袖、知名学者和社会活动家等，他们的言论和行为往往能够引起公众的关注和讨论。因此，需要密切关注意见领袖对特定话题的表态和行动，以了解他们对舆情的引导和影响。这有助于决策者更好地把握舆情的态势和变化趋势，为决策者提供有针对性的建议。

再次，重要人物在特定领域也可能对舆情产生重要影响。他们可能是政府官员、企业高管和名人等，他们的言论和行为往往能够引起公众的关注和讨论。因此，需要密切关注重要人物对特定话题的态度和行动，以了解他们对舆情的引导和影响。这有助于决策者更好地把握舆情的态势和变化趋势，为决策者提供有针对性的建议。

最后，需要将监测到的专家、意见领袖和重要人物的观点和态度整理成报告，为决策者提供直观的舆情态势图表和解读。这有助于决策者更好地理解公众的想法和需求，从而在决策过程中充分考虑专家、意见领袖和重要人物的意见和态度。同时，决策者还可以基于监测结果提出相应的策略建议，帮助决策者制定更有效的舆情应对策略。

通过对特定领域的专家、意见领袖和重要人物的精准监测，组织可以更好地理解和预测舆情动态，有效管理与这些关键个体的关系，以及制定更加有针对性的沟通策略。这不仅有助于提升组织的声誉和影响力，还能够在危机发生时迅速做出反应，减少危机的不利影响。

9.3.2 舆情监测的常见应用

舆情监测技术的应用范围极为广泛，它不仅在政府部门的办公中得到普遍采用，也深受新闻媒体与企业界的青睐。通常情况下，可以在以下几个主要领域看到舆情监测的应用。

1. 舆情分析

舆情分析是一种通过实时监测网络上关于特定事件、产品或品牌的新闻报道、社交媒体帖子和论坛评论等内容，来了解公众舆论的走向和热点话题的态势演变的方法。它涉及对大量信息进行自动分类、关键词抽取和情感分析等处理，以便帮助用户更好地把握社会舆论动态。

首先，舆情分析需要对网络上的信息进行实时监测。这意味着要关注各种新闻网站、社交媒体平台和论坛等渠道，以便第一时间获取关于特定事件、产品或品牌的最新信息。这些信息可能包括新闻报道、用户发帖和论坛评论等多种形式。

其次，舆情分析要对收集到的信息进行自动分类。这一步骤的目的是将不同类型的信息分开，如新闻报道、社交媒体帖子和论坛评论等。这有助于用户更清晰地了解各类信息的来源和特点，从而更好地把握舆论走向。

在信息分类的基础上，舆情分析还需要进行关键词抽取。这一步骤的目的是从大量文本信息中找出与特定事件、产品或品牌相关的关键词。这些关键词可以帮助用户快速了解舆论关注的焦点，以及各种观点和态度。

最后，舆情分析还要进行情感分析。这一步骤的目的是分析文本信息中所表达的情感倾向，如正向、负向或中立的情感倾向。通过情感分析，用户可以更好地了解公众对特定事件、产品或品牌的态度和看法，从而为决策提供有力支持。

总之，舆情分析通过对网络上关于特定事件、产品或品牌的新闻报道、社交媒体帖子、论坛评论等内容进行实时监测、自动分类、关键词抽取和情感分析等处理，帮助用户了解公众舆论的走向和热点话题的态势演变。这对于政府、企业和个人来说都具有重要意义，有助于政府、企业和个人更好地应对各种挑战和机遇。

2. 媒体监测

媒体监测可以通过舆情监测软件来进行。舆情监测软件是一种先进的技术工具，它能够实时监控传统媒体和网络媒体上的新闻报道和评论。这种软件的功能非常强大，可以对媒体报道进行性质分类、情感分析和关键词抽取，从而帮助用户清晰地了解媒体对相关事件、产品或品牌的报道态度和倾向。

首先，舆情监测软件可以对媒体报道进行性质分类。这意味着，它可以将新闻报道和评论按照其内容的性质进行分类，如政治、经济、社会和文化等。这样用户就可以根据自己关注的领域，快速找到相关的报道和评论。

其次，舆情监测软件可以进行情感分析。这种分析可以帮助用户了解媒体对相关事件、产品或品牌的报道是正向的还是负向的。这对于企业来说也非常重要，因为它可以帮助企业了解自己的品牌形象在公众中的影响，以及自己的产品和服务是否受欢迎。

最后，舆情监测软件还可以进行关键词抽取。这意味着它可以从大量的新闻报道和评论中抽取与相关事件、产品或品牌最相关的关键词。这样，用户就可以快速了解到媒体关注的焦点，以及公众对这些事件、产品或品牌的主要看法。

总的来说，舆情监测软件是一种非常有用的工具，可以帮助用户清晰地了解媒体对相关事件、产品或品牌的报道态度和倾向。

3. 行业监测

公司需要全面了解覆盖主流媒体的垂直行业信息内容，以便及时掌握行业动态和趋势。为了实现这一目标，公司需要监控与自身业务高度相关的行业新闻，包括政策法规、市场动态和技术创新等方面的内容。通过持续关注这些行业新闻，公司可以始终站在行业发展的前沿，为自身的战略规划和决策提供有力支持。

在获取行业新闻的过程中，公司还需要深入挖掘有价值的信息和意见。这意味着公司不仅要关注新闻报道本身，还要关注它们背后的数据、分析和观点。通过对这些信息的深入研究，公司可以更好地了解行业的发展趋势和潜在机会，从而为自身的发展机遇找到合适的切入点。

为了更好地利用这些信息，公司还需要将这些内容整理成专业报告。报告应该包括对行业新闻的概述、分析，以及对公司的影响和建议等内容。这样，公司不仅可以为自己的员工提供一个全面了解行业动态的途径，还可以将这些信息分享给客户和其他利益相关者，提升公司的专业形象和竞争力。

总之，公司要想了解覆盖主流媒体的全面垂直行业信息内容，需要监控高度相关的行业新闻，始终掌握行业新闻和热点活动，深入挖掘有价值的信息意见，形成专业报告。这将有助于公司在激烈的市场竞争中保持领先地位，为自身的持续发展奠定坚实基础。

4. 网络口碑监测

在当今这个高度信息化的社会，网络已经成为人们获取信息、交流思想的重要平台。

对于企业来说，网络舆论无疑是影响品牌形象和声誉的重要因素。因此，品牌方在网络上关注与自身品牌相关的舆论信息，了解网民对企业品牌和形象的评价，分析消费者对品牌的认知和注意力转移，已经成为一种必要的市场调查手段。

首先，通过网络舆论监测，品牌方可以实时了解网民对企业品牌和形象的评价。这些评价可能来自社交媒体、论坛和博客等各类网络平台。通过对这些评价的分析，品牌方可以迅速了解消费者的需求和期望，从而调整产品策略和营销策略，提升品牌形象。

其次，网络舆论监测有助于品牌方发现潜在的危机。在网络世界中，负面信息往往传播得更快、更广。一旦出现负面舆论，品牌方需要及时应对，采取措施化解危机，避免品牌形象受损。通过对网络舆论的实时监测，品牌方可以及时发现潜在的危机，提前做好应对准备。

最后，网络舆论监测还可以帮助品牌方分析消费者对品牌的认知和注意力转移。通过对网民讨论的热点话题和关键词的分析，品牌方可以了解到消费者关注的焦点，从而调整品牌传播策略，提高品牌知名度。同时，通过对消费者注意力转移的观察，品牌方可以发现新的市场机会，提升品牌影响力。

总之，网络舆论监测对于品牌方来说具有重要的意义。通过关注品牌相关舆论信息，了解网民对企业品牌和形象的评价，分析消费者对品牌的认知和注意力转移，品牌方可以更好地把握市场动态，提升品牌形象和竞争力。

此外，舆情监测软件在政府机构、司法辅助、公共服务、大型企业、名人，以及各种组织中都有广泛应用，它们需要实时掌握互联网舆论，及时了解和处理相关负面舆论，以维护公众形象和声誉。

9.4 舆情监测技术

舆情监测涉及利用在线工具和平台来收集、解析、评价，以及提供与特定主题或实体相关的信息反馈，进而支持研究和决策制定。舆情监测的技术主要涉及数据采集与数据分析两方面。

数据采集是舆情监测的基础，通过强大的大数据计算能力，能够实现对全网信息的实时收集、挖掘和智能检索，确保信息的及时性和完整性。数据采集可以利用网络爬虫、APIs和社交媒体接口等。数据分析用于快速处理收集到的数据，包括数据去重、内容分类、噪声识别和主体识别等，提高数据的精准度。通过文本情感分析、机器学习等技术判断内容的情感属性，优先展示敏感信息，使数据分析更加精准。下面简单介绍网络爬虫和情感分析。

9.4.1 网络爬虫

网络爬虫，也称网络蜘蛛或网页机器人，是一套自动化的软件系统，其核心功能是遍历万维网以收集各种信息。网络爬虫的工作原理可以概括为以下 8 个步骤。

（1）种子 URLs：网络爬虫从一组初始的网址（种子 URLs）开始工作。这些网址通常是人工选定的，代表了爬行的起点。

（2）抓取网页：网络爬虫会访问每个 URL，并下载对应的网页内容。网页内容包括 HTML 代码、图片、视频及其他可能的多媒体内容。

（3）解析内容：下载的网页内容会被解析，通常使用 HTML 解析器抽取所需的文本信息、链接等数据。

（4）提取链接：网络爬虫会从界面的 HTML 中抽取所有新的未访问过的链接，并将它们加入待访问的 URL 队列中。

（5）数据存储：抽取出来的有用信息会被存储在数据库或文件中，以便于后续的处理和分析。

（6）循环爬取：网络爬虫会不断重复上述过程，从新抽取的链接中继续抓取网页，不断扩大其覆盖的网络范围。

（7）遵守规则：负责任的网络爬虫会遵循"robots.txt"协议和其他网站提供的网络爬虫指引，以确保不会对网站服务器造成过大压力或侵犯版权。

（8）处理异常：在抓取过程中，网络爬虫可能会遇到各种问题，如网页不存在、服务器拒绝连接等。优秀的网络爬虫能够处理这些异常情况，并做出相应的调整。

网络爬虫技术是舆情监测的基础，它允许软件自动地探索和采集互联网上海量的数据。通过定制特定的搜索和抓取策略，网络爬虫可以帮助用户及时获得与其主体相关的新闻报道、社交媒体讨论和论坛帖子等各类在线信息，为舆情分析和决策提供支持。

9.4.2 文本情感分析

文本情感分析就是分析文本或语音中的情感倾向，旨在识别、抽取和研究人们对于特定主题、产品、服务或事件所表达的情感态度。这一过程涉及以下关键步骤。

（1）数据收集：首先从社交媒体、评论网站、在线论坛和博客文章等渠道收集相关的文本或语音数据。对于语音数据，需要先转录成文本数据形式。

（2）预处理：对收集到的文本数据进行清洗和预处理，包括去除无关字符、转换为小写、分词、词性标注、去除停用词（无实际意义的词汇，如"的""是"等）、词干抽取或词形还原等。

（3）特征提取：通过各种技术，如词袋模型、TF-IDF 等方法，提取文本中的关键特征。

（4）情感分类：利用机器学习算法（如支持向量机、随机森林、朴素贝叶斯等）或深度学习模型（如卷积神经网络、循环神经网络等），对文本进行情感分类。情感倾向通常分为正向、负向和中立 3 种倾向，有时也会使用更细致的分级，如从极度负向到极度正向的几个级别。

（5）语音情感分析：当分析的是语音数据时，除了上述文本情感分析的步骤，还需要通过语音信号处理来提取声学特征，如音调、能量和语速等，这些语音特征与情感状态有密切的联系。

（6）结果解释：对情感分析的结果进行解释，以便了解公众或特定群体对某个主体的态度。这可能涉及进一步的数据可视化、趋势分析，以及深入探索背后的原因。

（7）应用反馈：将情感分析的见解应用于业务决策、市场策略制定和顾客关系管理等领域，以优化产品和服务，提升用户体验和满意度。

情感分析不仅可以揭示个人或群体的情绪反应，还能帮助企业和组织把握公共舆论的脉络，预测市场趋势，及时应对可能的危机。随着技术的不断进步，情感分析的准确性不断提高，应用范围也在持续扩大。

舆情监测是涉及多个技术和方法的综合过程，它不仅需要强大的技术支持，还需要专业的分析和实时的监控。随着互联网技术的发展，舆情监测的准确性和效率也在不断提高，成为企业和政府管理公共关系的重要工具。

9.5 电商产品情感评论数据分析案例

在线购物已融入人们日常生活的方方面面。消费者在电子商务平台上搜索和购买商品，这一过程产生了大量用户行为数据。其中，消费者对产品的评论对商家至关重要。有效利用这些零散且非结构化的数据，对于企业在电子商务环境中的长期发展至关重要。通过对这些评论数据的分析，并以此优化产品，体现了大数据在商业运营中的实际价值。本案例研究专注于电商平台用户留下的评论数据，执行了包括分词、词性标注及去除停用词在内的文本预处理步骤。在文本被预处理之后，进行情感分析，并应用 LDA 主题模型抽取评论中的关键信息，目的是深入理解顾客的需求、意见、购买动因，以及产品的优势和不足，并据此提出改进产品的建议。

9.5.1 背景与挖掘目标

在电子商务迅猛扩张和网上购物日渐普及的今天，人们对于在线购物的期待值不断攀升，这不仅为商业界带来了广阔的发展机会，也催生了众多电商企业的兴起，并引发了市场上的激烈竞争。在这样高度竞争的环境中，电商企业除了需要不断提升产品品质和降低价格，越来越需要倾听消费者的真实声音。其中，分析消费者评论文本数据中的内在信息成为一种至关重要的手段。

消费者的评论信息蕴含着对特定产品和服务的主观评价，这些评价不仅反映了消费者的态度、立场和观点，而且具有极高的研究价值。从企业的角度来看，电商企业可以通过分析大量评论文本数据，更深入地理解消费者的个性化偏好，进而提升产品质量、优化服务,以在市场中占据有利地位;从消费者的视角出发,在未能亲眼见到实物产品之前,他们往往依赖其他购买者的评论来了解产品的质量和性价比等关键信息,这些信息为他们的消费决策提供了重要的参考。

9.5.2 分析方法与过程

图9.1展示了格力空调评论数据情感分析流程,其主要步骤如下。

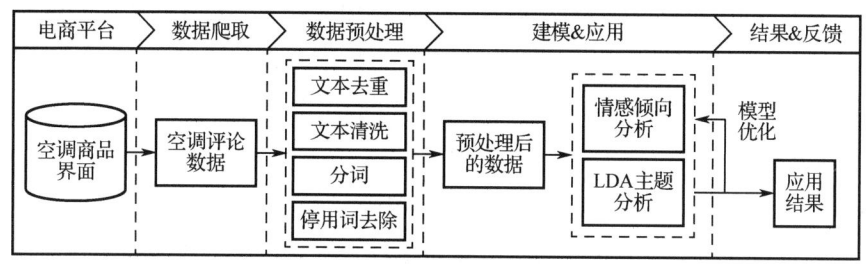

图9.1 格力空调评论数据情感分析流程

(1)使用Python编写代码,从京东商城中爬取某个型号空调的评论数据。

```python
def get_comments(product_id, page):
    url = f'https://…'
    headers = {'User-Agent':…}
    response = requests.get(url, headers=headers)
    response_text = response.text
    pattern = re.compile(r'"content":"(.*?)"')
    comments = re.findall(pattern, response_text)
    return comments
def save_comments_to_file(comments, file_path):
    with open(file_path, 'a', encoding='utf-8') as f:
        for comment in comments:
            f.write(comment + '\n')
def main():
    product_id = 'xxxxxxxxxxxx'   #商品ID
    file_path = '../glkt.txt'
    page = 0
    while True:
        comments = get_comments(product_id, page)
        if not comments:
            break
        save_comments_to_file(comments, file_path)
        page += 1
if __name__ == '__main__':
    main()
```

(2)利用Python获取京东商城上自营的格力空调某个型号的评论数据,对评论文本进行一系列预处理操作,包括数据清洗、分词和停用词去除等。

（3）对于经过预处理的评论数据进行情感分析，将评论根据情感倾向划分为正面评论和负面评论两个类别。

（4）对正面和负面的评论数据分别进行 LDA 主题分析，从结果中抽取出有价值的内容，并对文本评论数据进行分析。

9.5.2.1 评论数据预处理

在对京东商城上自营的格力空调评论数据进行预处理分析之前，必须先执行数据的爬取工作。在本案例中，应用 Python 编写的网络爬虫程序来收集针对自营的某个型号的格力空调，截至 2024 年 2 月 22 日的用户评论信息。

1. 文本去重

在一些电子商务平台上，为了鼓励用户及时留下评论，平台可能会设置一种机制，即如果用户在规定的期限内没有提交评论，系统将代替用户自动生成评论。然而，这类由系统生成的评论通常并不具备分析的价值。

从语言学的角度来看，有价值的评论往往是独一无二的，因为不同的购买者在表达观点时会有所不同。如果发现有多个购物者的评论内容完全相同，那么这些评论很可能是无意义的，其中只有最初的那条评论可能包含一些信息。

有些评论虽然在整体上十分相似，但在具体的措辞和表达上存在差异。这类评论可以被视为重复评论。然而，如果简单地删除所有相似的评论，可能会导致误删含有有用信息的评论。因此，不能一概而论地删除所有相似的评论，而应该只处理那些完全重复的评论，以便保留更多有用的语料信息。

2. 文本清洗

在手动检查数据时，会注意到，评论内容混杂了许多数字和字母字符。就本次分析的目标而言，这些字符并没有提供有价值的信息。同时，鉴于评论文本主要涉及对京东商城自营的格力空调的评价，"京东""京东商城""格力空调""格力""自营"等词汇出现的频率极高。尽管如此，它们对于达成的分析目标并不重要，因此，在进行深入分析之前，应将这些词汇从数据中剔除，以完成文本的清洗工作。

9.5.2.2 评论分词

1. 分词

分词作为文本信息处理的关键步骤，涉及把连续的单词序列拆分为独立的词汇单元。当分词的过程精确无误时，它能显著提高计算机对文本的理解与识别效率。然而，如果分词不准确，就可能引起许多错误，这些错误会严重阻碍计算机正确理解和识别文本内容，并可能对随后的信息处理任务带来负面影响。

汉字是汉语的基本构造元素，它们组合起来形成词汇，词汇又进一步连接构成句子。随后，多个句子汇集成段落，段落发展为节，节构建成章，最终章节集合成篇。显然，在处理中文文本时，准确地辨识出各个词汇是一项至关重要且根本的任务。

在中文语言处理领域，文本分词面临两大核心问题。一是，如何准确切分存在多种可能解释的字符串（歧义消解）；二是，如何有效识别并处理那些未被现有词典收录的新兴词汇（未登录词）。为了应对这些挑战，研究人员和开发者们常会借助一些专门的工具，jieba分词库便是其中之一。

jieba分词库是由Python社区开发的开源项目，专注于中文文本的分词任务。作为一个功能强大且易于使用的分词工具，jieba分词库在中文自然语言处理中得到了广泛应用。它的设计宗旨在于提供高效准确的分词结果，帮助研究人员和开发者从复杂的中文文本数据中抽取有价值的信息。

jieba分词库能实现高效的分词效果，主要得益于其采用的3种基本技术。

（1）基于词典的匹配：jieba分词库利用一套构建好的词典，通过正向最大匹配、逆向最大匹配及双向最大匹配等方法，来寻找最合理的切分方案。

（2）基于统计的模型：jieba分词库使用隐马尔可夫模型（HMM）识别和处理中文文本中的新兴词汇（未登录词），这种方法能够根据上下文信息推断出新词的概率。

（3）基于规则的方法：jieba分词库还结合一系列人工制定的规则解决特定的歧义消解问题，这些规则通常来自对中文语法和用词习惯的深入理解。

综合这3种技术，jieba分词库不仅能够处理标准的分词任务，还能够适应各种特定领域的定制化需求，这使得它在中文文本处理中具有重要的地位。

2. 去除停用词

在中文文本处理中，去除停用词是一个关键步骤，它有助于提高分析效率和减少噪声。停用词表通常是由常见词汇组成的列表，表中包含"的""是""在"等无实际含义或在文本分析中无贡献的词。本案例使用jieba分词库分词工具提供的默认停用词表。

3. 抽取含有名词的评论

在本案例中，目标是详细分析产品的优势和不足。虽然"不错，很好的产品""很不错，继续支持""下次还会再来""会回购"等评论表达了消费者对产品的情感态度，但它们并没有提供关于用户满意的具体产品特征的信息。只有当评论中出现具体的名词时，如机构、团体或其他专有名词，这些评论才对分析有所帮助。因此，需要对分词结果进行词性标注，然后根据词性筛选出包含名词的评论，以便进一步分析。

经过上述预处理过程，评价总数为3192条。

9.5.3 运行结果

针对3192条数据编写代码，进行情感分析。主代码如下：

```
class File_Review:
    def cut_words(self,filename):
```

```python
        result=[]
        with open(filename,'r',encoding='UTF-8') as f:
            text=f.read()
            words=pseg.cut(text)
        for word, flag in words:
            if word not in stopwords and len(word)>1:
                result.append(word)
        return result
    def all_list(self, arr):
        result={}
        for i in set(arr):
            result[i]=arr.count(i)
        return result
    def sentiments_analyze(self):
        f=open('d:\\glkt.txt','r',encoding='UTF-8')
        connects=f.readlines()
        sentimentslist=[]
        sum=0
        for i in connects:
            s=SnowNLP(i)
            print(s.sentiments)
            sentimentslist.append(s.sentiments)
            if s.sentiments>0.5:
                sum+=1
        print("好评数据为%d"%sum)
        print("评价总数为%d"%len(sentimentslist))
        plt.hist(sentimentslist,bins=np.arange(0,1,0.01),facecolor='b')
        plt.xlabel('Sentiments Probability')
        plt.ylabel('Quantity')
        plt.title('GeLi-Analysis of Sentiments')
        plt.show()
```

程序运行结果如图9.2所示。

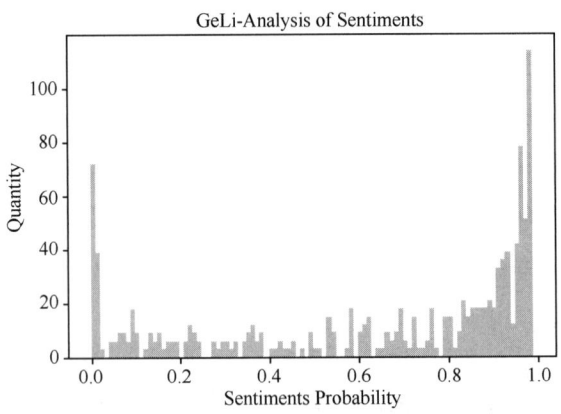

图9.2 空调情感分析程序运行结果

其中，3192 条评论数据中的好评数据为 2826 条。从图 9.2 中可以看到，大部分数据靠近 1.0，说明评论偏向积极情感。

本章小结

本章主要介绍了文本情感分析和舆情监测的相关知识。首先，从文本情感分析的简介开始，了解了文本情感分析的主要内容及在各个领域中的常见应用。探讨了文本情感分析的方法和技术，包括基于情感词典、基于文本分类和基于 LDA 主题模型的方法，这些方法提供了不同角度的文本情感分析手段。

其次，对舆情监测进行讲解，了解了舆情监测的主要内容及在社会舆论分析中的常见应用。舆情监测作为一个重要的领域，了解公众对特定事件或话题的看法和态度。为了更好地进行舆情监测，需要学习相关的技术，包括网络爬虫技术和文本情感分析技术。网络爬虫技术用于获取大量的网络数据，而文本情感分析技术则用于分析这些数据中的情感倾向。

最后，通过一个电商产品情感评论数据分析案例，将理论知识应用于实际情境中。这个案例的背景与挖掘目标帮助理解了实际问题的需求，而分析方法与过程则展示了如何运用文本情感分析和舆情监测技术来解决实际问题。运行结果的部分展示了分析成果，为文本情感分析和舆情监测的理解提供了实证支持。

通过本章的学习，读者对文本情感分析和舆情监测有了更深入的了解，掌握相关的方法和技能，为在实际工作中应用这些知识打下了坚实的基础。在舆情监测的技术部分，介绍了网络爬虫和文本情感分析技术。这些技术可以有效地进行舆情监测，及时发现和处理潜在的问题。

第10章

知识图谱

 学习目标

（1）理解知识图谱的发展历程和基本概念，掌握知识图谱的研究内容。
（2）掌握知识图谱的符号表示、向量表示，以及基于表和图的知识图谱存储方法。
（3）掌握知识图谱的构建过程，包括数据获取、知识抽取、知识表示、知识融合、知识建模和知识推理等步骤。
（4）了解知识图谱在搜索引擎、问答系统、推荐系统、推理决策和智能对话等领域的应用。
（5）学习并实践构建词云图应用案例，加强对知识图谱的理解和应用能力。

通过对本章的学习，读者能够对知识图谱有一个全面的理解，并能够在实际项目中灵活应用相关知识。

10.1 知识图谱概述

随着信息技术的飞速发展，我们见证了互联网技术的深刻变革。Web 技术作为这一时代的标志，正站在这场变革的前沿。它正在从简单的网页链接演变为复杂的数据库互连，并朝着万维网创始人蒂姆·伯纳斯·李（Tim Berners-Lee）构想的语义网（Semantic Web）发展。语义网的核心目标是创建一个增强的查询环境，能够通过图形化手段向用户提供经过处理和逻辑推理的信息。

在这个背景下，知识图谱（Knowledge Graph，KG）技术应运而生，它不仅是信息与知识之间的桥梁，还是实现智能化语义检索的基础。尽管传统搜索引擎能够快速对网页进行排序，响应用户的查询需求，提高信息检索效率，但这并不意味着用户能够迅速且准确地获取所需的信息或知识，用户仍需手动筛选搜索引擎提供的大量结果。

知识图谱是一种技术，它以结构化形式描述现实世界中的概念、实体及其关系，使互联网信息的表达更贴近人类的认知方式。自然语言与知识之间紧密相连,这种关联性对计算机深入理解人类语言至关重要。在自然语言处理领域,知识图谱的重要性日益凸显,已成为智能问答、语义搜索、机器翻译和语义表示等任务的核心支撑技术。知识图谱通过结构化的知识表达,为计算机提供丰富的上下文信息,使其能够更准确地解析和生成自然语言,推动了自然语言处理技术向更深层次的理解和应用层面的发展。

知识图谱技术的兴起提供了改善信息检索的新途径。它通过将数据组织成结构化的知识,不仅加快了用户找到准确信息的速度,还增强了机器的理解能力,使其能够提供更丰富、相关性强且具有上下文的信息。这标志着搜索引擎正在从基于关键字的简单匹配,转变为更深入地理解用户意图并提供高质量答案,为用户获取信息带来了根本性的变革。

10.1.1 知识图谱的发展历程

知识图谱作为一种结构化的知识表征方法,其概念和理论基础最早源于 1968 年提出的语义网络(Semantic Networks)理念。语义网络是一种基于图形的表示知识的方法,其中节点代表概念或实体,边表示这些概念或实体之间的关系。这种表达方式因其直观性和灵活性而被广泛研究和应用,为后来知识图谱的发展奠定了基础。

随着 20 世纪 90 年代互联网的兴起及信息的迅猛增长,传统的信息检索技术已无法满足人们对精准、高效信息获取的需求。因此,研究人员和企业开始探索新的技术以改进信息的组织和检索方式。在此背景下,知识图谱作为一种新型的信息组织工具应运而生,并逐渐发展为支持智能应用和服务的关键技术。

进入 21 世纪后,特别是自 2012 年谷歌推出知识图谱产品以来,这一概念得到了更广泛的关注。谷歌知识图谱利用结构化的数据来增强搜索引擎的结果,提供更加丰富、相关性强且具有上下文的信息。它通过抽取网页中的实体及其属性和关系,构建起一个庞大的知识库,使搜索结果不再是简单的网页列表,而是一个互联的知识点网络。

继谷歌之后,其他公司如微软、IBM 和 Facebook 等也纷纷投入资源到知识图谱的研究和应用中。知识图谱不仅提升了搜索引擎的准确性,还被应用于语音助手、智能推荐和个性化服务等多个领域,推动了人工智能和机器学习技术的发展。

如今,知识图谱已成为数据科学和人工智能领域的热点,其背后涉及的技术包括自然语言处理、机器学习、图数据库和逻辑推理等多个交叉学科。随着技术的不断进步和数据量的日益增长,知识图谱在智能化信息服务中的作用越发凸显,它正成为连接大数据与人工智能的重要桥梁。

10.1.2 知识图谱的基本概念

知识图谱是一种展现实体之间关系的语义网络,用于优化搜索引擎返回的结果,提高用户搜索质量及体验。它是一种将知识以语义网络的形式进行表示的方法,可以以图的形式展示和存储于知识图谱中，并应用于自然语言处理问题。知识图谱是由有联系的实体和它们的属性构成的，是一种结构化数据源，在知识图谱中，节点表示实体，图边表示实体之间的关系。例如，对于文本"上海财经大学是中国著名的财经类高等学府，成立于1917年。学校设有多个学院和研究机构，涵盖经济学、管理学、法学和统计学等多个学科领域。上海财经大学的师资力量雄厚，拥有一批国内外知名的学者和专家。"使用自然语言处理技术来抽取实体和关系，构建知识图谱。以下是可能的结果。

实体：上海财经大学、中国、财经类高等学府、1917年、学院、研究机构、经济学、管理学、法学、统计学、师资、学者、专家。

关系：上海财经大学是中国著名的财经类高等学府（属性关系）、上海财经大学成立于 1917 年（历史关系）、上海财经大学设有多个学院和研究机构（组织结构关系）、上海财经大学涵盖经济学、管理学、法学和统计学等多个学科领域（学科领域关系）、上海财经大学的师资力量雄厚，拥有一批国内外知名的学者和专家（师资力量关系）。

可以将这些实体和关系表示为图 10.1 所示的形式。

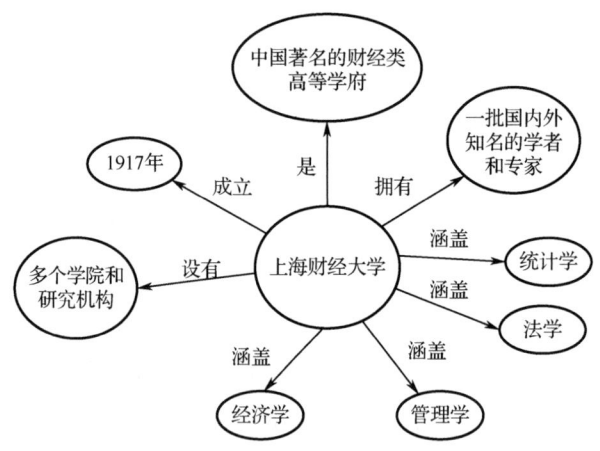

图 10.1　上海财经大学知识图谱示例

图 10.1 中的节点表示实体，边表示关系。知识图谱一般由（头实体、关系、尾实体）三元组构成。

实体（entity）：实体是指现实世界中可以区分的对象，如人、地点、组织和物体等。在知识图谱中，实体是构成知识的基本单位。

关系（relationship）：关系表示实体之间的联系，它可以是一对一、一对多或多对多的关系。例如，"工作于"关系可以连接一个员工实体和公司实体。

因此，知识图谱可以被形式化地定义为

$$G = \{\mathcal{E}, \mathcal{R}, \mathcal{F}\} \tag{10.1}$$

其中，$\mathcal{E}$ 表示实体集合；$\mathcal{R}$ 表示关系集合；$\mathcal{F}$ 表示事实集合。知识图谱中的一个事实即为上下文提到的三元组 $(h,r,t) \in \mathcal{F}$。其中，h 表示头实体；r 表示关系；t 表示尾实体；$(h,t) \in \mathcal{E}$，$r \in \mathcal{R}$。

10.1.3 知识图谱的研究内容

知识图谱作为一个综合性的研究领域，它融合了机器学习、自然语言处理、数据库管理及图论等众多学科的理论与技术。这一领域的研究不仅关注如何利用机器学习算法构建和推理知识图谱，而且还探索如何将知识图谱与机器学习算法相结合，以实现更加深入和高效的知识挖掘和应用。

在知识图谱的构建过程中，机器学习算法至关重要。例如，在基于知识的特征工程中，机器学习算法可以帮助识别和提取关键特征，从而为知识图谱的构建奠定基础。同样，在知识图谱的嵌入表示学习中，机器学习算法可以用于学习实体和关系的低维向量表示，这有助于捕捉知识图谱中的复杂结构和语义关系。此外，图神经网络（GNN）作为一种新兴的机器学习方法，在知识图谱的研究中得到了广泛应用，尤其是在处理图结构数据时表现出强大的能力。

在自然语言处理领域中，知识图谱的构建离不开多项关键技术的支撑，如实体识别、关系抽取和时间信息抽取等。这些技术旨在从文本中抽取结构化知识，为知识图谱的构建提供原材料。同时，知识图谱作为自然语言处理的基础架构，对于智能问答、机器翻译等任务至关重要。将知识图谱与自然语言处理技术相结合，可以实现更加准确和丰富的语义理解，从而提高任务的性能。

近年来，知识图谱在预训练语言模型的开发中扮演了重要的角色。许多知名的预训练语言模型，如清华大学的 ERNIE、百度的 ERNIE 和 LUKE 等，都在不同层面上整合了知识图谱。将知识图谱融入预训练模型，可以增强模型对知识的理解和利用能力，从而提高模型在各类应用任务中的表现。

随着大规模知识图谱的广泛应用，其存储和查询问题与数据库技术的交汇，促进了能够高效存储和检索拥有数十亿个节点和数百亿条边的图数据库技术的发展。知识图谱采用图结构来存储知识，各类算法在知识图谱的构建和应用中起到了核心作用。最短路径查找、子图匹配和中心性分析等图算法不仅有助于理解知识图谱的结构和特性，还可以用于复杂的分析和推理任务。

知识图谱是一个多学科交汇的研究领域，它融合了多个学科的理论和技术，为构建智能化应用提供了强大的支持。通过深入研究知识图谱的构建、推理和应用方法，可以推动人工智能的发展，并实现更广泛的应用。

10.2 知识图谱的表示与存储

知识图谱的表示形式体现了人们对其结构和内容的概念化理解，而知识图谱的存储则涉及这些知识在实际计算机系统中的组织和持久化问题。为了在各种应用场景中有效利用知识图谱，仅有逻辑上的表示是远远不够的，还需要将其物理存储在某种介质上。在设计知识图谱的存储方案时，不仅要考虑其图结构的特点，还需关注构成知识图谱的实体和关系的属性信息及其语义内容。此外，存储方案的设计还需权衡存储空间的效率和数据检索的速度。本节将重点探讨知识图谱的符号表示和向量表示，以及基于关系表和基于图结构的存储方法。

10.2.1 知识图谱的符号表示

知识图谱的符号表示是指使用形式化的语言来描述实体、概念、属性及其关系的方法。这种表示方法通常基于逻辑和本体构建，以便于计算机能够理解和处理知识。以下是几种常见的符号表示方法。

1. 三元组表示法

三元组表示法，又称为三元组模型或三元组结构，是知识图谱中用于表达事实和实体关系的简洁有效的方法。在这种表示法中，每个三元组都由以下 3 个部分构成。

主语（subject）：通常是一个实体，如人、地点、物体或概念。

谓语（predicate）：表示关系或属性，用来连接主语和宾语，说明主语具有的某种属性或者与其他实体之间的关系。

宾语（object）：可以是另一个实体，也可以是字面量（literal），即具体的数值或字符串等数据。

三元组的结构使知识可以以图的形式进行组织，其中节点代表实体，边代表实体之间的关系。这种结构便于计算机的处理和推理，因为三元组可以很容易地存储在图数据库中，并且可以利用图查询语言。

例如，三元组表示法可以用来构建以下事实。

（苹果，属于，水果）：表示苹果是水果的一个实例。

（北京，是，中国的首都）：表示北京是中国的首都。

（爱因斯坦，提出，相对论）：表示爱因斯坦提出了相对论。

在实际应用中，知识图谱可能包含成千上万甚至更多的三元组，它们共同构成了一个庞大的知识网络。通过这些三元组，知识图谱能够支持复杂的查询和推理任务，如问答系统、推荐系统和智能搜索等。

2. 资源描述框架

资源描述框架（Resource Description Framework，RDF）是由万维网联盟（W3C）提出的一种用于描述和交换知识的标准模型，它是语义网技术栈的关键组成部分。RDF 的核心思想是将所有复杂的语义信息分解为简单的三元组结构，即"主语-谓语-宾语"（Subject-Predicate-Object），这种结构可以表示实体及其属性特征和实体之间的关系。

RDF 与早期的语义网络有相似的目标，即提供一种图结构来表示知识和促进知识的共享。然而，RDF 在以下几个方面对语义网络进行了改进和规范化。

（1）标准化的语法：RDF 为知识的表示和序列化提供了一种标准化的方式，基于 XML 和 URI，确保了数据的机器可读性和互操作性。

（2）统一的资源标识：RDF 利用 URI 来标识资源、属性和其他概念，这样不同的应用和组织可以使用相同的标识符来引用同一个实体或概念，促进了知识的共享和重用。

（3）明确的分层模型：RDF 定义了一个清晰的分层模型，其中资源和属性都是通过 URI 标识的，这使数据模型具有更好的扩展性。

（4）国际化和社区支持：作为 W3C 推荐的标准，RDF 得到了全球范围内众多组织的支持和贡献，有助于确保其长期的可用性和适应性。

（5）查询和推理能力：RDF 与 SPARQL 查询语言结合使用，可以执行复杂的图模式匹配查询，而且可以通过 RDFS（RDF Schema）和 OWL（Web 本体语言）进行知识推理。

（6）元数据和数据集成：RDF 不仅用于知识表示，还广泛用于数据集成和元数据描述，使不同来源的数据可以以一种统一的方式进行整合和描述。

总之，RDF 通过规范化的方法解决语义网络在知识共享和描述方面遇到的问题，它提供了一个更加健壮、灵活和可扩展的框架，以支持语义网的发展和各种基于知识的应用。RDF 有很好的灵活性和扩展性，使其被广泛应用于构建知识图谱、语义网、元数据描述和数据集成等领域。通过 RDF，不同的系统和应用可以共享和理解彼此的数据，从而促进数据的互操作性和知识共享。

3. OWL

Web 本体语言（Web Ontology Language，OWL）是一种用于表示本体（ontology）的语义标记语言，它建立在资源描述框架（RDF）之上，并扩展了 RDF 的表达能力。本体是一组形式化的、共享的概念模型，它描述了某一领域内的知识，包括实体、概念、属性及其关系。OWL 用来提供一种丰富且标准化的方式来定义和组织这些知识，以便能够被计算机程序理解、处理和推理。OWL 的关键特性包括如下。

（1）类（class）：在 OWL 中，类代表了一组具有共同属性的个体（实例）。类可以组织成层次结构，支持继承关系，即子类可以继承父类的属性和限制。

（2）实例（instance）：在 OWL 中的实例是指具体的对象或个体，它们是类的实例。每个实例都可以有自己独特的属性值和关系。

（3）属性（attribute）：属性用于描述类之间或实例之间的关系。OWL 区分了对象属性（连接两个个体）和数据类型属性（连接个体的数据值，如字符串或数字）。

（4）关系（relationship）：通过属性，OWL 可以表达个体之间的各种关系，如"属于""位于""朋友"等。

（5）限制（restriction）：OWL 允许对类的描述进行限制。例如，可以通过约束来指定一个类的实例必须具有某些属性值，或者一个属性值必须属于某个特定的类。

（6）逻辑构造（Logical Construct）：OWL 提供了丰富的逻辑构造，如合取（AND）、析取（OR）和否定（NOT）等，这些构造可以用来表达复杂的知识模式和规则。

（7）版本控制：OWL 支持本体的版本控制，允许在不同的应用场景中使用不同的本体版本。

（8）兼容性和扩展性：OWL 设计了一系列子语言，包括 OWL Lite、OWL DL（描述逻辑）和 OWL Full，以满足不同的表达能力和推理需求。其中，OWL DL 是最常用的子语言，它提供了良好的计算性能和推理能力。

OWL 的这些特性使其成为构建知识图谱、实现智能搜索、支持语义数据集成和促进知识共享的理想工具。通过 OWL，开发者可以创建出能够被机器理解和推理的知识库，从而推动人工智能和语义网技术的发展。

4. 逻辑表示法

逻辑表示法是一种基于形式逻辑的知识表示方法，它使用形式化的逻辑语言来描述知识图谱中的实体、属性和它们之间的关系。这种方法的核心是谓语逻辑，尤其是一阶谓词逻辑（First-Order Predicate Logic），它是一种用于陈述事实并进行推理的形式语言。

在逻辑表示法中，世界的知识可以通过以下方式形式化。

（1）谓语（predicate）：用于表示实体之间的关系或实体的属性。谓语通常有一个或多个参数，这些参数代表实体或数据值。例如，谓语 $hasChild(x, y)$ 可以表示实体 x 是实体 y 的父亲或母亲。

（2）函数符号（Function Symbol）：用于构造复杂的项（terms）。例如，函数 $motherOf(x, y)$ 可以表示 y 是 x 的母亲。

（3）量词（quantifier）：如存在量词 $\exists$（存在）和全称量词 $\forall$（对所有），用于表达涉及不确定性或全体成员的陈述。

（4）逻辑连接词（Logical Connectives）：如合取 $\land$（和）、析取 $\lor$（或）、否定 $\neg$（非）、蕴含 $\rightarrow$（如果……那么……）等，用于组合简单的陈述来形成更复杂的逻辑表示法。

（5）常量（constant）：代表特定个体的符号，如 John 可以代表一个特定的人。

（6）变量（variable）：代表未知或任意个体的符号，用于在逻辑表示法中表示未指定的实体。

逻辑表示法的优点如下。

（1）强大的表达能力：逻辑表示法可以表达非常复杂和精细的知识结构。

（2）严格的语义：逻辑语言具有明确的语义，可以精确地定义每个陈述的含义。

（3）强大的推理能力：逻辑推理系统可以利用逻辑规则进行自动推理，从而推导出新的知识或验证现有知识的一致性。

然而，逻辑表示法也有其局限性，具体如下。

（1）学习曲线：理解和使用形式化逻辑通常需要具备专业的逻辑知识和相应的训练。

（2）计算复杂性：逻辑推理可能是计算密集型的，对于大型知识库而言，推理过程可能会非常耗时。

（3）不直观：对于非专业人士来说，逻辑表示法可能不如其他表示法直观易懂。

尽管如此，逻辑表示法在人工智能研究中仍然是一个非常重要的领域，特别是在知识图谱、自动定理证明、自然语言处理和智能代理等领域。通过将知识形式转化为逻辑表示法，研究人员可以构建能够模拟人类推理过程的智能系统。

5．概念图表示法

概念图（Concept Map）是一种用于表示和组织知识的图形化工具，通常用于教育、脑力激荡、规划和其他需要表达和共享知识的场景。概念图的基本组成元素如下。

（1）节点（node）：节点代表概念、实体或命题。它们是图中的主要元素，通常用圆形、矩形或其他形状的框来表示。每个节点包含一个词语或短语，用以标识某个概念。

（2）边（edge）：边是连接两个节点的线，代表这两个概念之间的关系。边上通常会有一个词语或短语，称为连接词，用以描述或解释这种关系的性质。

（3）连接词组（Linking Phrases）：连接词组是放在连接线上的词语或短语，用于阐明两个概念之间的关系。这些词语通常是动词或介词短语，如"导致""属于""位于"等。

（4）命题（proposition）：在一些概念图中，节点和边的组合可以形成一个命题，即一个可以被判断为真或假的陈述。

（5）层次结构（Hierarchical Structure）：概念图可以有层次结构，其中一些概念（通常是更抽象的概念）位于图的顶部，而更具体的概念位于图的下方。这种结构有助于表示知识之间的包含和概括关系。

（6）交叉连接（Cross-Connect）：除了主要的层次结构外，概念图中还可以有交叉连接，这些连接指向不同分支上的节点，用于表示各部分之间相互联系与关联的方式。

概念图的优点在于它们提供了一种直观的方式来组织和展示复杂的信息，使非专业人士也能理解复杂的知识结构。它们促进了知识的可视化思考，有助于人们更好地理解和记忆信息，同时也支持团队合作和知识共享。

然而，概念图也有局限性，例如，它们可能不适合表示非常复杂或高度结构化的知识，而且在没有适当工具的情况下，创建和维护大型概念图可能会变得困难。尽管如此，概念图仍然是一种强大的思维工具，广泛应用于教育和企业环境中，以帮助人们更好地理解和交流知识内容。

6．本体表示法

本体表示法在知识工程和语义网领域占据核心地位，它提供了一个框架来明确地定义某一领域内的概念、概念的属性及概念之间的关系。本体的目的是促进知识的共享和重用，并为自动化推理提供基础，本体通常包含以下基本元素。

（1）类（class）：类是共享某些属性的个体的集合。它们可以组织成层次结构，允许定义超类（更一般的类）和子类（更具体的类）。例如，"动物"可以是一个类，而"哺乳动物"是其子类。

（2）实例（instance）：实例是类的单个成员，也就是具体的对象。每个实例都是独一无二的，并具有自己的属性值。例如，"猫"类的一个实例可能是名为"Whiskers"的具体猫咪。

（3）属性（attribute）：属性用于描述类的特征或个体的特性。属性可以是内在的（数据类型属性），如"颜色"或"年龄"，也可以是外在的（对象属性），如"父母"或"位于"。

（4）关系（relationship）：关系通常指的是对象属性之间的联系，它可以定义领域（属性所适用的类）和范围（属性值所属的类）。例如，"孩子"关系可以连接两个"人"类的实例，并表明他们之间的亲子关系。

（5）限制（restriction）：限制用于指定可以接受的属性值，或者对个体能够拥有的关系类型进行约束。例如，一个"学生"类的实例必须满足"年龄大于18岁"的限制。

（6）函数（function）：函数是一种特殊的关系，它将一组输入属性映射到另一个输出属性。这可以用来定义一些可以通过计算得到的复杂属性。

（7）公理（axiom）：公理是对世界的声明，它是无须证明即为真的陈述。公理可以用来进一步约束类、属性和关系的行为。

本体表示法的优点如下。

（1）明确的语义：通过明确定义的概念和关系，本体为知识图谱提供了清晰的语义。

（2）知识共享和重用：本体可以在不同的系统和应用之间共享，促进了知识的重用。

（3）自动化推理：本体中的形式化知识可以用于逻辑推理，从而推导出新的知识或验证现有知识的一致性。

本体在许多领域都有应用，包括生物医学、电子商务、智能搜索、自然语言处理和人工智能。通过本体，这些领域的知识可以被机器所理解，从而支持更高级的自动化和智能化服务。

总之，知识图谱的符号表示方法有很多种，不同的表示方法具有不同的特点并适用于不同的场景。在实际应用中，可以根据需求选择合适的表示方法来构建知识图谱。

10.2.2　知识图谱的向量表示

在实际应用中，基于符号表示的大规模知识图谱正面临以下挑战。

（1）有限的知识表达能力。知识图谱中的实体通常呈现长尾分布，许多实体只与少数关系相连。对于这些稀疏的实体和关系，很难实现充分且完整的知识表达。

（2）计算效率较低。基于图结构的知识难以转化为方便人类理解的表现形式，而在将其应用于下游任务时需要设计相应的图算法。这些算法通常具有较高的计算复杂度，从而大幅提高了大规模知识图谱应用的门槛。

随着深度学习技术的广泛应用，越来越多的研究者们正将注意力转向知识表示学习，即探索如何创建高品质的向量表征。知识表示学习通过将三元组中的语义信息映射进一个密集的低维向量空间，从而形成实体和关系的分布式向量表征。这些向量表征的特点是单个维度可能没有明确的意义，但是所有维度的组合却能有效捕获对象的语义信息。与符号表示相比，这种知识表征方法具有几个明显优势。

（1）增强知识表达能力。分布式向量能够更有效地模拟实体间的关系，使在语义上相近的实体，其向量表征也更为接近，这有助于解决长尾分布带来的知识表达挑战。

（2）提升计算效率。对于计算机处理而言，蕴含丰富语义信息的低维数值向量显然比复杂的知识图谱结构更加高效。

（3）适应性强的深度学习算法。将知识映射到语义空间，不同来源的知识可以更容易地整合，为深度学习算法的应用提供便利。

在知识图谱的向量表示学习领域，研究人员已经开发了多种模型来捕捉实体和关系的内在表征。其中，距离度量的知识表示方法是最为普遍的技术手段之一。这种方法的核心思想是通过测量实体向量之间的几何距离来评估三元组（实体-关系-实体）的真实性或置信度。距离模型也被称为平移模型，建立在一个直观的假设基础之上。知识图谱中的每条关系都可以被视为在向量空间中从头实体到尾实体的一种"平移"。换句话说，这种模型认为，如果你将一个代表头实体的向量按照特定的方向和距离移动，你应该会得到一个与尾实体对应的向量。这个移动的过程被视作关系的向量表示。为了实现这一目标，距离模型通过优化算法最小化实体向量之间的平移误差。具体来说，模型会尝试调整实体向量和关系向量，使知识图谱中所有的真实三元组，头实体向量与关系向量相加后的结果尽可能接近尾实体向量。这样，每个实体和关系都被映射到了一个低维的向量空间中，而这些向量保留了知识图谱的结构特性。通过最小化这种平移误差，距离模型能够学习到一种有效表示知识图谱的方法。这些向量表征不仅能够反映出实体间的语义相似性，还能够被用于各种下游任务，如链接预测、实体分类和推荐系统等。此外，这些模型通常具有较低的计算复杂度，因此它们特别适合处理大规模的知识图谱数据。

1. 翻译模型

翻译模型（Translation Model，TransE 模型）的核心理念在于将知识图谱中的关系理解为一种"翻译"过程，其中关系的作用类似于将一个实体的向量空间位置"翻译"到另一个实体的位置。这种比喻来源于语言学中的翻译概念，即通过一定的规则将一种语言转换成另一种语言的过程，而在这里则是将一个实体的表征转换为与之相关的另一个实体的表征。

以 TransE 模型为例，该模型是翻译模型中最为简单且广泛使用的一个实例。在 TransE 模型中，每个实体和关系都由一个低维的向量表示。对于知识图谱中的每个事实三元组（头实体-关系-尾实体），TransE 模型的目标是使头实体的向量与关系向量相加后的结果尽可能接近尾实体的向量。从数学的角度来看，这个目标可以通过最小化一个损失函数来实现，该损失函数计算的是头实体向量与关系向量相加后的结果与尾实体向量之间的差距。

这种差距通常用 L1 或 L2 范数来衡量，优化过程旨在找到那些能够对所有正确三元组都满足这一约束的实体和关系向量。换句话说，TransE 模型通过调整这些向量来确保知识图谱中的每个正确的三元组，其头实体与关系向量相加后应该得到一个与尾实体向量非常接近的向量。

通过这样的方式，TransE 模型能够为知识图谱中的实体和关系学习到一种分布式的向量表示，这些表示不仅捕捉到了实体间的语义关系，而且还可以被用于执行各种推理任务，如链接预测、实体预测和关系预测等。尽管 TransE 模型在处理一些较为复杂的关系模式时可能遇到挑战，但它的简单性和高效性使其成为知识图谱嵌入领域的基石之一。

2. 语义匹配模型

语义匹配模型（Semantic Matching Model）在知识图谱嵌入的研究中占据了重要地位，这类模型特别关注捕捉和利用实体与关系的深层语义信息。不同于仅基于几何距离或空间转换的方法，语义匹配模型通过设计复杂的评分函数来评估和预测知识图谱中三元组的正确性和合理性。

在这些模型中，Distmult 和 ComplEx 是两个具有代表性的实例。这些模型采用多线性形式（Multilinear Form）来描述实体和关系之间的交互作用。具体来说，它们通过向量的点积、外积或其他形式的乘积运算来学习实体和关系向量之间的复杂关联。

Distmult 模型使用点积来计算头实体和关系向量的乘积，并将该乘积与尾实体向量进行比较。这种操作基于这样的假设：如果一个三元组是正确的，那么头实体向量与关系向量的乘积应该与尾实体向量在某种意义上保持一致或者相近。

而 ComplEx 模型则采用外积（也称为 Hadamard 积）定义实体和关系向量之间的交互。这种方法允许模型捕捉更加丰富的非线性关系，因为它不仅考虑了单个维度上的关系，还考虑了不同维度间的影响。

这些语义匹配模型的共同特点是它们都试图通过优化评分函数来最大化正确三元组的得分，同时最小化错误三元组的得分。在这个过程中，模型会学习到能够反映实体间复杂语义联系的向量表征。这些表征不仅有助于对知识图谱中的三元组进行排序和分类，还能够用于支持各种复杂的推理任务。

总的来说，语义匹配模型通过精细地建模实体和关系之间的语义交互，为知识图谱提供一种更为丰富和精确的表征方法。这些模型通常能够更好地处理那些涉及复杂语义关系的场景，但可能需要更高的计算成本来拟合这些复杂的交互模式。

3. TransR 算法

TransE 算法在处理知识图谱中一对多、多对一及多对多的复杂关系时存在局限性。具体来说，TransE 算法将实体和关系嵌入同一个向量空间，这可能不足以捕捉它们的独特语义特征。对于这些复杂的关系模式，TransE 算法的理想化翻译往往无法满足实际应用的需求。为了解决这些问题，学者们提出了 TransR 算法。这是一种更为先进的知识图谱嵌入方法，旨在突破传统翻译模型（如 TransE 算法）的局限。TransR 算法的核心优势在于它能够针对不同的关系类型提供定制化的建模能力，从而更有效地适应实体和关系的多样性及其复杂的联系。

具体来说，TransR 算法通过引入关系特定的转换矩阵来对实体向量进行映射。这意味着每个关系都有一个专属的转换矩阵，该矩阵能够根据关系的特点对头实体向量进行适应性转换，以便更准确地预测尾实体向量的位置。这种方法有效地解决了实体和关系的异质性问题，即不同关系可能具有不同的空间分布和结构特点。

此外，TransR 算法也考虑了不平衡性的问题，即某些关系可能连接着数量极多的实体，而其他关系则可能只与少数实体相关联。通过为每个关系定制转换矩阵，TransR 算法能够适应这种不平衡性，为稀疏关系提供更加精细的建模能力，从而提高了模型整体的表示能力和预测的准确性。

TransR 算法在 TransE 算法的基础上进行了扩展，不仅保留了其简洁高效的平移直觉，还增加了对关系特有属性的建模能力。这使 TransR 算法能够更全面地捕捉知识图谱中的语义信息，为下游任务，如链接预测、实体分类和关系抽取等提供了更为强大的工具。

总的来说，TransR 算法是知识图谱向量表示学习领域的重要里程碑，它的提出不仅推动了知识图谱嵌入技术的发展，也为后续的研究工作提供了新的思路和灵感。

例 10.1　假设有一个知识图谱，其中包含 3 个实体（A、B 和 C）和两个关系（R1 和 R2），目的是将这个知识图谱嵌入到一个低维向量空间中。

（1）需要定义实体和关系的初始向量表示，可以随机初始化这些向量，或者使用预训练的词向量。在这个例子中，将使用随机初始化的方法。

```python
import numpy as np
#定义实体和关系的初始向量表示
entity_vectors = {
    'A': np.random.rand(5),
    'B': np.random.rand(5),
    'C': np.random.rand(5)
}
relation_vectors = {
    'R1': np.random.rand(5),
    'R2': np.random.rand(5)
}
```

（2）需要定义一个函数来计算实体和关系的嵌入向量。这个函数将根据 TransR 算法的规则进行计算。

```python
def transr_embedding(entity, relation):
    entity_vector = entity_vectors[entity]
    relation_vector = relation_vectors[relation]
    #根据 TransR 算法计算嵌入向量
    embedded_vector = entity_vector + np.dot(relation_vector, entity_vector) * relation_vector
    return embedded_vector
```

(3) 可以使用这个函数来计算实体和关系的嵌入向量。

```
#计算实体 A 在关系 R1 下的嵌入向量
embedded_vector_A_R1 = transr_embedding('A', 'R1')
print("Embedded vector of A under R1:", embedded_vector_A_R1)
#计算实体 B 在关系 R2 下的嵌入向量
embedded_vector_B_R2 = transr_embedding('B', 'R2')
print("Embedded vector of B under R2:", embedded_vector_B_R2)
```

这样，就成功地使用 TransR 算法计算了实体和关系的嵌入向量。

知识图谱向量表示不仅是知识管理的一种有效手段，也是推动人工智能发展的一个重要方向。将知识以便于计算机处理的形式进行编码，为知识的自动化处理和应用提供了可能，这对实现智能化的信息检索、数据分析和决策支持等具有重要意义。

10.2.3 基于表的知识图谱存储

虽然知识图谱在概念上是以图形结构来描述实体与实体之间的各种关系，但这并不意味着图数据库是存储这些信息的唯一或者最佳方法。在工业领域的实际应用中，众多稳定且功能丰富的数据库系统建立在关系模型的基础上。通过精心规划和设计，知识图谱中的数据可以被有效地存储在关系型数据库中。采用关系型数据库存储知识图谱时，可以根据不同的需求和优化目标选择多种方案，主要的方法大致可以分为 4 类：基于三元组的知识图谱存储、基于属性表的知识图谱存储、基于垂直表的知识图谱存储和基于全索引的知识图谱存储。

1. 基于三元组的知识图谱存储

基于三元组的知识图谱存储是一种将知识图谱中的数据以三元组形式直接存储到数据库中的方法。在这种方法中，知识图谱中的每个三元组（主语-谓语-客语）被映射到数据库表的一行中，其中每列分别对应主语、谓语和客语。

例如，某知识图谱可以划分为：

实体："Alice""Bob""Charlie""Dog""Cat"。

关系："likes""owns"。

该知识图谱可以表示为以下三元组的集合：

(Alice, likes, Dog)

(Alice, owns, Cat)

(Bob, likes, Cat)

(Bob, owns, Dog)

(Charlie, likes, Cat)

这种存储方案的优势在于它具有简单性和直观性。由于每个三元组都被单独存储,因此可以快速地对知识图谱中的数据进行查询和检索。这对于那些需要频繁进行查询操作且对响应速度要求较高的场景来说尤为适用。

此外,基于三元组的存储方式也具有较好的可扩展性。随着知识图谱数据量的增加,可以通过添加更多的三元组来扩展知识库,无须对数据库结构进行复杂的修改。

然而,基于三元组的存储方案也存在一些局限性。每个三元组都需要单独存储,当知识图谱中存在大量相似或重复的三元组时,可能会存在大量冗余数据。对于某些复杂的查询操作,可能需要进行多次表的连接查询或扫描整个表,这可能会导致查询性能下降。

基于三元组的知识图谱存储方案适用于那些对查询速度要求较高且数据冗余度较低的应用场景。在选择这种存储方案时,需要根据实际情况进行权衡和优化,以确保知识图谱的高效存储和查询。

2. 基于属性表的知识图谱存储

在基于属性表的知识图谱存储中,知识图谱的数据被组织成多个表,每个表代表一种特定类型的实体或关系。这些表的结构专门设计用来存储对应实体或关系的所有必要属性。

具体来说,对于实体,可能会有一个表用来存储有关人物的所有信息,另一个表用来存储地点,再用一个表存储事件等。每个表都包含一组预定义的列,这些列代表实体的属性,如姓名、出生日期和地点等。相应地,关系表将包含起始实体、目标实体及关系的具体属性,如关系类型、关系权重或关系描述等。

如有的知识图谱,包含以下信息:

实体:"Person""FamousVehicle"。

关系:"Drives"。

实体"Person"有属性"Name"和"CountryOfOrigin";实体"FamousVehicle"有属性"Model"和"Year";关系"Drives"连接"Person"和"FamousVehicle"。

这个知识图谱可以用垂直的方式表示为表 10.1～表 10.3 所示的结构。

表 10.1 Person 表

ID	Name	CountryOfOrigin
1	Alice	USA
2	Bob	UK

表 10.2 FamousVehicle 表

ID	Name	CountryOfOrigin
101	Ford Mustang	1965
102	Mini	1959

表 10.3 Drives 关系表

ID	Vehicle ID
1	101
2	102

这里，使用两个实体表分别存储关于人和著名车辆的信息。每个实体都有一个唯一的 ID。然后，使用一个关系表"Drives"存储人与他们所驾驶的车辆之间的关系。这个关系表通过引用 Person 表和 FamousVehicle 表中的 ID 建立连接。

这种存储方式的优点是能够有效减少数据冗余。由于每种实体和关系都有其专用的表，因此不需要为每个实体或关系重复相同的属性结构。这意味着，如果多个实体或关系共享相同的属性，那么这些属性只需在表中定义一次，从而节省存储空间。

此外，基于属性表的存储方法还提高了特定类型查询的效率。当需要检索特定类型的实体或关系时，可以直接访问对应的表，不必搜索整个知识图谱。这大幅减少了查询操作所需的时间，并优化了数据检索的过程。

然而，这种方法也有一些挑战。随着知识图谱规模的扩大，可能需要管理和查询大量表，这会增加数据库管理的复杂性。此外，如果知识图谱的模式发生变化，可能需要修改现有的表结构，这在大型知识图谱中可能是一项挑战。

总的来说，基于属性表的知识图谱存储是一种有效减少数据冗余并提高查询效率的方法。它适合于那些实体和关系具有明确属性且查询操作频繁的场景。在实践中，需要根据知识图谱的规模和复杂性来平衡存储结构的设计和维护。

3. 基于垂直表的知识图谱存储

基于垂直表的知识图谱存储模式将实体的属性分解并存储在不同的表中，其中每个表都对应一个特定的属性。这种存储方式可以降低数据冗余，优化更新操作，并提高特定查询的效率。

具体实现方式是针对知识图谱中的每种属性类型，创建一个单独的表，表中包含两个关键列：一列用于存储实体或关系的标识符，另一列用于存储包含"姓名"和"地点"属性的实体，那么"姓名"和"地点"将被分别存储在不同的表中，每个表只包含对应属性的值，但都有一个共同的列来标识相同的实体。

假设有一个简单的知识图谱，包含以下实体和属性。

实体类型："Person""City"。

属性：对于"Person"有"Name"、"Age"和"CityOfResidence"；对于"City"有"Name"和"Country"。

这个知识图谱可以用垂直表的方式表示为表 10.4～表 10.7 所示的结构。

表 10.4　PersonName 表

Person ID	Name
1	Alice
2	Bob

表 10.5　PersonAge 表

Person ID	Age
1	30
2	40

表 10.6　PersonCityOfResidence 表

Person ID	City ID
1	101
2	102

表 10.7　CityName 表

City ID	Name	Country
101	New York	USA
102	London	UK

在这种存储模式中，每个属性由单独的表来管理，而实体则通过唯一的 ID 进行关联。例如，PersonCityOfResidence 表通过 City ID 引用 CityName 表，建立人和他们居住城市之间的联系。

这种方法的优势在于对存储空间的高效利用。由于大多数数据集都表现出一定程度的稀疏性，即不是所有可能的属性都会被每个实体或关系所拥有。因此，通过垂直划分表，仅在必要时才为特定的属性值分配存储空间。这不仅减少了数据存储的需求，还加快了查询操作的速度，因为只需要访问和处理那些实际存在属性值的表。

此外，垂直表的结构也便于添加新的属性。随着知识图谱的演进，可能需要引入新的属性来扩展现有的实体或关系。在垂直表的结构中，通常只需要创建一个新的表，而不需要修改现有的表结构，从而提供了更高的灵活性。

然而，这种存储方法也存在一些缺点。属性被分散在多个表中，对于需要跨多个属性进行复杂查询的应用来说，可能需要执行多次连接操作，这可能会影响查询性能。此外，如果查询涉及大量不同的属性，那么管理和优化大量的垂直表可能会变得复杂。

总的来说，基于垂直表的知识图谱存储方法适合属性数量多且稀疏的数据场景，它可以显著减少存储需求并提高查询效率。然而，在实施时需要仔细考虑查询性能和数据库管理方面的挑战。

4. 基于全索引的知识图谱存储

在基于全索引的知识图谱存储方案中，知识图谱的数据被构建为一个高度优化的索引结构，以便快速执行复杂的查询和数据分析任务。这种方案通常用于那些数据检索需求多样化、查询类型复杂且需要灵活多角度数据联合操作的应用场景。

具体来说，基于全索引的知识图谱存储方案中的索引结构可能包括多种类型的数据库索引，如 B 树索引、位图索引、全文索引或特殊的图索引等，这些索引能够加快对实体属性、关系类型及其他相关数据的访问速度。例如，对于实体的唯一标识符（如 URI），可能会使用散列索引来实现接近常数时间的查找速度。而对于经常进行范围查询的属性（如日期、数值等），B 树索引可能是更好的选择。

此外，基于全索引的知识图谱存储方案还结合使用多种数据库技术，如倒排索引用于文本搜索，而图数据库则利用原生图索引来处理复杂的图模式匹配查询。通过这些高度优化的索引结构，尤其是当涉及需要从多个维度探索和分析数据时，可以大幅提高查询效率。

假设有一个简单的知识图谱，包含以下实体和关系：

实体："Person""City"。

关系："LivesIn"。

这个知识图谱可以用全索引的方式构建，其中每个实体和关系都通过特定的索引来加快查询速度。

例如，可能有以下索引：

实体索引：允许根据实体 ID 或实体属性快速查找实体。

PersonIndex 可以根据姓名快速找到人物。

CityIndex 可以根据城市名快速找到城市。

关系索引：允许根据起始和终止实体 ID 快速查找关系。

LivesInIndex 可以根据人物 ID 快速找到他们居住的城市。

具体来说，如果使用图数据库 Neo4j，它内部使用一种"Neo4j Graph Platform"的结构来存储图数据，该平台包含多个组件来处理数据存储和索引。

例如，在 Neo4j 中，可以创建如下索引：

CREATE INDEX ON:Person(name);

CREATE INDEX ON:City(name);

然后，当需要查询居住在某个城市的所有人时，可以使用 Cypher 查询语言高效地获取结果：

```
MATCH (p:Person)-[:LivesIn]→(c:City {name: 'New York'})
RETURN p.name;
```

这条查询结果将返回所有与"New York"通过"LivesIn"关系相连的"Person"节点的名字。

这种存储方案的优势在于强大的查询能力和灵活性。由于所有的数据都通过索引结构进行存储，因此可以快速响应各种类型的查询请求，无论是简单的键值查询还是涉及多个实体和关系的复杂查询。此外，全索引结构还支持高效的数据更新和增量扩展，这对于动态变化的知识图谱来说尤为重要。基于全索引的存储模式特别适合于那些需要实时查询和分析的应用，如社交网络分析、推荐系统等。索引结构即使在大型数据集上也能保持较短的响应时间。然而，维护这些索引可能会增加写入操作的复杂性和开销，因此需要在查询性能和数据更新之间做出权衡。

然而，基于全索引的知识图谱存储方案的挑战在于它的维护成本和资源消耗。维护大量索引需要额外的计算资源，尤其是在数据量庞大且频繁更新的环境中。此外，过于复杂的索引结构可能会增加数据插入和更新的开销，影响整体的性能。

总之，基于全索引的知识图谱存储方案是为那些需要强大查询功能和灵活数据探索能力的场景设计的。它特别适合用于数据密集型和查询密集型的应用程序，但同时需要权衡索引维护成本和性能的影响。在实施这种存储方案时，需要仔细规划索引策略，以平衡查询效率和资源消耗。

确定最适宜的存储方案需依据应用的具体需求、性能的预期标准及系统的可维护性进行评估。在决策过程中，设计知识图谱的专家必须综合考虑这些关键因素，以选定最符合要求的存储方案。

10.2.4 基于图的知识图谱存储

知识图谱以图结构对知识进行建模和表示，所以常将知识图谱中的知识作为图数据进行存储。小规模的知识图谱多使用文件对知识进行存储，如 CSV、JSON 等格式。然而，面临大规模知识图谱的查询、修改和推理等需求时，需要考虑使用数据库。

基于图的知识图谱存储主要包括 RDF 和属性图模型。RDF 是一种元数据模型，用于计算机传输数据，让机器能够解析和处理数据，而不是面向用户展示。它采用"主语-谓语-宾语"三元组形式表示实体及其关系。而属性图模型则是将实体和关系作为节点，将属性作为边来构建图结构。这种模型更加灵活，可以方便地表示复杂的关系和属性。

此外，图数据库也是基于图的知识图谱存储的重要方式。图数据库支持高效的图查询语言（Graph Query Language，GQL），具备高性能、高扩展性和高可用性等特点。

在选择基于图的知识图谱存储方案时，需要根据具体的应用需求、预期的数据集大小及查询和更新的需求等因素来选择。对小规模知识图谱而言，文件存储可能已经能够满足当前的需求；而对大规模知识图谱而言，图数据库则是一个更为合适的选择。

10.3 知识图谱的构建

知识图谱是一项综合了多个技术领域的高级技术，它结合了知识计算、知识表示与推理、信息检索与抽取、自然语言处理、语义网、数据挖掘和机器学习等多个学科的方法。构建知识图谱的过程涉及多个步骤，包括数据获取、知识抽取、知识表示、知识融合、知识建模、知识推理等步骤，知识图谱的构建过程，如图 10.2 所示。

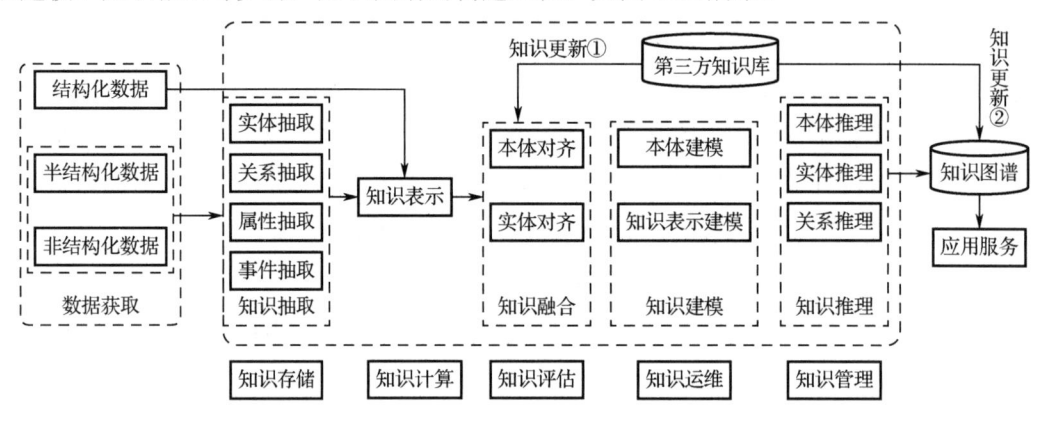

图 10.2 知识图谱的构建过程

10.3.1 数据获取

数据获取的过程涉及从互联网上收集分散的大规模数据，这些数据来自不同的渠道，包括但不限于数据库文件、文本文件、网页内容及链接的开放数据等。所获取的数据可以是结构化数据，如传统数据库中的信息；半结构化数据，如 XML 和 JSON 文件；或非结构化数据，如自由文本。这一步骤的目标是将这些渠道不同、形式各异的数据集中起来，为后续的知识抽取和应用提供数据来源。

10.3.2 知识抽取

知识抽取的过程主要针对链接的开放数据，它采用自动化或半自动化的技术方法，从半结构化和非结构化的数据源中识别并抽取关键的知识点，如实体、它们之间的关系和属性。利用这些抽取出来的知识要素，可以构建一组高质量的事实表述，进而为知识图谱的模式层打下坚实的基础。在知识抽取阶段，要识别出单独的实体和它们的属性，还要能够理解文本中的语句和上下文的含义，以抽取实体间的关系和实体涉及的事件，这对后续的知识整合至关重要。

10.3.3 知识表示

在完成了知识抽取工作后，下一步是选择适当的方式来表示所抽取的知识要素，目的是将人类可理解的知识转换为计算机能够处理的形式。知识图谱的表示方法通常分为符号表示和向量表示两大类。符号表示更接近自然语言，其优势在于易于理解和解释；而向量表示则依赖向量和矩阵来编码知识，虽然不及符号表示直观，但这种表示方法便于计算机处理，并能与深度学习等现代技术很好地结合。

近年来，以深度学习为主的表示学习技术取得了显著进展。这些技术能够将实体的语义信息编码为密集的低维实数向量，这使在低维空间中高效地计算实体、关系及它们之间复杂的语义关联性成为可能。这一进步解决了基于三元组的传统知识表示方法在计算效率受限和数据稀疏性方面的局限，对于知识图谱的构建、整合、推理和应用都有着重要的影响。

10.3.4 知识融合

知识融合是一个关键的技术过程，它涉及将来自不同数据源的知识集成整合，构建出一个全面、一致且高质量的知识基础。在实际操作中，知识融合面临众多挑战，如来源多样的知识在质量上的不一致性、相同知识的重复表示及知识之间缺乏清晰的关联等问题。为了克服这些困难，知识融合采用了一系列方法来确保数据能够被有效地合并和同步。

知识融合的过程不仅包括简单的数据合并，还涉及更深层次的语义理解和解析，如同一概念的不同表述方式或同一实体的多种命名等。通过本体对齐，知识融合确保了不同数据源的知识能够在一个概念框架下得到统一，从而形成一种标准化的知识表示方法。这种方法有助于解决概念层面上的分歧，实现数据的一致性和互操作性。

同时，实体对齐则是处理具体实体在不同数据源中的标识问题。在这一过程中，算法会识别并匹配那些指向相同实体，但可能有不同名称或描述的记录。这解决了实体在不同来源中可能存在的歧义问题，确保所有关于特定实体的信息能够被汇总和关联起来，极大地提高了知识图谱的准确性和完整性。

此外，知识融合还包括对合并后的知识进行加工、推理验证和更新等后续步骤。通过对整合后的知识进行深加工，可以提炼出更加准确和有价值的信息。推理验证则确保了融合后的知识库在逻辑上是连贯且无矛盾的。最终，随着新信息的不断累积，知识图谱能够得到实时更新，并保持其时效性和动态性。

知识融合是构建高质量知识图谱的重要环节，它通过整合来自不同数据源的知识，并解决其中的质量问题和一致性问题，使知识图谱能够为用户提供一个准确、全面且可靠的知识体系。

10.3.5 知识建模

在完成知识融合之后，构建知识图谱模型成为下一个关键步骤。知识建模是指创建知识图谱的数据模式，它为知识图谱的结构提供了明确的框架和组织。在这一过程中，有两种主要的方法：一种是由专家通过自顶向下的方式手工编辑和定义数据模式；另一种是自底向上，通过对高质量行业数据进行映射或根据行业标准进行数据转换的自动生成模式。

对于特定行业的知识图谱，其数据模式需要能够全面定义整个知识图谱的结构，并确保数据的一致性和可靠性。知识建模的主要任务可以细分为两个部分。

（1）本体建模。它涉及构建知识图谱的概念层模型。这一步骤的目的是确立知识图谱的层次结构，使用户能够理解和浏览知识图谱中的内容。本体建模包括定义类、属性和它们之间的关系，从而形成一个结构化的知识体系。

（2）知识表示建模。它关注的是建立知识图谱的数据层模型。这一步骤旨在确保计算机能够有效地存储、处理和理解知识图谱中的数据及其关系。知识表示建模通常涉及选择合适的数据格式（如 RDF、OWL 等），以及确定如何在数据库中存储和索引这些数据从而方便后续的查询和分析。

通过这两个步骤，知识建模不仅为知识图谱提供了清晰的结构和组织，而且确保了知识可以被正确地解释和使用。这种模式的准确性和健壮性对知识图谱的质量和应用效果至关重要，它直接影响知识图谱在不同领域中的适用性和有效性。

10.3.6 知识推理

知识推理是知识图谱中一个至关重要的过程，它利用已有的知识库和推理技术来揭示和生成新的知识，从而进一步丰富和完善知识库的内容。由于构建知识图谱所依赖的数据可能存在不完整性和错误，知识推理能够辅助验证现有信息的准确性，并填补知识空白，提升知识图谱的质量和可靠性。

知识推理不仅能够修正和完善知识图谱，还能作为一种强有力的工具来挖掘隐藏或潜在的知识。例如，它可以应用于实体预测（识别未知实体）、关系预测（发现实体间的潜在关系）和路径推理（通过一系列中间步骤连接两个节点）。这些推理过程可以针对多种对象，包括实体本身、实体的属性、实体之间的关系，以及本体库中概念的层次结构等。

在进行知识推理时，有多种方法可供选择，每种方法都有其独特的优势和适用场景。

（1）基于逻辑规则的推理。这种方法依赖形式化的逻辑系统，如描述逻辑（Description Logics）或规则引擎，通过预定义的规则进行自动化的推理过程。

（2）基于知识表示学习的推理。这种方法通常与机器学习技术结合，特别是深度学习，以从大量的训练数据中学习知识的表示形式，并据此进行推理。

（3）基于图的推理。考虑到知识图谱本质上是一种图结构，图算法（如路径搜索、图遍历等) 可以被用于发现节点间的新连接或推断它们之间的潜在关系。

(4) 混合推理。为了提高推理的准确性和覆盖度，可以将上述几种方法结合使用，取长补短。

通过运用这些推理方法，知识图谱能够不断进化和扩展，不仅增强了自身的信息价值，也为终端用户提供了更加深入和广泛的知识服务。

10.3.7 知识图谱的其他步骤

除以上 6 个步骤外，知识图谱的构建过程还包含知识存储、知识计算、知识评估、知识运维和知识管理等步骤。

10.3.7.1 知识存储

在构建知识图谱时，基本的数据类型涵盖了三元组（实体、属性和值的集合）、事件（特定发生的事情的描述）、时态信息（数据有效性的时间限制），以及其他通过知识图谱框架组织的数据。这些数据在数据库中以节点形式存储，并通过各种关系连接成网络，这种结构便于后续对信息的检索和更新。

虽然传统的关系型数据库和 NoSQL 数据库可用于存储某些类型的知识图谱数据，但图数据库因其天然适合表示和管理节点间复杂关系的特性，通常被推荐作为存储知识图谱的首选。图数据库优化了图形结构的存储和查询，提供了更加高效的方式来处理知识图谱中常见的操作，如查找特定实体间的关联或进行模式识别等。因此，对于需要频繁读取和修改的知识图谱，使用图数据库可以带来更好的性能和更直观的管理体验。

10.3.7.2 知识计算

知识计算是一种高级的数据处理技术，它旨在解决现有知识图谱中可能存在的数据不完整、信息不准确等问题。通过结合统计分析、图挖掘技术、知识推理等方法及传统应用程序，使知识计算能够增强知识图谱的内在质量，实现知识的补充和更正，进而提升其完整性并扩展知识的应用范围。

利用知识计算，可以开发出精确、简明的自然语言并能够自动回答用户查询的系统。此外，借助知识计算的强大关系分析能力，还可以为专业人士（如律师、医生）提供支持决策的建议，帮助他们在复杂的工作场景中做出更加明智的选择。这种技术的应用不仅优化了知识的可用性，还为用户带来了更为丰富和深入的信息解读。

10.3.7.3 知识评估

在知识图谱的构建过程中，每个环节都是基于前一环节的成果而顺序推进的。这一过程要求高度的准确性和一致性，初期阶段中的任何低质量工作都可能随着时间的推移而在项目的后续阶段被进一步放大，导致错误的连锁反应。为了确保构建的知识图谱具有高质量和实用性，对各个阶段的输出进行严格的质量评估变得尤为重要。

质量评估分为概念层和数据层两个主要层面，每层都有其独特的考量因素和标准。

在概念层方面，评估的重点在于那些与知识图谱中的概念和结构有关的步骤。这包括但不限于本体（ontology）的创建，即确定和定义知识图谱中所包含的概念、属性和关系的过程。此外，这一层面的评估还包括模型的建立，它涉及如何将本体具体化为可操作的数据模型，以及逻辑推理的准确性，后者是检查知识图谱能否正确推导出符合逻辑的结论和关系。

在数据层方面，评估集中在数据自身的各个方面，如数据源的可靠性，这一点至关重要，因为知识图谱的有效性在很大程度上取决于输入数据的准确度和真实性。此外，还需评估知识抽取结果的品质，包括数据抽取、清洗和转换过程的效率和准确性。高质量的数据层评估能够确保知识图谱中的信息反映了现实世界的真实状态，并且可以用于各种智能应用程序。

在构建知识图谱时，从本体设计到数据处理的每个步骤都需要通过严谨的质量评估来保障最终产品的质量。通过这样的分层评估机制，可以系统地识别并解决潜在的问题，确保知识图谱在整个生命周期内都能保持高标准的性能和可用性。

10.3.7.4　知识运维

知识运维是确保知识图谱在实际应用中持续保持活力和有效性的重要过程。它不仅包括对知识图谱结构和内容的常规维护，还涉及根据应用程序的运行情况和用户反馈进行必要的更新和优化。

在概念层面，知识运维要求定期审视和评估知识图谱中的概念结构是否仍然与现实世界相吻合，以及它们是否满足应用程序用户的实际需求。如果存在不匹配或脱节的情况，知识工程师需要进行相应的调整和修正，以确保知识图谱能够准确地反映现实世界的实体、属性和关系，并提供用户所需的信息和推理能力。

在数据层面，知识运维涉及监控和管理知识图谱内的数据质量。这可能包括定期清理错误或过时的数据，以及向知识图谱中添加新的实体和事实。随着时间的流逝和环境的变迁，知识图谱需要不断更新，以保持其内容的准确性和相关性。因此，知识工程师可能需要根据新的数据源或用户输入来扩充现有的信息或删减不再适用的数据。

除了内部数据的管理，将来自第三方或外部数据源的信息集成到知识图谱中也是知识运维的一个重要方面。这涉及从各种来源（如公共数据库、专业机构发布的数据集或实时信息流）获取新数据，并通过一系列转换和映射流程将其融合到现有的知识架构中。这样的操作不仅可以丰富知识图谱的内容，还可以提高其覆盖面和实用性。

知识运维是一个动态的过程，它要求知识工程师持续监控、评估和更新知识图谱，以保证其在变化的环境中继续提供高质量的服务。通过有效的知识运维，可以确保知识图谱始终处于最佳状态，为应用程序用户提供准确、及时且有价值的信息和见解。

10.3.7.5 知识管理

知识管理在现代企业中扮演着至关重要的角色，它通过运用知识图谱管理平台来整合和优化各种业务数据，从而实现信息的最大化利用。这些业务数据可能包括分散在不同部门和系统中的大量信息、随着市场和业务状况不断变化的实时数据，以及公司内部专家多年积累的宝贵知识和经验。

知识图谱管理平台的核心功能之一是支持知识图谱的全生命周期管理，从最初的创建到日常的维护和更新。这意味着用户可以从零开始构建一个知识图谱，同时平台也提供了必要的工具和流程来持续监控、评估和改善知识图谱的质量。

为了帮助用户更有效地建立和管理知识图谱，许多知识图谱管理平台提供了图形化界面。这种直观的界面使用户能够轻松地构建和浏览特定领域的知识结构模型，从而更好地理解数据之间的复杂关系。此外，借助人工智能工具，如自然语言处理和机器学习算法，用户可以快速地从大量数据中抽取有价值的信息，并将这些信息整合到知识图谱中。

除了基本的构建和维护功能，知识图谱管理平台还提供了基于开放接口（APIs）的应用编程接口和计算推理引擎。这些高级功能使第三方开发者能够创建定制的应用程序和服务，进一步扩展知识图谱的使用场景。计算推理引擎则能够对知识图谱内的数据进行深入分析，识别潜在的模式，推导出新的知识，从而使知识图谱不仅是一个静态的数据存储库，还是一个能够主动提供洞察和预测的智能系统。

知识管理通过知识图谱管理平台将企业的各类数据转化为一个互联互通、智能化的知识资产，为决策者提供支持，为创新者提供灵感，为企业的持续增长和竞争力提供动力。通过这些平台的强大功能，组织可以确保它们的知识和数据资产得到有效的管理和利用。

另外，知识图谱标准体系结构包括六大标准：基础共性标准、数字基础设施标准、关键技术标准、产品/服务标准、行业应用标准和运维与安全标准。

在知识图谱的构建过程中，数据来源的选择至关重要。数据可以来自结构化的数据库、半结构化的文本数据和非结构化的网页等。不同的数据来源具有不同的特点，如结构化数据具有较高的准确性和完整性，但覆盖范围有限；非结构化数据具有广泛的覆盖范围，但质量和准确性较差。因此，在构建知识图谱时，需要根据实际需求选择合适的数据来源，并进行有效的数据预处理。

总之，知识图谱的构建是一个复杂且具有挑战性的任务。通过采用合适的方法和算法，以及关注数据的质量和更新，可以构建出一个高效、准确的知识图谱，为各种应用提供强大的支持。

10.4 知识图谱的应用

知识图谱提供了一种高效的手段来表达、组织、管理和利用互联网上来源多样、形式多样、数量庞大且不断变化的数据。其数据存储和处理的技术支持人工智能系统在理解和处理现实世界中复杂且相互关联的数据方面的能力。通过推理，人工智能系统的智能水平得到提升，使其更接近人类的认知方式。知识图谱的应用广泛，涵盖了搜索引擎、问答系统、推荐系统、推理决策及智能对话等多个领域。

10.4.1 搜索引擎

随着互联网信息的激增，传统的搜索引擎开始显现出其局限性，它们往往只能进行简单的关键词与网页内容的匹配，而不足以深入理解用户的查询意图。这种机械式的对比方法导致搜索结果的相关性和效率无法满足用户日益增长的需求。

相比之下，知识图谱的智能搜索技术能够突破这一局限，它不仅关注用户查询语句的表面文字，而且还能够洞察语句背后的深层意图，并据此返回更为精准的搜索结果，更好地满足用户的需求。

知识图谱通过对实体、关系和用户查询的深刻理解，有效分析实体间的相互作用，从而帮助用户快速准确地找到所需信息。此外，知识图谱还能够帮助用户探索更加深入、广泛和系统的知识体系，可能会带来意想不到的新发现。

在知识图谱的智能搜索中，搜索引擎采用一种长尾搜索策略，以知识卡片的形式呈现搜索结果，使用户的查询请求经过语义理解和知识检索两个阶段，最终提供一个完整的、按重要性排序的知识体系。这种方法不仅提高了搜索的效率，也极大地丰富了用户的搜索体验。

10.4.2 问答系统

传统问答系统在处理自然语言时，通常面临与搜索引擎类似的局限，即缺乏对文本深层语义的深入分析与理解。这种表面层面的处理方式限制了系统在知识深层次逻辑推理方面的能力，难以满足人工智能高级目标的要求。

知识图谱通过抽取、关联和融合等技术手段，将互联网上的非结构化文本信息转换为结构化的知识表示。它依托于实体及其间的语义关系来描述和表达整个网络文本的内容，从数据的源头进行深度挖掘和理解。

更进一步地说，智能问答系统利用问句的语义解析和语义表示技术，结合知识推理和深度学习算法，显著提高了系统的智能化水平。由于知识图谱的构建是基于海量数据的整合和处理，它能够有效避免跨领域查询时的偏差问题，使问答系统提供的结果更为精准和可信。

10.4.3 推荐系统

推荐系统本质上是一种信息过滤平台，旨在代表用户对那些未曾接触过的内容进行评估和选择。通过整合知识图谱，推荐系统能够融入丰富的语义信息，从而显著提升推荐的相关性、多样性以及可解释性。

知识图谱的引入极大地增强了信息与标签间的互联性，允许推荐系统从多个角度考虑，不仅提升了推荐的相关性，而且也拓宽了推荐内容的多样性。同时，知识图谱还提供了推荐逻辑的透明度，使推荐结果能够得到合理的解释，实现了真正意义上的个性化推荐。

此外，用户还可以自定义推荐规则，进一步定制他们的推荐体验。例如，在一些视频应用中，用户可以反馈某些推荐视频不符合他们的喜好，并指明不喜欢的原因，这样推荐系统在未来的推荐中便能更精准地避开这类视频。

随着用户群体的扩大、用户数据的积累及用户需求的多样化，有理由相信，知识图谱的推荐系统将拥有更加广阔的研究和应用前景。知识图谱的独有技术，如知识融合和知识推理，将为推荐系统注入更加精准、全面和智能化的元素。

10.4.4 推理决策

知识图谱通过其先进的知识融合和推理技术，能够深入分析查询信息中的不一致性及企业间的复杂联系，迅速揭示信息中隐藏的模式和关联。在金融领域，尤其是在反欺诈和企业风险评估方面，知识图谱的应用非常广泛。

知识图谱的强大之处在于它能将各种信息相互关联，形成一个统一的整体。它能够穿透表层信息，触及那些通过三四个层级相连的深层元素。在金融等垂直行业中，知识图谱的这些天然优势能够得到充分发挥。然而，这些领域对知识图谱的构建质量也提出了更高的标准，要求知识图谱必须精确、可靠，以支持关键的决策过程。

10.4.5 智能对话

智能对话是一种通过人工智能技术实现的与人类进行自然语言交流的过程。它能够理解人类的语言意图，并给出相应的回答或执行相应的操作。

在业务场景下，智能对话有许多应用。例如，它可以用于创建智能客服和商家智能聊天助手，这些工具可以自动回答客户的问题，提供 24 小时不间断的服务。智能对话也可以用于创建智能外呼助手和通知助手，这些工具可以自动拨打电话或发送信息，提高工作效率。智能对话还可以用于创建招聘面试机器人和客服接电助手，它们可以自动处理一些简单的任务，释放人力资源。此外，语音质检系统和通话质检系统也是智能对话的重要应用之一，它们可以帮助企业提升服务质量，监控舆情风险，优化服务策略。

随着技术的不断进步，智能对话系统的性能不断增强，它们在提高用户体验、提升工作效率和降低企业成本方面发挥着越来越重要的作用。

10.5　构建词云图应用案例

根据第 9 章获取的空调的评论数据，使用 wordcloud 包下的 WordCloud 函数对正面评论绘制词云，以查看情感分析效果，执行以下代码，得到如图 10.3 所示的知识云图。

```python
import jieba
from wordcloud import WordCloud
import matplotlib.pyplot as plt
#读取文本文件
with open('……txt', 'r', encoding='utf-8') as f:
    text = f.read()
#使用 jieba 分词库进行分词
words = jieba.cut(text)
#将分词结果连接成一个字符串
word_list = ' '.join(words)
#生成词云
wc = WordCloud(font_path='simhei.ttf', background_color='white', width=800, height=600)
wc.generate(word_list)
#显示词云
plt.imshow(wc, interpolation='bilinear')
plt.axis('off')
plt.show()
```

图 10.3　空调的词云图

从图 10.3 空调的词云图可以看出，消费者在评论中最关注的是"安装""很好""买""好"，说明消费者在购买空调时比较关注"安装"效果。

本章小结

本章主要介绍了知识图谱的概念、表示、构建和应用。本章从知识图谱的发展历程开始，探讨了它的起源和演变过程，这为理解其基本概念奠定了基础。深入学习了知识图谱的基本概念，包括它的组成元素和不同类型。

在知识图谱的表示与存储部分，本章介绍了知识图谱的符号表示和向量表示方法，并比较了基于表和基于图的存储方案。这些知识对后续的知识图谱构建来说至关重要。

在知识图谱的构建部分，本章详细介绍了从数据获取到知识推理的完整流程，学习了如何获取合适的数据源，进行知识抽取，以及如何有效地表示和融合知识。此外，还探讨了知识建模的原则和方法，以及如何在知识图谱上进行推理以发现新知识。

在知识图谱的应用部分，本章介绍了知识图谱在搜索引擎、问答系统、推荐系统、推理决策和智能对话等领域的广泛应用。这些应用场景展示了知识图谱技术的实用性和潜力。

本章通过构建词云图应用案例，将理论知识与实践相结合，加深了对知识图谱构建和应用的理解。这个案例帮助读者更好地掌握知识图谱在实际应用中的技巧。

总之，本章提供了关于知识图谱的认识，能够在实际项目中应用相关知识，为未来的研究和实践打下坚实的基础。

第 11 章

损失函数与模型瘦身

> （1）理解损失函数在机器学习模型中的作用和重要性。
> （2）掌握常用的损失函数，包括 0-1 损失函数、交叉熵损失函数、平均绝对误差损失函数、均方误差损失函数、Huber 损失函数、分位数损失函数和 Hinge 损失函数。
> （3）了解不同损失函数的优缺点和适用场景。
> （4）理解模型瘦身的概念和方法。
> （5）掌握知识蒸馏和网络剪枝两种常见的模型瘦身技术。
> （6）能够根据实际问题选择合适的损失函数和模型瘦身方法来优化机器学习模型。

损失函数和模型瘦身是机器学习中非常重要的概念和技术。通过对本章的学习，读者可以深入理解损失函数的概念和应用，掌握常用损失函数的原理和计算方法，并了解模型瘦身的技术和方法，为机器学习实践打下坚实的基础。

11.1 损失函数

损失函数是机器学习中非常重要的概念，它用于衡量模型预测结果与真实结果之间的差异。在训练模型时，目标是最小化损失函数的值，使模型的预测结果尽可能接近真实结果。然而，有时候会遇到一个问题：模型过于复杂，导致过拟合现象的出现。过拟合是指模型在训练集上表现较好，但在测试集上表现较差的情况。这是因为模型过于复杂，学习到了训练集中的噪声和细节，而无法泛化到新的数据上。为了解决这个问题，可以采用模型瘦身的方法。模型瘦身是指通过减少模型的复杂度来降低过拟合的风险。常见的模型瘦身方法包括剪枝、正则化等。剪枝是指删除一些不重要的参数或神经元，从而减少模型的复杂度；正则化是指在损失函数中加入一些惩罚项，限制模型的复杂度。

损失代价函数通常是针对整个训练集或在使用 Mini-Batch 梯度下降时计算当前批数量

的总损失。

目标函数也被称为优化准则,是优化理论中的核心概念,是一个数学表达式,代表了需要优化的目标,通常以函数形式表示。目标函数的选择直接影响优化问题的解决方案,在非机器学习领域,目标函数也会被提及。

因此,损失函数、损失代价函数与目标函数之间的关系是:损失函数是损失代价函数的一部分,损失代价函数是目标函数的一种类型。损失函数不仅用来衡量单个训练样本与真实值之间的误差,还用于定义整个批次或训练集样本与真实值之间的误差。

11.2 常用的损失函数

常用的损失函数有很多,其中包括 0-1 损失函数、交叉熵损失函数、平均绝对误差损失函数、均方误差损失函数、Huber 损失函数、分位数损失函数和 Hinge 损失函数。不同的模型用的损失函数也不一样。

11.2.1 0-1 损失函数

0-1 损失函数是一种简单直观的损失函数,它直接对应分类判断错误的个数。对于二分类问题,如果预测类别与真实类别相同,则损失为 0;如果不同,则损失为 1。0-1 损失函数的表达公式为

$$L(y, f(x)) = \begin{cases} 1, & y \neq f(x) \\ 0, & y = f(x) \end{cases} \tag{11.1}$$

其中,y 为真实值;$f(x)$ 为预测值。

然而,这种损失函数存在明显的缺点。首先,每个错误分类的惩罚权重相同,如有的错误项偏离很多,有的偏离很小,但所受的惩罚是一样的,这不符合常理。其次,0-1 损失函数是一个非凸函数,在某些情况下可能不太适用。此外,由于其不可导性,该函数在反向梯度回归时不适用,因此很少会用到这个函数。

11.2.2 交叉熵损失函数

交叉熵损失函数(Cross Entropy Loss Function)是机器学习中一种常用损失函数,主要用于处理分类问题,尤其在神经网络分类问题中,通常采用交叉熵损失函数。交叉熵源于信息论,它衡量的是两个概率分布之间的差异,其目标是通过最小化交叉熵来获得目标概率分布的最佳近似。交叉熵损失函数的表达公式为

$$L = -\sum_{i=1}^{n} y_i \cdot \log(p_i) \tag{11.2}$$

其中,y_i 表示真实值,取值为 1 或 0;p_i 表示模型预测出的概率值。

交叉熵损失函数的优点在于它具有很强的泛化能力。在训练模型时，交叉熵损失函数能够有效减少模型对未知数据的预测误差，提高模型的预测精度。此外，交叉熵损失函数还具有良好的凸优化性，即当模型预测的概率值接近真实值时，损失函数的值会越来越小；而当模型预测的概率值远离真实值时，损失函数的值会越来越大。这种特性有助于模型训练的收敛性，使模型能够更快达到最优解。因此，交叉熵损失函数在许多机器学习和深度学习任务中都得到了广泛应用。

总的来说，通过最小化交叉熵损失函数，可以使模型的预测结果更接近真实的标签分布，从而提高模型的预测准确性。

11.2.3 平均绝对误差损失函数

平均绝对误差（MAE）是一种被广泛应用于回归问题的损失函数，它衡量的是预测值与真实值之间的平均误差幅度，平均绝对误差损失函数的计算公式为

$$\text{MAE}(y, f(x)) = \frac{1}{N} \sum_{i=1}^{N} |y_i - f(x_i)| \tag{11.3}$$

其中，y_i 为真实值；$f(x_i)$ 为预测值。

可以看出，平均绝对误差损失函数（Mean Absolute Error Loss）对预测误差的方向并不敏感，它只关注预测误差的大小。

与其他损失函数一样，其目标是通过最小化平均绝对误差来提高模型的预测准确性。在实际应用中，由于平均绝对误差损失函数是可导的，因此可以使用梯度下降法等优化算法来求解。此外，平均绝对误差损失函数具有较好的解释性，可以直观地反映出模型预测值与真实值之间的差异程度。

11.2.4 均方误差损失函数

均方误差（MSE）是一种常用的用于回归问题的损失函数，它衡量的是预测值与真实值之间的平均平方误差。具体来说，对于单个样本，均方误差损失函数计算公式为

$$\text{MSE}(y, f(x)) = \frac{1}{N} \sum_{i=1}^{N} (y_i - f(x_i))^2 \tag{11.4}$$

其中，y_i 为真实值；$f(x_i)$ 为预测值。

可以看出，均方误差损失函数对预测误差的大小和方向都非常敏感，因此它能够较好地反映出模型预测值与真实值之间的差异程度。

与其他损失函数一样，其目标是通过最小化均方误差来提高模型的预测准确性。在实际应用中，由于均方误差损失函数是可导的，因此可以使用梯度下降法等优化算法来求解。此外，均方误差损失函数具有较好的解释性，可以直观地反映出模型预测值与真实值之间的差异程度。

总的来说，均方误差损失函数是一种非常实用的损失函数，它可以在不同的数据集上取得良好的效果。但需要注意的是，由于均方误差损失函数对预测误差的大小和方向都非常敏感，因此在处理异常值时可能会出现一些问题。

11.2.5 Huber 损失函数

Huber 损失函数是一种常用的应用于回归问题的损失函数，它结合了平均绝对误差和均方误差两种损失函数的优点，并能够避免它们的缺点。具体来说，Huber 损失函数在处理异常值时具有较好的健壮性，而在处理正常值时又能够保持较低的计算复杂度。Huber 损失函数的计算公式为

$$L_\delta(y,f(x)) = \begin{cases} \frac{1}{2}(y-f(x))^2, & |y-f(x)| \leq \delta \\ \delta|y-f(x)| - \frac{1}{2}\delta^2, & |y-f(x)| > \delta \end{cases} \tag{11.5}$$

其中，y 是真实值；$f(x)$ 是预测值；δ 是 Huber 损失函数的参数。当预测偏差小于 δ 时，采用平方误差；当预测偏差大于 δ 时，采用线性误差。相比于最小二乘的线性回归，Huber 损失函数降低了对异常点的惩罚程度，它是一种常用的健壮回归的损失函数。

可以看出，Huber 损失函数在处理异常值时具有较好的健壮性。此外，由于 Huber 损失函数在处理正常值时仍然采用均方误差的形式，因此其计算复杂度较低。

总的来说，Huber 损失函数是一种非常实用的损失函数，它可以在不同的数据集上都取得良好的效果。

11.2.6 分位数损失函数

分位数损失函数（Quantile Loss）是一种在机器学习中广泛应用的损失函数，它通过考虑模型预测的分位数水平来评估模型的准确性。传统的均方误差损失函数只关注预测值与真实值之间的差距，而分位数损失函数考虑了预测的整个分位数分布，从而提供了更全面的误差评估。因此，分位数损失函数在处理具有不确定性和噪声的数据集时表现更出色，因为它能够更好地捕捉预测的分布信息。分位数损失函数的计算公式为

$$L_\gamma(y,f(x)) = \sum_{y<f(x)} (1-\gamma) \cdot |y-f(x)| + \sum_{y \geq f(x)} \gamma \cdot |y-f(x)| \tag{11.6}$$

其中，γ 为分位数系数，取值在 0~1 之间；y 为实际值；$f(x)$ 为预测值。当 γ 为 0.5 时，分位数损失函数为平均绝对误差函数（MAE），因此，MAE 是分位数损失函数的一个特例。

分位数损失函数可以用于回归模型和分类模型的训练，以及深度学习模型的应用。在回归问题中，分位数损失函数可用于评估预测值与真实值之间的差距，并鼓励模型预测出更为精确的结果。在分类问题中，分位数损失函数可以用于衡量模型预测的概率分布与真实概率分布之间的差距，从而提高模型的预测精确度。

总之，分位数损失函数是一种非常有效的损失函数，它可以提高模型的准确性和精确度。由于其优秀的性能表现和广泛的应用领域，分位数损失函数在深度学习模型的应用中备受关注，并成为一种重要的损失函数选择。由于分位数损失函数是可导的，因此可以使用梯度下降法等优化算法来求解。此外，分位数损失函数具有较好的解释性，可以直观地反映出模型预测值与真实值在不同分位点上的差异程度。

11.2.7 Hinge 损失函数

Hinge 损失函数是机器学习中常用的损失函数之一，它通常用于最大间隔（Maximum-Margin）的分类任务，如支持向量机。Hinge 损失函数的表达公式为

$$L(y) = \max(0, 1 - y \cdot (wx + b)) \tag{11.7}$$

其中，y 表示实际值；$wx+b$ 表示预测值；$y \cdot (wx+b)$ 表示二者的乘积。当 $y \cdot (wx+b)$ 等于或大于 1 时，损失函数为 0；否则，损失函数为 $1 - y \cdot (wx+b)$。真实值为 1 时的 Hinge 损失函数的值如图 11.1 所示。

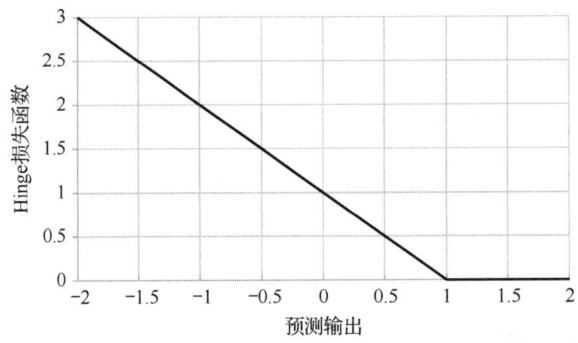

图 11.1 真实值为 1 时的 Hinge 损失函数的值

由图 11.1 可见，当 y 为正类，模型输出为负值时，会有较大的惩罚；当模型输出为正值且在(0,1)时，会有较小的惩罚，即 Hinge 损失函数不仅惩罚预测错的，对预测对的但置信度不高的也会有惩罚，只有置信度高时才是零损失。

Hinge 损失函数的主要目标是最大化分类间隔，以提高模型的准确性和泛化能力。最小化 Hinge 损失函数，可以提高模型在特定任务上的性能。由于 Hinge 损失函数是凸函数，因此可以使用梯度下降法等优化算法来求解。

11.3 模型瘦身

模型瘦身是一种优化策略，旨在通过减少模型内部的参数总量或采纳一系列精巧的技术手段来缩减模型体量。这样的处理不仅可以提升模型的运算速度，还能提高其整体运行效率。在深度学习领域，模型的规模通常是衡量其复杂性的一个指标。具体来说，模型的

大小通常与其所含参数的数量直接相关，这意味着参数越多，模型越复杂。这种复杂性，使体积较大的模型在执行时需要消耗更多的计算资源，同时也需要更多的存储空间来维持其运行。

为了实现模型瘦身，研究者们采用了多种模型瘦身技术，包括但不限于网络剪枝（去除一些不重要的神经元）、量化（减少参数的表示精度）、知识蒸馏（将大型模型的知识迁移到小型模型中）、网络压缩、权重共享及迁移学习等。这些技术在保持模型性能不变的前提下，减少了模型对资源的依赖，使模型更加轻便且运行更为高效，便于部署在资源受限的环境中，如移动设备和嵌入式系统。此外，经过瘦身处理的模型也更有利于实现快速的实时响应，这在需要快速决策的应用场景中尤为重要。

以下是一些常用的模型瘦身技术。

（1）网络剪枝（Network Pruning）。网络剪枝是一种常见的模型瘦身技术，它通过删除一些不重要的神经元或连接来缩减模型的大小。网络剪枝可以分为结构化剪枝和非结构化剪枝两种方法。结构化剪枝是删除整个神经元或层，而非结构化剪枝是删除单个神经元或连接。

（2）量化（quantization）。量化是将浮点数转换为定点数的过程，它可以将 32 位浮点数转换为 8 位整数等较小的数据类型。量化可以减少模型中的参数数量和存储空间，并提高模型的运行速度。

（3）知识蒸馏（Knowledge Distillation）。知识蒸馏是一种训练小模型来模仿大模型的方法。通过将大模型的知识传递给小模型，来提高小模型的性能和效率。

（4）网络压缩（Network Compression）。网络压缩是一种通过减少网络中的参数数量和层数来缩减模型大小的方法。网络压缩可以通过删除一些不必要的层、合并相邻的层和使用更小的卷积核等方式来实现。

（5）权重共享（Weight Sharing）。权重共享是一种多个相似的神经元共享同一个权重的技术。通过这种方式，可以减少模型中的参数数量和存储空间，并提高模型的运行速度。

（6）迁移学习（Transfer Learning）。利用预训练好的模型权重作为起点，在目标任务上进行微调，从而避免从头开始训练大型模型。这样可以减少所需的参数数量和训练时间，实现模型瘦身。

以上是一些常用的模型瘦身技术，它们可以有效地缩减模型的大小、降低模型的复杂度、提高模型的运行速度和效率。这对于嵌入式设备、移动设备和资源受限的环境非常重要，同时也有助于降低能源消耗和减少碳排放。本节重点介绍知识蒸馏和网络剪枝两种技术。

11.3.1　知识蒸馏

知识蒸馏作为模型蒸馏技术中至关重要的环节，能够将教师模型的知识高效地传递给学生模型，从而帮助学生模型更好地学习。在具体实施过程中，可以通过将教师模型的输出结果作为学生模型的目标输出，来指导学生进行模型的训练。这样，学生模型可以更加高效地学习教师模型的知识，并实现对教师模型的有效复制。此外，还可以将教师模型的中间层输出作为学生模型的中间层输入，以此来指导学生模型的特征提取。这种做法不仅可以让学生模型学习教师模型的整体知识，还可以让学生模型更好地理解教师模型的内部工作原理。通过这种方式，学生模型可以更加高效地学习教师模型的知识，并实现自身能力的提升。

知识蒸馏的过程可以划分为两个阶段。

1. 原始模型训练

教师模型（Net-T）具有相对复杂的特性，并且可以由多个分别训练的模型进行集成。在算法研究员的处理中，对教师模型没有关于模型架构、参数数量和是否集成等方面的限制。唯一的要求是输入 X，教师模型能够输出 Y。其中，Y 经过 Softmax 函数的映射，输出值对应类别的概率值。

2. 模型蒸馏

学生模型（Net-S）是一种参数量较小、模型结构相对简单的单模型。与教师模型类似，输入 X，学生模型也能够输出 Y。不同的是，学生模型的输出 Y 经过 Softmax 函数映射后，会输出对应类别的概率值。这种概率值表示输入 X 属于各个类别的可能性的大小。通过比较学生模型的输出概率值和真实概率值，可以计算出学生模型的损失函数，并通过反向传播算法来更新学生模型的参数，以使其逐渐接近教师模型的性能。

模型蒸馏的方法包含以下步骤。

（1）训练教师网络。训练一个大型且复杂的模型，即教师网络。这个模型的参数数量通常比学生网络要多，并且可能需要更长时间的训练。教师网络的任务是学习如何从输入数据中提取有用的特征，并生成最佳的预测结果。一旦教师网络被训练好，就可以用它来指导学生网络的训练过程。具体来说，可以将学生网络的参数初始化为教师网络的参数的一个子集，然后使用类似反向传播的算法来训练学生网络。在这个过程中，学生网络会逐渐学习如何从输入数据中提取有用的特征，并生成准确的预测结果。最终，学生网络的性能可能会超过教师网络，因为它可以更好地适应特定的任务或数据集。

（2）定义参数。在模型蒸馏中，使用一个称为"软目标"的概念，它允许将教师网络的输出转换为概率分布，以便将其传递给学生网络。为了实现这一点，引入一个参数，称为"温度"，该参数控制输出概率分布的平滑程度。当温度较高时，概率分布会更加平滑；而当温度较低时，概率分布则会更加尖锐。温度参数的作用是调整软目标概率分布的平滑程度。较高的温度会使概率分布更加平滑，使学生网络更容易掌握教师网络的知识和特征；较低的温度则会使概率分布更加尖锐，增加学生网络的学习难度，促使其更好地理解和掌握教师网络的知识。通过调整温度参数，可以平衡教师网络和学生网络之间的学习难度和性能要求。较高的温度适用于学生网络学习的初期阶段，可以提供更稳定的指导和帮助；而较低的温度适用于学生网络已经具备了一定的基础能力，需要进一步挑战和提高的情况。

Softmax 公式为

$$p_i = \frac{\exp(z_i)}{\sum_j \exp(z_j)} \tag{11.8}$$

如果直接使用 Softmax 层的输出作为软标签，会引发一个问题：当 Softmax 输出的概率分布熵相对较小时，负标签的值都非常接近 0，对损失函数的贡献非常小，几乎可以忽略不计。因此，在这种情况下，蒸馏温度这个变量就变得非常重要了，公式如式（11.9）所示。

$$p_i = \frac{\exp(z_i/T)}{\sum_j \exp(z_j/T)} \tag{11.9}$$

蒸馏温度为 T，当 $T=1$ 时，式（11.9）变为式（11.8）。随着 T 的增加，Softmax 的输出概率会变得更加平滑，其分布熵也会增大，负标签所携带的信息会被放大，从而使模型能够更加关注负标签的信息。引入蒸馏温度软标签的变化如图 11.2 所示。

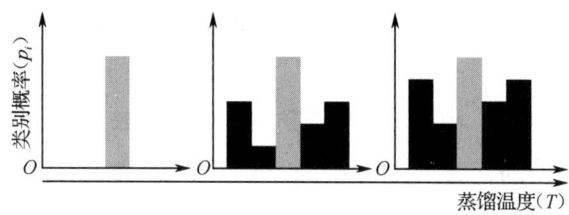

图 11.2　引入蒸馏温度软标签的变化

图 11.2 中，灰色柱为真实标签的类别概率，黑色柱为负标签的类别概率。

（3）定义损失函数。损失函数是用于衡量模型预测结果与真实结果之间差异的指标。在学生网络的训练过程中，需要定义一个损失函数来量化学生网络输出与教师网络输出之间的差异。

高温蒸馏过程的目标函数由蒸馏损失（Distill Loss），对应软标签和学生损失（Student Loss），对应硬标签加权得到，公式如式（11.10）所示。

$$L = \alpha L_{\text{Soft}} + \beta L_{\text{Hard}} \tag{11.10}$$

其中，Net-T 与 Net-S 同时输入当前任务的训练集，此外 Net-T 利用蒸馏温度输出软标签，Net-S 在相同温度条件下的 Softmax 输出和软标签之间的交叉熵损失是损失函数的第一部分 L_{Soft}，公式如式（11.11）所示。

$$L_{\text{Soft}} = -\sum_{j=1}^{N} p_j^T \log(q_j^T) \tag{11.11}$$

其中，p_j^T 为 Net-T 在温度为 T 时 Softmax 输出在第 j 类上的值；q_j^T 为 Net-S 在温度为 T 时

Softmax 输出在第 j 类上的值，获得方式如式（11.12）所示。

$$\begin{cases} p_i^T = \exp(v_i/T) \Big/ \sum_{k=1}^{N} \exp(v_k/T) \\ q_i^T = \exp(z_i/T) \Big/ \sum_{k=1}^{N} \exp(z_k/T) \end{cases} \tag{11.12}$$

损失函数的第二部分 L_{Hard} 为 Net-S 在 $T=1$ 的条件下 Softmax 输出和真实标签独热编码的交叉熵损失，其表达公式如式（11.13）所示。

$$L_{\text{Hard}} = -\sum_{j=1}^{N} c_j \log(q_j^1) \tag{11.13}$$

在第二部分引入硬标签，是因为 Net-T 也有一定的错误率，使用真实标签的独热编码可以有效降低错误被传播给 Net-S 的可能。

（4）训练学生网络。现在，可以开始训练学生网络。在训练过程中，学生网络将接收到教师网络的软目标作为额外的信息，以帮助其更好地学习。同时，还可以使用一些额外的正则化技术确保生成的模型更加简单和易于训练。

（5）微调和评估。一旦学生网络经过训练，就可以对其进行微调和评估。微调过程旨在进一步改善模型的性能，并确保其能够在新的数据集上进行泛化。评估过程通常包括比较学生网络和教师网络的性能，以确保学生网络能够在保持高性能的同时，尽量减小模型大小并提升推理速度。

总的来说，模型蒸馏是一种非常有用的技术，可以生成更加轻量和高效的深度神经网络模型，同时仍然能够保持良好的性能。它可以应用于各种不同的任务和应用程序，包括图像分类、自然语言处理和语音识别等。

11.3.2 网络剪枝

网络剪枝是一种深度学习模型压缩技术，其基本思想是通过去除不必要的参数和连接，来减少模型的大小和计算量，从而提高模型的泛化性能和效率。这种技术可以在不需要再训练的情况下，将一个训练过的大型网络缩减为一个较小的网络。在实际应用中，网络剪枝通常应用于深度神经网络，以提高模型的性能和效率。网络剪枝如图 11.3 所示。

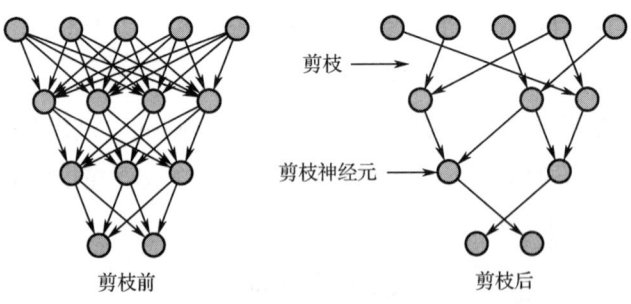

图 11.3　网络剪枝

剪枝分类如下：

（1）根据网络元素类型，可以分为神经元剪枝和连接剪枝。

（2）根据剪枝前后网络结构是否发生改变，可以分为非结构化剪枝和结构化剪枝。

（3）根据在推理阶段判断是否有剪枝，可以分为静态剪枝和动态剪枝。

1. 神经元剪枝

神经元是构成神经网络的基本单元。神经元剪枝通过删除对输入和输出没有太大作用的网络节点及其相关连接来减少网络的复杂度。由于这种方法会改变网络的结构，因此属于结构性剪枝。

除了神经元剪枝，还有一些基于更粗粒度的剪枝方法，如通道、滤波器和网络层剪枝。这些方法也会改变网络的结构，因此也属于结构性剪枝。

2. 连接剪枝

神经网络连接是神经元之间的关联，在数学模型中以权重值的形式表示。非结构化的连接剪枝是一种优化技术，通过将不影响网络输入和输出的分支的连接（权重）设为 0，来保持网络结构不变。这种方法可以有效减少网络中的冗余连接，提高计算效率。

而结构化的连接剪枝则是另一种优化方法，它通过删除作用较小的连接来改变原始网络的结构。这种方法可以在保持网络性能的同时，减少网络中的参数数量，降低过拟合的风险。结构化的连接剪枝通常基于一定的规则或策略，如根据连接的权重大小、节点的重要性等进行剪枝。

无论是非结构化的连接剪枝还是结构化的连接剪枝，它们都是通过对神经网络连接进行优化来提高网络的性能和效率。这些技术在深度学习和机器学习领域中被广泛应用，有助于构建更强大、更高效的神经网络模型。

3. 非结构化剪枝

在执行过程中，非结构化剪枝将不必要连接的权重归零，以减少所需的计算量。为了保证体系结构的一致性，只能将权值归零，而不能进行剪枝。这种权值归零并不会改变网络结构，因此属于非结构化剪枝。这种剪枝方法会产生稀疏的网络模型，其中包含大量参数为零的连接。为了真正实现压缩的网络模型，需要特殊的硬件和优化库来支持这种稀疏运算。

非结构化剪枝在参数量和网络性能之间取得了一定的平衡。然而，网络的拓扑结构自身发生了变化，需要专门的算法设计来支持这种稀疏运算。这些算法设计，包括如何有效识别和消除不必要的连接，以及如何在保持网络性能的同时实现参数的压缩。此外，还需要对稀疏运算进行优化，以提高计算效率和速度。

非结构化剪枝是一种有效的网络压缩方法，通过将不必要连接的权重归零来减少计算量。虽然它不会改变网络结构，但需要特殊的硬件和优化库来支持稀疏运算。同时，还需要专门的算法设计来处理网络拓扑结构的变化，并优化稀疏运算以提高性能和效率。

4. 结构化剪枝

结构化剪枝是一种直接删除网络节点的方法，用于压缩和加速网络。其中，滤波器剪枝（Filter Pruning）是最受关注的一种方法。通过单个滤波器剪枝，可以压缩输出特征图（Feature Map）的维度。为了保持网络架构的一致性，还需要对下一层对应的核（kernel）进行修剪。因此，结构化的滤波器剪枝也被称为结构化的滤波器-核（Filter-Kernel）剪枝。这种剪枝方法不仅可以在训练后进行，还可以在训练过程中进行。

相比于非结构化剪枝，结构化剪枝不需要设计专门的硬件或优化库来处理稀疏数据的运算问题。它直接删除网络中的节点，从而减少网络中的参数数量和计算量。这种方法可以在不改变网络结构的情况下，提高网络的性能和效率。结构化剪枝在深度学习和机器学习领域中被广泛应用，有助于构建更强大、更高效的神经网络模型。

5. 静态剪枝

静态剪枝是一种在模型训练之前进行的剪枝方法。它通过评估网络中每个连接的重要性，并删除那些被认为是不必要的连接来减少模型的复杂度和参数数量。

在静态剪枝中，通常会使用一些指标来衡量连接的重要性，如权重的大小、梯度的幅度等。如果一个连接的权重非常小或者梯度接近零，那么可以认为这个连接对模型的贡献较小，可以被剪掉。

静态剪枝的优点是可以提前去除一些无用的连接，从而减少模型的计算量和存储需求。此外，由于静态剪枝是在训练之前进行的，不需要额外的训练过程，因此可以节省时间和资源。

然而，静态剪枝也有一些缺点。首先，它依赖预定义的阈值或指标来判断连接的重要性，这可能会导致误判和不准确的静态剪枝结果。其次，静态剪枝无法考虑数据分布的变化和噪声的影响，可能会影响模型的性能和泛化能力。

6. 动态剪枝

动态剪枝保留所有的权重参数。它在每次输入数据时，都会根据数据的不同，衡量权重参数的重要程度，不重要的权重参数可忽略计算，从而实现动态剪枝。相比于静态剪枝，动态剪枝更能保留模型的表示形式，因此能够提供更好的性能表现。

值得一提的是，不同于静态剪枝中永久删除某些通道或连接的做法，动态剪枝并没有真正"剪掉"任何东西，而是通过程序运行时跳过一些不重要的通道或连接，以此达到模型压缩的效果。这带来的好处是动态剪枝具有更好的灵活性和适应性，可以根据不同的输入数据选择保留或忽略哪些信息。

总之，每种网络剪枝的技术方法都有各自的优缺点和适用场景，因此需要根据具体的应用场景来选择最合适的网络剪枝方法。同时，网络剪枝也面临一些挑战，例如，如何准确衡量模型的重要性，以及如何避免过度网络剪枝等问题。这些问题都需要进一步地研究和探讨。

本章小结

本章主要介绍损失函数和模型瘦身的方法。

在损失函数方面,学习了常用的损失函数,包括 0-1 损失函数、交叉熵损失函数、平均绝对误差损失函数、均方误差损失函数、Huber 损失函数、分位数损失函数和 Hinge 损失函数。这些损失函数在不同的场景下都有不同的适用性,选择合适的损失函数,可以提高模型的性能。

在模型瘦身方面,学习了知识蒸馏和网络剪枝两种方法。知识蒸馏通过将大型模型的知识迁移到小型模型中,实现模型的压缩和加速。网络剪枝则是通过删除模型中的一些不重要的参数或神经元,减少模型的复杂度和计算量。这两种方法可以帮助在保持模型性能的同时,降低模型的存储和计算成本。

通过本章的学习,可以更好地理解损失函数的作用,掌握其选择方法,以及如何对模型进行瘦身以提高性能和效率。

反侵权盗版声明

电子工业出版社依法对本作品享有专有出版权。任何未经权利人书面许可,复制、销售或通过信息网络传播本作品的行为,歪曲、篡改、剽窃本作品的行为,均违反《中华人民共和国著作权法》,其行为人应承担相应的民事责任和行政责任,构成犯罪的,将被依法追究刑事责任。

为了维护市场秩序,保护权利人的合法权益,我社将依法查处和打击侵权盗版的单位和个人。欢迎社会各界人士积极举报侵权盗版行为,本社将奖励举报有功人员,并保证举报人的信息不被泄露。

举报电话:(010)88254396;(010)88258888
传　　真:(010)88254397
E-mail:　　dbqq@phei.com.cn
通信地址:　北京市海淀区万寿路 173 信箱
　　　　　电子工业出版社总编办公室
邮　　编:100036